超智慧合作
AI 產品設計新世代

智慧浪潮來臨，用對科技就能馭水前行！

ChatGPT

New Bing

Gemini

吳卓浩 著

用 AI 點燃創意引擎
激發無限靈感

跨越設計邊界，開啟嶄新可能
人機共創，重新定義未來

目 錄

序言一 　　　　　　　　　　　　　　　　　　　　　　005

序言二 　　　　　　　　　　　　　　　　　　　　　　007

序言三 　　　　　　　　　　　　　　　　　　　　　　009

序言四 　　　　　　　　　　　　　　　　　　　　　　011

前言 　　　　　　　　　　　　　　　　　　　　　　　013

第一篇　智慧型產品研究　　　　　　　　　　　　　　019

第二篇　智慧型產品設計分析　　　　　　　　　　　　081

第三篇　智慧型產品設計實務　　　　　　　　　　　　195

第四篇　智慧設計的職業之路　　　　　　　　　　　　271

目錄

序言一

　　媒介與社會的緊密結合是如今的時代趨勢，技術融合、人人融合、媒介與社會融合是這一段發展中的新代名詞。過往，媒介即資訊，媒介即載體。現今，媒介與社會緊密結合，定義新的技術邏輯，確立新的價值基礎，建構新的數位生態環境，也自然推動新的數位藝術與數位產業發展。

　　1950年代，英國學者C·P·斯諾（C. P. Snow）注意到，科技與人文正被割裂為兩種文化系統，科技和人文知識分子正在分化為兩個言語不通、社會關懷和價值判斷迥異的群體。於是，他提出了學術界著名的「兩種文化」理論，即「科學文化」（Scientific Culture）和「人文文化」（Literary Culture）。斯諾希望經由科學和人文兩個陣營之間的相互溝通，促成科技與人文的融合。半個多世紀後，許多領域至今還存在著「兩種文化」相隔的局面。造成這種隔閡的深層原因或許有兩點：一是缺乏優秀文化、尤其是傳統哲學思想的引導；二是盲目崇拜西方近代以來的思想和學說，片面追求西方「原子論－公理論」學術思想，致使「科學主義－技術理性」和「唯人主義」理念盛行。「科學主義－技術理性」主張力量化、控制化和預測化，服從於人類的「權力意志」。它使人們相信科學技術具有無限發展的可能性，可以解決一切人類遇到的發展問題，從而忽視了技術可能帶來的負面影響。而「唯人主義」表面上將人置於某種「中心」的地位，依照人的要求來安排世界，最大限度地實現了人的自由。但事實上，正是在人們強調人的自我塑造具有無限的可能性時，人割裂了自身與自然的相互依存關係，把自己凌駕於自然之上，這必然損害人與自然之間的和諧，並最終反過來損害人的自由發展。

序言一

　　當今世界，隨著網路、人工智慧、大數據、新能源、新材料等技術在社會各個層面的廣泛滲透，專業之間、學科之間的邊界正在打破，科學、藝術與人文之間不斷呈現出整合創新、融合發展的跨領域發展趨勢。自然科學與人文學科正走向整合，以人文精神引導科技創新，用自然科學方法解決人文社科的重大問題將成為常態。伴隨著這樣的深刻變化，高等教育學科生態體系也逐漸變革，「跨領域學科」所帶動的多學科整合創新正在引領新的數位藝術不斷進行自身改革。

　　動畫、數位媒體是展現科學與藝術深度融合特色的跨領域學科。主要跨越藝術學、工科、文學等學科門類，涉及的主要學科有戲劇與影視、美術與書法、設計、電腦科學與技術、軟體工程，並且與藝術學、音樂、舞蹈、資訊與通訊工程、新聞傳播學等學科密切相關。它們以動畫、漫畫及數位內容創作、生產、傳播相關技術研發與應用為主要研究對象，不僅在推動技術與藝術融合、人機互動、現實與虛擬融合等方面具有重要作用，更在說故事、傳播文化等方面扮演重要角色。

　　我們團隊本著「人文為體、科技為用、藝術為法」的理念，積極探索人文與科技的跨領域融合。「人文」部分涵蓋文明通識、傳統文化與人文精神等；「科技」部分涵蓋動畫、人機互動、虛擬模擬、大數據等；「藝術」部分涵蓋美學、視覺傳達、互動設計與影像表達等。為了因應時代和媒介轉型的挑戰，我們希望為這個專業領域打造符合這個時代的高等教育教材，進一步深入推動動畫和數位媒體專業教育的教學改革。

廖祥忠

序言二

一直以來,我最大的夢想就是實現通用人工智慧(AGI)。我在哥倫比亞大學讀書時就開始研究自然語言處理和電腦視覺,在卡內基美隆大學讀博士時主攻機器學習,當時我的博士論文寫的就是 AI。一方面,我希望能打造超人能力的 AI;另一方面,我希望了解人的大腦是如何思考和工作的。我從卡內基美隆大學畢業,再到蘋果、微軟、Google 等科技公司,40 多年來,我在 AI 的旅途上一直矢志不渝地探索 AGI 的可能途徑。

以大型語言模型為代表的 AI 2.0 是有史以來最偉大的技術革命,AI 的能力邊界得到前所未有的擴展。只要有更多的資料和更多的 GPU,AI 就能夠不斷地快速學習,疊代進步。之前很多人認為 AI 缺乏豐富的創造力,但現在看來並非如此。基於大量知識的學習,大型語言模型在一定程度上成功模擬了人類的思考過程,實現了更深層次的理解、推理及創造性思考。可以說,我們比以往任何時候都更接近通用人工智慧,它不僅已經在電腦視覺、自然語言理解等特定領域超越人類,而且能在多種不同情境下展現類似或超越人類智慧的能力。我相信,不久的將來,AI 能在 95%、甚至 99% 的任務上超過人類。AI 肯定會為人類創造巨大的價值,當然也會帶來風險。作為一個謹慎的技術樂觀主義者,我們看到的是過去每一項技術為社會帶來的好處遠遠大於它的壞處。技術帶來的挑戰可以被技術解決,我們應該以積極樂觀的心態引導和規範,讓 AI for Good。

AI 2.0 也是有史以來最偉大的平臺革命,當前 AI 2.0 正在滲透各行各業,其帶來的機會比行動網路時代要大 10 倍。一是使用者體驗將徹底

改寫。我們不再需要大量的視覺刺激或者輸入，講一句話 AI 就把事情做好了。二是整個商業模式都會被顛覆。一個 AI 助理就能取代當下很多商業模式。對於絕大部分高科技公司來說，最具商業前景的發展方向莫過於打造 AI 應用，無論是針對企業（2B）還是消費者（2C），都會有大量的機會。

AI 2.0 時代的產品創新與創業需要具備幾個關鍵能力：首先，是對技術趨勢的敏銳洞察。在 AI 2.0 技術日新月異的今天，及時理解和運用最新的 AI 2.0 技術是把握創新先機的關鍵。其次，是對市場需求的深入理解。一個成功的創新產品或服務，應該是技術、產品和市場需求的完美結合，也就是 TPMF（Technology-Product-Market Fit）。最後，是跨學科思考和跨領域合作。在 AI 2.0 的世界裡，多領域融合創新是成功的關鍵要素之一。

這正是這本書的重要意義與價值——它幫助讀者深刻認識和理解 AI 2.0 時代所帶來的挑戰與機遇，找到產品創新與創業的方向，把先進的科技轉化為既有意義、又有商業價值的產品。本書的內容涵蓋了智慧型產品設計與研究的各個方面，從理論基礎到實際案例，從使用者研究到市場驗證，從設計探索到工程實務，從方法流程到典範轉變。在閱讀過程中，讀者不僅能體驗到 AI 2.0 時代振奮人心的創新熱潮，更能激發自己如何在這個新時代中發現並把握屬於自己的創新與創業機會。

李開復

序言三

我們正處在一個科技融合時代。新一輪的科技革命與產業革命，正在重塑我們的生活方式，顛覆現有很多產業的形態、分工和組織形式，改變人與人、人與世界的關係。未來社會趨勢是更廣泛的溝通，更透澈的感知，更深入的智慧。人工智慧、大數據帶來的變化不僅僅是提高效率和產能，更是創新的優質產品與社會服務。在人工智慧與大數據的時代，我們要經由設計將人與人、物與人之間的資料按照自然邏輯和社會邏輯連繫在一起，以創造更高的經濟和社會價值。

設計是一種平衡手段，是一種關係協調的過程，解決問題是設計的任務；在尋找難題的解決方案中創造價值，則是設計的價值。AI 時代中最主要的問題是什麼？人類面臨很多挑戰，例如科技迅速發展，環境、氣候、人口、能源、健康、發展不平衡等，如何藉助 AI 的幫助來解決這些問題？設計領域經常說「以人為中心」，從世代之間考慮，這不僅指我們，還有子孫後代；從世界層面考慮，需要關注的不僅是個人，也是團體、社會，更是全人類不同的國家、地區、民族、文化。在 AI 時代，如何以人為中心，創造性地解決問題，為人創造價值？

教育同樣面臨巨大的挑戰與變革，在理念、內容、方法上都要面臨一系列更新，需要立足當下、瞄準未來、主動變革。傳統教育更強調傳道、授業、解惑，是知識傳授型的，學生被動地接受教育；現代型的教育更強調發現、分析、解決問題，是一種激發創造力、互動式的教學模式。在 AI 時代的挑戰與機遇下，我們需要重新思考，教育的意義是什麼？人才培養、科學研究、社會服務和文化傳承與創新，是教育歷久不變的四大職能。其中的「人才培養」在社會變革期尤其重要，因為所有的

序言三

競爭、所有的改變、所有的目標的實現都是靠人。

2002 年本書作者第一次見我的時候，拿出的是他關於圖形化使用者介面設計的幾百頁論文；這一份時隔二十多年的新作，針對培養「AI 創造力」人才這一個主題，探討如何創造性地運用 AI、以 AI 激發人類創造力，讓人與 AI 各展所長、共生共創。經由系統化的知識建構、案例分析、方法研討、訓練習題，呈現了他對智慧型產品的設計以及運用智慧進行產品設計的探索實踐，希望能引發大家更多的思考，共同進步。

魯曉波

序言四

　　我們仰望星空，俯瞰山海，從第一件石器、第一筆刻畫出現，設計已經開始，人類的智慧光芒讓我們成為萬物之靈。

　　在人類歷史的長河中，山川、火種、礦石和機器推動著世界版圖的演變和人類文明的進步。今天，數位化、人工智慧和網路正在形成決定未來的力量，一場速度最快、規模最大的變革和遷徙已經開始，原有的認知不斷被打破，數位技術的指數級發展使各種新興產業模式如浪潮般湧現，我們該如何設計我們的世界和我們自己？

　　在過去幾百年，科學啟蒙、工業革命、資訊和人工智慧帶來的浪潮不斷改變著這個世界，創造出數以百萬的神奇事物，我們不斷追問下一個創新是什麼？21世紀的前20年，資訊革命席捲了世界，全球產業史無前例地由生產者為中心轉變為以使用者為中心。進入21世紀的第三個10年，數位化智慧的每一秒鐘都令我們激動不已，成為與人類同時塑造世界的全新力量。

　　從生命誕生到人工智慧，從科學啟蒙到機器崛起，持續不斷地重組著萬物之間的連結。身處技術與文化變動風暴的中心，我們如何設計我們的世界和我們自己，我們能否掌握新的力量！

　　時代的巨輪，改變了經濟社會原有的創新模式和運行規律，創新的結果不僅來自於發現和突破，更多的是資訊和人類智慧的動態變化。

　　物聯網、超級電腦、數位智慧，推動我們所處的環境鉅變，創新設計正處於數位空間、物理世界與人類社會三元世界交會的中心，面臨重大機遇和挑戰，與過去依靠設計師的靈感和創意不同，在摩爾定律的驅

序言四

動下，超級電腦同時面向數 10 億個體的即時設計，瞬間滿足大規模定製設計需求。

從大批次製造到大規模定製，從工業生產線到模組化虛擬生產，全新的設計時代隨著科技革命和產業變革一起到來！正在呈現的智慧型製造願景中，數位智慧設計將使用者需求轉化為供應鏈和智慧型工廠的指令集，融入設計、感知、決策、執行、服務等產品生命週期，將使用者的大數據和大規模定製相互應用同時價值轉化，成為智慧型製造的重要引擎和驅動力。

未來的大門已經光芒四射，我們所面對的並不只是一場科技革命，我們正在建立新文明的基礎。以人性智慧設計未來，以人工智慧創造力量，打造開放共享的產業生態。

作者在本書中，把 AI 科技的發展、設計方法的演進、產業案例的實務有機地結合在一起，細緻地呈現了在 AI 時代，智慧型產品的設計所帶來的前所未有的創新機遇，其探索令人感動和興奮，更值得個人、團隊、企業在實務中引發啟迪和行動，促進產業轉型與成長。設計，將秉承人性智慧的光輝，與科技智慧、產業網路深度融合，連結使用者大數據和智慧型製造，將人類對美好生活的不懈追求轉化為大規模定製設計與服務，共同創造生機勃勃、共榮共生的美好新世界！

劉寧

前言

早上醒來，我起身先去檢查一下這一晚的「收成」，根據昨晚睡覺前設定的參數和任務，AI 生成了 720 張設計圖。快速瀏覽了一下，有幾張很不錯，可以做進一步的加工，之後還可以作為新一輪模型訓練的素材。

一邊吃早餐，一邊和孩子討論他們正在製作的動畫短片，建議他們把畫面中實拍的房間背景換成 AI 根據他們的草圖生成的全景圖，那樣整體的沉浸感會更強。

送完孩子上學，去公司的路上遇到一段塞車，啟動自動跟車功能，雖然還是要保持注意力，但比起不斷地停車起步操作還是輕鬆很多。最近發現一本新書不錯，AI 用孩子的聲音讀出來，就像孩子在身邊一樣。

因為時間衝突，錯過了幾個會議，好在視訊會議都有全程錄影，並且自動把語音轉為文字，還生成了重點整理。我有幾個關心的議題，搜尋關鍵詞，直接跳轉到會議錄影的相應位置，看到大家當時的討論很不錯，正在順利進行。

設計團隊做了一個新角色，把 3D 模型輸出的圖片作為素材，訓練出了一個影像生成模型。用這個模型就可以非常方便地輸入文字，生成各種動作、裝扮、道具、背景的影像，比 3D 模型擺姿勢、建模、渲染快很多，效果也很好，做創意設計方便極了，甚至沒有學過設計的人都可以用得很好。

午餐時看了一下短影音，看到幾個新的 AI 應用的影片，準備研究一下。不過最近推薦給我的內容裡，娛樂類的占比又提升起來了，看來得

前言

花時間再調整一下這個推薦系統。

行銷團隊展示了他們和 AI 一起快速嘗試的幾套推廣方案，故事稍微有點普通，還需要在裡面多融入一些人性的部分；短影音的效果很好，而且團隊能直接用文字和圖片來調整影片，效率也提高了不少。

晚上回到家，孩子們迫不及待地向我展示他們和 AI 一起做的新音樂，把今天下雨的感覺做了出來，用琵琶、笛子、鋼琴、電子鼓組合起來演奏，其中的琵琶就像畫龍點睛，將雨打芭蕉的神韻表現了出來。

孩子們追著我講睡前故事，還要我用「三詞成文」的方法，給我三個無關的詞語，讓我編成故事。他們說我編得比 AI 好，這可真是讓人高興的事情，哈哈！

睡覺前，我需要再去種一下今天的「莊稼」，有時是要 AI 做研究、寫文章，有時是要 AI 去做設計方案的探索。不過設計方案太多了也挺麻煩，看來得另外做個評鑑系統，能從眾多方案裡自動篩選出一些最合乎要求的，然後我再從這個縮小的範圍裡做選擇。

……這不是未來的一天，而是今天實實在在發生的事情。更準確地說，是在過去的一年裡逐漸變為現實的事情。

2023 年，可以稱得上是人工智慧設計元年。

隨著 2012 年的卷積神經網路（CNN）、2014 年的生成式對抗網路（GAN）、2017 年的 Transformer 架構以及大型語言模型（LLM）、2021 年的對比語言－影像的預訓練（CLIP）、2022 年的擴散模型等關鍵技術的發展，人們用深度學習演算法、圖形處理器硬體、網路累積四十年的資料，湊齊了演算法、算力、資料三大要素，終於召喚出能夠成為生產力工具的生成式人工智慧。自 1950 年代開始的 AI，歷經一波三折，終於從論文和實驗室中走出，成為一般大眾也可以直觀感受到、實際用起來的東西。隨著 AI 技術逐漸成熟，越來越多的產品中融入 AI，或者直接

基於 AI 打造，產品的設計過程也越來越多地使用各種 AI 工具，隨之而來的就是新的 AI 設計流程、方法與模組化，智慧型產品設計的時代正在到來。

在這本書中，你將了解到以下內容：

- 最前端的 AI 科技與智慧型產品知識，如何用來解決問題、創造價值。設計者想一手牽著使用者、一手牽著科技，就必須洞悉目前 AI 能夠達到的最好效果以及技術的局限。最新的智慧型產品設計研究與設計，包括原則、方法、工具、流程，由那些可借鑑的、引人思考的、可深入發掘的例子，啟發自己的實踐。
- 如何在共創的過程中打造工作流程、實現控制性、進行設計模組化。充分釋放 AI 的能量，挑戰過去不可能完成的任務（比如設計 3,000 個產品概念設計），讓自己成長為一位優秀的智慧型產品設計者。
- 為什麼 AI 創造力極其重要，人與 AI 之間如何各展所長、合作共創。為什麼要人來定目標、篩成果，人要發揮的作用和價值是什麼；在智慧型產品設計中，如何做到以人為始、以人為終，以人為師、以人為本、以人為伴。

本書希望帶給大家的第一個價值是，經由系統化地梳理智慧型產品設計縱向的來龍去脈、橫向的相關領域，幫助大家感受智慧型科技、思考智慧型產品、創造智慧型產業的未來。和歷史上每一次科技引發的世界變革一樣，這一次的 AI 也是首先科技厚積薄發，然後產品爆發。作為產品的設計者來說，能夠經歷這樣的過程是特別幸運的：設計一手牽著使用者、一手牽著科技，當科技突破，設計就獲得了更強大的力量，去為使用者創造價值；設計的本質是創造性地發現問題、解決問題，經

前言

由 AI 賦能，設計能夠更高效地擁抱不確定性、探索可能性，去創造前所未有的產品，產品設計者在這個過程中也將獲得更大的舞臺。OpenAI 於 2023 年 8 月首次收購了一家公司，就是為了增強自己把技術轉化為產品的能力。

本書希望帶給大家的第二個價值是，經由多方面展現 AI 在產品設計中有趣的、引人思考的各種應用情境、方法、流程，剖析其中的關鍵、挑戰與解決辦法，吸引感興趣的人下定決心進入這個領域。二十多年前，我就是因為在大一的時候被電腦系的同學邀請，機緣巧合下成為最早進入使用者體驗領域的人之一，又幸運地遇到了魯曉波老師、李開復老師等幫助我的師長，讓我有機會在使用者體驗和 AI 的產品設計之路上不斷成長。我深深體會到有導師指點以及選中行業發展紅利的意義，所以在這個重要的時間點上，我也懷著忐忑之心，鼓起勇氣寫出這本書，以供同行和愛好者評閱。

今天的 AI 只是個開始，無論是從技術、產品、社會的角度來說，我們對 AI 的理解和運用都還處在很初級的階段。人類在真正了解火的原理以前，已經用火超過百萬年；人類夢想像鳥一樣飛行，最終創造出飛機。我們當然希望不需要再用 100 萬年才能釐清 AI 的祕密，而真正釋放 AI 的潛力，同時保護人類的價值，需要科學家、工程師、設計師等方面的共同努力。並且隨著 AI 科技的發展，越來越多的一般人也能加入到智慧型產品的創造與應用之中。這正是 AI 創造力的價值與使命——經由創造性地運用 AI，以及用 AI 增強人類創造力，讓人與 AI 各展所長、共生共創。

本書適合有志於在產品設計領域發展的設計師、產品經理、大學生、高中生，對產品設計感興趣的工程師、市場人員、營運人員，以及大學和中小學教師，還有對科技、產品、設計感興趣的一般人。大家不

僅可以從中了解到很多智慧型產品設計與研究的知識和實務，還能找到很多可以用在平時的學習、工作、生活中的 AI 工具。如果你願意進入這樣一個潛力無窮的前端領域，可以認真對待每一節的思考問題，每一章的練習題，以及本書最後的自我挑戰題目。

　　最後，感謝家人們給予我的一切，無條件的愛與支持，奇思妙想的靈感，努力向前的動力。

吳卓浩

前言

第一篇
智慧型產品研究

> 3 歲的 Summer 說：「羽毛把我抓走了，那咖啡怎麼辦？」
> 小寶寶這樣的話語，讓人不由得聯想到 AI 作的詩。
> AI 與人類思想的根本區別究竟在哪裡，又將去往何方？
> 今天的 AI 獲得突破的很重要的一個原因是：
> 人類不再執著於創造一個全能的機器，而是做一個孩子一般的「大腦」，然後去學習。

第 1 章　智慧型產品與人工智慧設計

1.1　從偃師獻技到 ChatGPT

在人類文明的發展過程中，人們一直都期待發明人工智慧的創造物。

《列子·湯問》所記載的西周時期工匠偃師，為周穆王（約西元前 1026 年－約西元前 922 年）製作歌舞機器人。西方世界中最早關於智慧型創造物的記載，則可以追溯到西元前 8 世紀《伊里亞德》(*Iliad*) 在特洛伊戰爭史詩中所記述的，殘疾的金屬加工之神赫菲斯托斯 (Hephaestus) 創造了金色的女僕助手，以及第一個「殺人機器人」—— 塔羅斯 (Talos)。當然還有更多非人形的、具有一定智慧的創造物，比如動物形態的機械裝置，但也並沒有實物或者設計圖流傳可考。

隨著文藝復興運動帶來的思想解放與科技發展，歐洲在 17 世紀到 19 世紀初達到了當時機械自動化裝置的頂峰，工匠們建造了很多大師級的作品。其中最知名的智慧型創造物，可能莫過於奧地利人沃爾夫岡·馮·肯佩倫 (Wolfgang von Kempelen) 發明的下棋機器人「土耳其人」(The Turk)，西元 1770 年一經亮相就引起轟動，不過後來被發現，其實是有真人藏在櫃子裡透過機械裝置操控下棋。

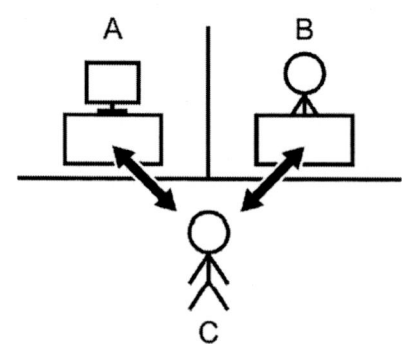

圖 1-1 用來判斷一臺機器是否「具有」智慧的圖靈測試

今天人們熟知的 AI 形象更多源自於影視作品，比如 1984 年開始的《魔鬼終結者》(*Terminator*) 系列中的各種機器人（很多人對於未來 AI 的恐懼往往就來源於此），2001 年《A.I. 人工智慧》(*A.I. Artificial Intelligence*) 中的機器人男孩大衛，2004 年《機械公敵》(*I, Robot*) 中的機器人桑尼（Sonny），2023 年《雲端情人》(*Her*) 中並無形象、卻又栩栩如生的莎曼珊（Samantha）。影視作品中出現的第一個機器人形象是 1927 年出現於電影《大都會》(*Metropolis*) 中的機器人瑪利亞（Maria），而 1982 年上映的《銀翼殺手》(*Blade Runner*) 則第一次從機器人的視角對「生命」這一個人類的永恆話題進行了探討。

1950 年艾倫‧圖靈（Alan M. Turing）提出了著名的「圖靈測試」（the Turing Test，最初被稱為「模仿遊戲」）（圖 1-1），這是一種對機器表現出相當於或無法區分於人類的智慧行為的能力測試。在測試中，一個真人、一臺被設計為產生類似人類反應的機器，分別與一個人類評估者進行自然語言對話；人類評估者知道與之對話的二者之一是一臺機器，但是參加測試的兩個真人和一臺機器之間彼此無法看到對方。如果評估者不能可靠地區分機器和人類，就表示機器通過了測試。測試結果不取決於機器對問題做出正確回答的能力，只取決於它的答案與人類的答案有多接近。這個測試的巧妙之處在於不再糾結於人工智慧的實現方式，而聚焦於人工智慧的現象本身。這樣清晰的目標導向，更有助於指引科學研究與產品研發的推進。2023 年 4 月，AI21 Labs 線上進行了一次史上最大規模的圖靈測試，由來自全球的超過 150 萬人與目前最先進的 AI（比如 Jurassic-2、GPT-4）進行了超過 1,000 萬次對話，根據最開始的 200 萬次對話以及相應的人類判定，發現在 68% 的情況下人類可以準確判斷出對方是人還是 AI。其中，當對面是真人時，有 27% 的情況錯判對方為 AI；當對面是 AI 時，有 40% 的情況錯判對方為人。顯而易見，面對今天的 AI，人類已經無法準確區分對方究竟是人還是 AI 了。

2001年，又有科學家塞爾默‧布林喬德（Selmer Bringsjord）、保羅‧貝洛（Paul Bello）和大衛‧費魯奇（David Ferrucci）提出了「勒芙蕾絲測試」（the Lovelace Test），用於替代圖靈測試對 AI 進行評估。如此命名，是因為他們受到了世界上第一位電腦程式設計師愛達‧勒芙蕾絲（Ada Lovelace）的啟發。他們認為圖靈測試太容易，也沒有捕捉到智慧的本質，想透過勒芙蕾絲測試這種創造性測試來解決圖靈測試的局限性。進行勒芙蕾絲測試，需要一個人類裁判與一個 AI 進行互動，要求它創造一些東西，比如一個故事、一首詩或一幅畫；裁判還需要提供一個創作的標準，比如一個主題、一個類型或一個風格。AI 生成一個滿足標準的輸出結果，如果裁判對輸出結果滿意，可以要求用不同的或更困難的標準再生成一個輸出結果。勒芙蕾絲測試要求一個 AI 產生一個原創的、有創造性的、不可以從其程式設計中推演出的輸出結果；只有當開發這個 AI 的程式設計師無法解釋它是如何產生輸出結果的時候，測試才算通過。勒芙蕾絲測試比圖靈測試更嚴格，旨在測試真正的機器認知和創造力。到目前為止，還沒有哪一個 AI 在嚴格意義上通過了勒芙蕾絲測試；但是隨著 2022 年以來的新一波「AI 生成內容」（AIGC）技術與產品突飛猛進，AI 已經在與人類合作的過程中越來越接近於通過勒芙蕾絲測試。

時至今日，人類的智慧型創造物之路仍然任重道遠。人類從大約 100 萬年前就開始使用火，可是直到西元 1772 年才由化學家安托萬‧拉瓦節（Antoine Lavoisier）初步發現了火的科學機制；但是正如對鳥兒飛行的追尋，雖然沒有得到可以實用化的機械鳥，但是卻帶來了能把數百人一次性運送到萬里之外的飛機。隨著以深度學習、神經網路為代表的新一代 AI 技術蓬勃發展，尤其是在神奇的「湧現」現象下不斷出現的新能力，今天的 AI 雖然與歷史上的那些奇妙的想像不同，還達不到能與人類智慧比肩的通用人工智慧（Artificial General Intelligence，AGI），更不要說達

到遠超過人類智慧的超級人工智慧（Artificial Super Intelligence，ASI），而只是達到了在某個領域或特定任務上接近或者超越人類智慧的狹義人工智慧（Artificial Narrow Intelligence，ANI）。但是無論如何，一扇新的大門的確正在向人類敞開。在中文語境中，智慧型創造物的代表，「機器人」因為有一個「人」字，常常被等同於人形機器人，但其實遠遠不止於此；還原到英文的語境中就很容易理解：英文中的「robot」是一個大類，包括人形機器、動物形機器、各種其他形態的機器創造物（比如機械手臂）、智慧型軟體（比如自動聊天軟體）等，而「android」（對，就是安卓手機的那個 Android）或者「humanoid」才特指人形機器人。

大家知道在工廠裡應用最廣的「機器人」其實是工業機械手臂，而在生活中最常見的「機器人」則是智慧音響和掃地機器人。相比智慧音響以軟體互動為主，今天的掃地機器人其實是一個真正具備較全面機器人功能的智慧型創造物，你甚至可以把它理解成一個簡化版的自動駕駛小車。掃地機器人具有對周圍環境的感知能力（基於雷射雷達或攝影機的視覺感知能力、基於碰撞檢測的觸覺感知能力），決策能力（基於對環境感知的路徑規劃能力、基於物體辨識的環境理解能力），運動能力（結合了導航和互動反應的自動駕駛能力、多種清潔行為能力）。隨著軟體演算法能力的提升，掃地機器人的智慧也還有很大的提升空間。換個角度來說，偃師和赫菲斯托斯的智慧型創造物為什麼一定要採用人腿這樣的結構呢？完全可以用掃地機器人的技術來作為運動底盤以及一部分的計算中樞，在此之上配置適合各種任務的機械裝置，需要什麼形態就配置什麼形態。事實上，今天的很多服務機器人就是這樣製作的。

與靠真人作弊的下棋機器人「土耳其人」不同，也與 IBM 專門下西洋棋的超級電腦深藍（Deep Blue）與西洋棋世界冠軍加里・卡斯帕洛夫（Garry Kasparov）之間的大戰不同（第一次 1996 年卡斯帕洛夫獲勝，第

二次 1997 年深藍獲勝，成為首個戰勝世界冠軍的電腦程式），2016 年在圍棋比賽中 DeepMind 的 AlphaGo 戰勝李世石更具劃時代的意義──因為 AlphaGo 從一開始就是針對能夠在更多領域中應用的通用 AI 而打造。一個不是專門為了下圍棋而研發的 AI 程式連續戰勝了世界頂尖的人類圍棋冠軍，發現了人類 3,000 多年從未重視過的棋局中部區域的落子手法，充分展現了 AI 以複雜破解複雜的「暴力之美」；其後續的新版 AI 程式，2017 年 10 月發表的 AlphaGo Zero 從零開始學習，3 天後對陣 2016 年 3 月戰勝李世石的 AlphaGo Lee 獲得 100：0，40 天後對陣 2017 年 5 月戰勝柯潔的 AlphaGo Master 獲得 90％的勝率，進一步展現了 AI 超強的學習能力所帶來的演化能力；DeepMind 還帶了更多的 AI，AlphaStar 在 2019 年戰勝星際爭霸的職業高手，AlphaFold 在 2020 年解決了困擾生物學家 50 年的蛋白質摺疊問題，AlphaCode 在 2021 年底悄悄參加 Code-Forces 程式設計比賽，到 2022 年 2 月 2 日經過 10 場比賽後在整個社群的總排名達到了 Top 54％。透過這一步又一步，Alpha 家族向人類展示著越來越多的可能性。

終結者機器人和天網超級 AI 只是科幻電影中的幻想，而在現實世界中，ChatGPT 從 2022 年 11 月問世以來，已經掀起了新一輪 AI 浪潮，並創造了 2 個月達到 1 億名活躍使用者的世界最快速度（此前的最快速度是 TikTok 創造的 9 個月達到 1 億名活躍使用者）。它創造的紀錄遠遠不止於此：ChatGPT 是第一個一般人可及的大型語言模型 AI，它以對話的形式，讓使用者無需專業知識、程式設計能力就可以與最先進的 AI 互動；ChatGPT 是第一個可以生成各種類型的文字內容，如詩歌、故事、歌詞、程式碼、摘要等的 AI 模型；ChatGPT 是第一個使用強化學習大規模從人類回饋中進行訓練的 AI 模型，這使得它可以根據使用者的偏好和滿意度來調整自己的行為，提高使用者體驗；配合其他 AI 或其他程

式，ChatGPT 可以實現各種型態的輸入和輸出，比如「看懂」世界，繪製影像……ChatGPT 的出現讓之前最先進的聊天機器人顯得笨拙，讓之前代表最前端 AI 應用的推薦系統顯得能力單一，讓 AI 真正開始成為人們在生活和工作中的小助手。儘管在專業圈子裡，對於 ChatGPT 是否代表了 AI 技術發展的方向還有很多爭議，但無論只是檸檬裡擠出的最後幾滴水，還是引領進入了一個新世界，它都為 AI 技術的應用掀開了一個新篇章。以 ChatGPT 為基礎，或者受它啟發，大量的應用情境、應用產品如雨後春筍般出現，彷彿 iPhone 榮景再現。這樣的 AI 已不只是一個能夠執行特定任務的工具，而是能夠承載未來之城建設的地基；提供 GPTs 的 GPT Store、全面整合 GPT-4 的 Windows Copilot 都還只是小小的預演，作為 AI 應用大爆發的 AI 基本作業系統即將破殼而出。

隨著 AI 應用大爆發，智慧型產品也將大行其道。智慧型產品透過使用機器學習、電腦視覺、自然語言處理等 AI 技術，使產品具有了智慧的特性。和以前的產品相比，智慧型產品將帶來如下的主要不同：

- 智慧型產品能夠利用 AI 技術感知、學習、適應環境與使用者；以前的產品大多是被動的、靜態的和孤立的，依賴於人類的輸入和控制。
- 智慧型產品能夠提供個性化、動態、互動的使用者體驗，並隨著使用而不斷演進；以前的產品只有固定的或者有限的功能，不會隨著使用時間而改變或改善；以前的產品無法做到足夠在地化、國際化的問題，也將隨著產品的充分個性化而得到解決。
- 智慧型產品能夠透過雲端進行智慧管理和更新，實現資料的收集、分析和最佳化；以前的產品通常無法做到自動最佳化，甚至需要人工切入更換，難以更新維護或者成本高昂。

第一篇　智慧型產品研究

- 智慧型產品能夠為製造商和使用者持續創造新的價值和機會，提升效能、提高品質、降低成本、增加滿意度或者創造新的收入來源；以前的產品隨著時間的推移，價值和競爭力都會持續降低。

智慧型產品的設計雖可以沿用一些經典的設計方法，但更重要的是將充分擁抱 AI 科技，打造新的設計方法與流程。AI 輔助、增強產品設計的方式有很多，例如：

- 以質化、量化、多元的方式，深入理解產品要解決的問題和使用者需求。
- 從功能、體驗、品牌、商業、成本等多方面來定義產品的需求和規格。
- 以合適的 AI 工具，基於現有設計、根據使用者輸入、產品資料以及網路大數據，來大規模探索新的設計概念和變化。
- 基於 AI 的模擬、測試來充分評估不同的設計方案，結合 AI 以及使用者的回饋和建議，疊代和完善設計。
- 打造持續收集、分析資料，用於產品改進、新機會發現的產品演化系統。
- 低成本、高效率、大規模地探索設計與實現產品，為現實世界與虛擬世界打造高品質的智慧型產品，讓虛實融合的世界真正成為可能。

作為智慧型產品設計者，尤其是非技術背景，也需要積極學習 AI 科技的基礎知識（圖 1-2），就像做工業設計也需要了解材料、結構、工藝，做網路產品設計也需要了解前、後端程式設計的基礎原理。可以從以下幾個方面由淺入深地進行：

- 了解機器學習、神經網路、電腦視覺、自然語言處理、資料庫、模型演算法等 AI 的背景知識和基本概念（可以在網上搜尋「AI 心智圖」），以及 AIGC、數位人、自動駕駛、機器人自動化等與工作相關的具體領域知識，以及它們的應用效果和發展趨勢。有條件的還可以補充數學和程式設計的基礎知識，有助於親自動手操作 AI 基本工具。
- 對 AI 應用工具的前端發展保持高度關注，熟悉並能靈活運用這些工具，建立特定的工作流程，來完成任務、實現效果。2023 年開始，AI 應用工具開始大量出現，對工具的關注和掌握程度直接影響了設計者的眼界、思考和水準。
- 分析智慧型產品案例，動手進行智慧型產品實務設計。可以先從一些簡單直接的智慧型科技應用開始，比如從基於影像辨識、文字生成、語音合成的產品功能開始，經由實際練習來加深理解，提高技能和經驗，並在這個過程中鍛鍊自己與 AI 合作的創造力和創新力。

就像曾經在網路、行動網路時代發生過的，智慧型產品代表了科技與社會發展的方向，將會創造巨大的價值，深刻地影響人類世界，提供大量改變人生的機會。無論你的工作是設計、產品管理、技術、營運、市場……都值得、也應該學習、了解智慧型產品，掌握智慧型產品的使用與創造方法，最大化地發揮智慧的力量，從而最大化地發揮自己的力量、實現自身的價值。

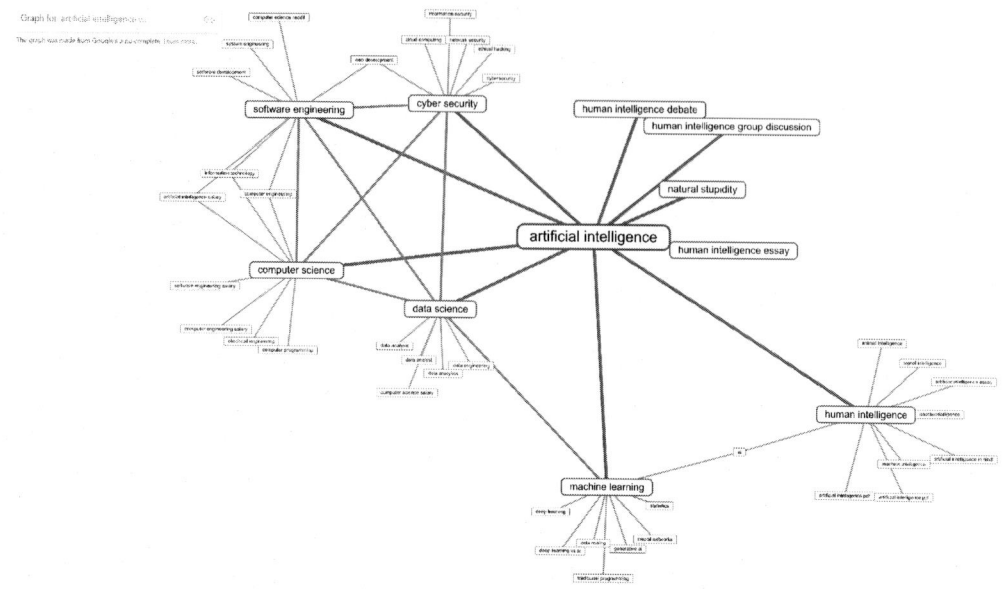

圖 1-2 Anvaka 上把 Google 搜尋關鍵詞的關係視覺化：Artificial Intelligence（2023 年）

> **思考**

一般大眾理解的 AI 與科技上實際的 AI 相比、一般大眾理解的機器人與科技上實際的機器人相比，有什麼區別？

在你的親身體驗中，AI 為各行各業帶來了怎樣的變化？其中的 AI 是怎樣工作的？

如何高效率地使用 ChatGPT 這一類大型語言模型，有什麼技巧？

1.2 從資料，演算法到智慧

資料是 AI 的基礎，為演算法提供了訓練素材；演算法是 AI 的核心，經由對資料進行分析和處理，實現智慧決策；智慧是 AI 的目標，是 AI 能夠理解和適應環境、自主學習和解決問題的能力。

AI 系統需要大量的資料來進行訓練和學習。資料可以來自各種來

源，包括網路、感測器、物聯網設備等，資料的品質和數量直接影響 AI 系統的效能。AI 系統經由演算法對資料進行分析和處理，執行智慧決策。演算法可以分為很多種，包括機器學習演算法、自然語言處理演算法、電腦視覺演算法等，演算法的選擇根據 AI 系統的具體任務來決定。AI 系統經由學習和適應環境，執行智慧決策。人工智慧可以分為很多層次，包括感知智慧、認知智慧、決策智慧、行動智慧等，AI 系統的智慧程度越高，其能力也就越強。

　　智慧是不依賴於外界干預而進行思考和決策的能力，它可以是自然的，也可以是人工的。智慧可以從很多不同的角度來進行定義，比如從認知與心理的角度可以包含邏輯、自我意識、情感知識、同理心等，從資訊處理的角度可以包含抽象、理解、學習、推理、計畫、批判性思考等，從複合能力的角度可以包含創造力、解決問題的能力等。換而言之，智慧是一種經由認知或者處理資訊，形成經過處理的知識，以便在今後的某種環境或背景下進行靈活運用的能力。

　　人們最常研究的是人類智慧，但的確也能在非人類的動物和植物身上觀察到智慧現象；隨著科技進步，智慧現象也出現在越來越多的人類創造物上。有些人並不認同非人類的智慧現象，但是正如愛因斯坦所說「不能用創造問題時的思考，來解決這些問題」（We cannot solve our problems with the same thinking we used when we created them.），在目前人類還無法充分解釋人類智慧的情況下，不妨暫且不把智慧作為人類的特權能力，而是以科學實驗的態度，經由現象歸納原則，再由原則指引實務。由於目前人類的科技還不能創造出與人類智慧比肩的通用 AI，人們對於人工智慧相關的實務，除了發掘、運用人類自身相對高水準的智慧，主要就是利用和創造非人類動物、植物、機器等人類創造物的相對低程度的智慧，以及如何將之合理組合，以發揮出更大的效果。這些都

是廣義上的人工智慧。

要創造智慧型產品，可以先看看人類有哪些類型的智慧，以便於在智慧型產品上模擬相關的智慧現象，或者創造能被人類感知的智慧現象。下列幾個主流的經典理論可以作為了解的切入點。

- 查爾斯・斯皮爾曼的智力二因論（Charles Spearman, Two-factor theory of intelligence，1904）：斯皮爾曼進行認知能力和人類智力的心理學測評時，在統計運算中發現，一個人在心理測試中的得分可以分為兩個因素，其中一個在所有測試中總是相同的，稱為 g 因素（一般因素，g factor，即 general factor）；而另一個在不同的測試中是不同的，稱為 s 因素（特定因素，s factor，即 specific factor）。g 因素是一切智慧活動的共同基礎，人人都有、大小各不相同，對應比如邏輯思考的能力、視覺感知的能力；s 因素是個人完成各種任務所必須具備的智力，因事而異、並非人人都有，對應比如數字敏感的能力、造型色彩的能力。例如，一個人完成任務 x 用到 G+Sx 智慧，完成任務 y 用到 G+Sy 智慧。研究還顯示，g 因素的現象在非人類動物中同樣存在，在群體合作中還存在 c 因素（一般集體智慧因素，c factor，即 general collective intelligence factor）。
- 喬伊・保羅・吉爾福特的智力結構模式理論（Joy Paul Guilford, Structure of Intellect theory, SOI，1967、1971、1988）：按資訊加工的運作、內容、產物（Operations, Contents, Products）三大面向，對智力進行細分。第一，智力的運作過程，包括認知、短時記憶、長時記憶、擴散性思考、聚合思考、評價等 6 個因素；第二，智力加工的內容，包括視覺（具體事物的形象）、聽覺、符號（由字母、數字和其他記號組成的事物）、語義（詞、句的意義及概念）、行為（社會能

力），共 5 個因素；第三，智力加工的產物，包括單元、類別、關係、系統、轉換、應用，共 6 個因素。將上述三大面向的細分因素進行組合，就構成了智慧的基本能力：6×5×6＝180 種。

- 霍華德・加德納，多元智力理論（Howard Gardner, Theory of Multiple Intelligences, MI Theory，1983、1995、1999）：把智力細分為音樂韻律（musical-rhythmic and harmonic）、視覺空間（visual-spatial）、言語語言（linguistic-verbal）、數理邏輯（logical-mathematical）、身體運動（bodily-kinesthetic）、人際溝通（interpersonal）、自我認知（intrapersonal）、自然認知（naturalistic）、存在認知（Existential）9 項智慧。

近年來，深度學習技術的突破讓 AI 突飛猛進地發展，尤其在感知能力上，AI 可以穩定地在視覺辨識（圖 1-3）和語音辨識（圖 1-4）方面超過人類的平均水準，人們在生活中已經對人臉辨識和語音辨識習以為常。

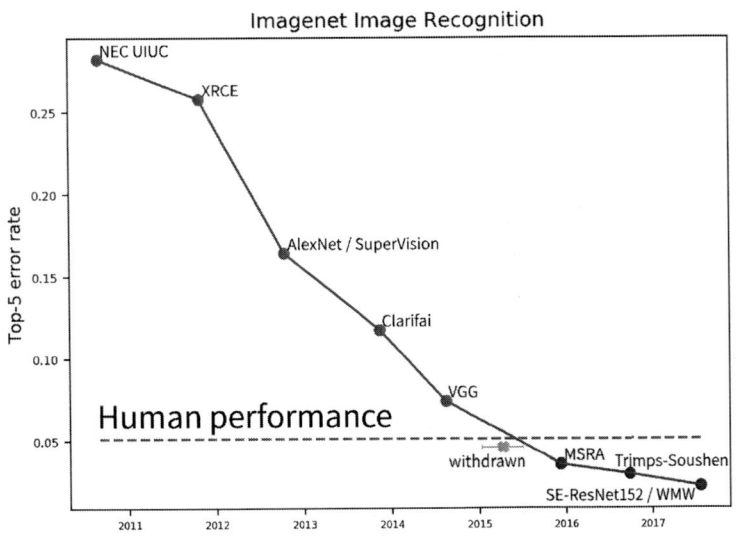

圖 1-3 ImageNet 平臺舉辦的大規模視覺辨識競賽（ImageNet Large-Scale Visual Recognition Challenge）中，AI 辨識的錯誤率自 2015 年開始勝過人類平均水準

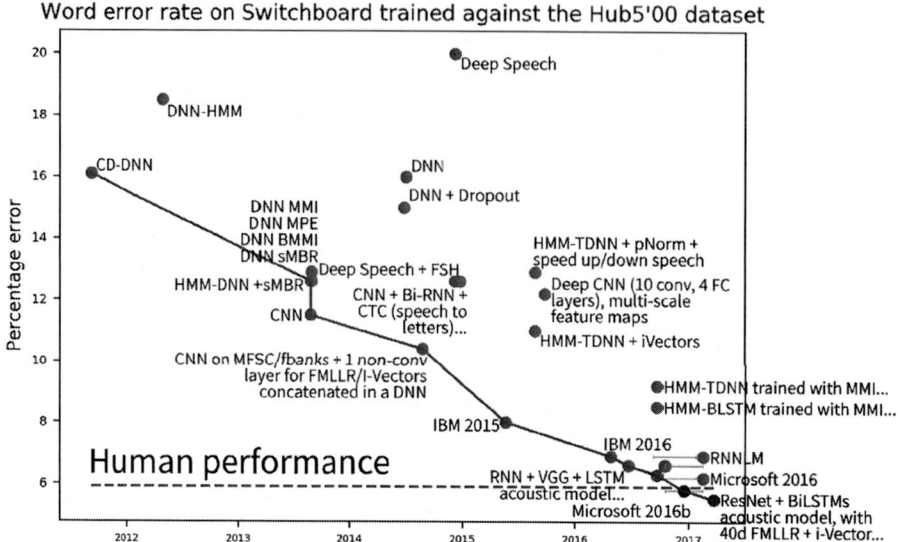

圖 1-4 在作為產業標準的 Switchboard 語音辨識任務中，AI 辨識的錯誤率自 2017 年開始勝過人類平均水準

　　而 AI 的優勢還不僅僅在於穩定的辨識準確率，更在於可以規模化地提供服務。這不僅僅可以節省人力成本，更重要的是，讓過去因為需要大量人力而根本不可能發生的事情變為可能。想像一下，如果短影音平臺的個性化內容需要透過在世界各地僱用大量的編輯人員來實現，你覺得為了服務超過十億的使用者需要僱用多少編輯人員？這種複雜度和成本會直接改變商業策略，也就不會出現如今短影音平臺的高度個性化影片內容產品。

　　AI 在感知方面的能力早已有目共睹，而在理解方面的能力也隨著 ChatGPT 的出現而大幅提升，尤其是 GPT-4 的表現，在很多測驗上都達到了人類前 20% 成績的水準（圖 1-5）。

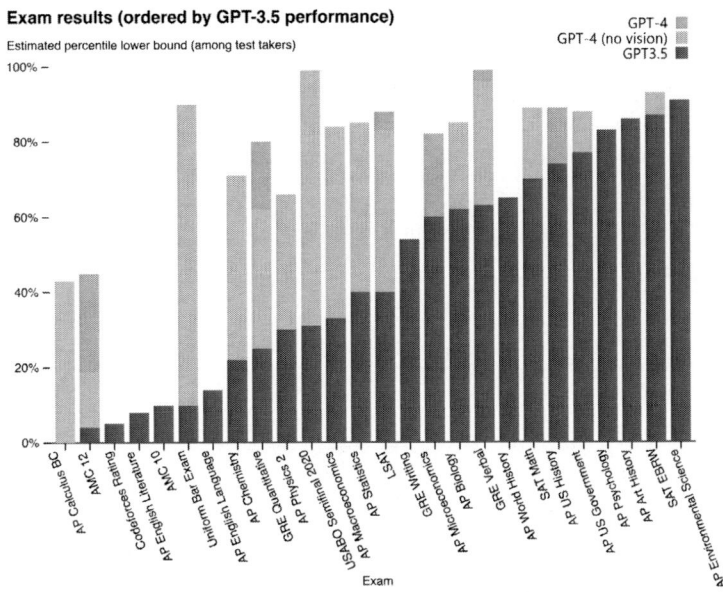

圖 1-5 GPT3.5 和 GPT-4 參加人類考試的成績情況

自 2021 年以來我在大學為大學生、碩士研究生和 MBA 研究生開設「智慧型產品設計」課程，課堂上學生們列舉並整理了身邊具有智慧特徵的產品，並初步整理了它們的智慧特點如下，供大家參考和激發思考。

智慧型產品的案例包括如下幾類。

- 智慧型穿戴裝置：智慧手環，智慧手錶，智慧耳機，智慧眼鏡。
- 智慧型家居用品：掃地機器人，智慧插座，智慧燈，智慧家具，智慧馬桶，智慧門禁，智慧垃圾桶，智慧衣櫃。
- 智慧型駕駛：自動駕駛，智慧汽車，智慧導航，AR 導航，無人機智慧飛行，智慧拖拉機，送貨機器人，清潔機器人。
- 智慧型機器人：咖啡機器人，烹飪機器人，繪畫機器人，音樂機器人，魔術方塊機器人，摘草莓機器人，陪伴機器人，機器寵物。
- 智慧型場地：無人超市，智慧停車場，數位學生智慧互動，智慧監控、保全，人臉打卡機，人物追蹤。

033

- 智慧型服務：語音智慧轉文字，文字智慧朗讀，智慧翻譯，聊天機器人，智慧語音助手，智慧客服，智慧教師，商品智慧推薦。
- 智慧型娛樂：虛擬人，影片特效，智慧轉播，內容智慧推薦。
- 智慧型創作：智慧繪畫生成，智慧音樂生成，智慧設計生成，智慧文字內容生成（新聞、詩詞、故事等）。
- 智慧型科學研究：蛋白質結構預測，氣象預測。

智慧型產品的構成要素包括以下幾種。

- 技術因素：能夠使用 AI、機器學習、雲端運算等先進技術，建立能夠執行複雜任務、適應使用者偏好、隨時間更新的產品。
- 人因因素：能夠提供使用者友好和直觀的介面，讓使用者經由語音、觸控、手勢等多種方式與產品互動，並根據使用者回饋改進產品。
- 商業因素：能夠為客戶和利益相關者創造價值，提供滿足他們需求和期望的產品，提供競爭優勢，產生新的收入來源。
- 文化因素：能夠考慮產品的社會和道德影響，以及它們對社會和環境的影響，如隱私、安全、可持續性、多樣性等。

智慧型產品設計的原則包括以下幾方面。

(1) 以人為師

- 基礎能力：能感知（看見、聽見、接觸到），能理解（物體辨識、語義理解），能思考（收集資訊進行分析），能回饋（視覺、語音、行動）；採用模仿人類或其他生物的設計。
- 學習性：自主學習，持續學習，自動更新；個性化，定製化，隨機性，變通性，多元性；情境化，多種條件判定，預測環境變化並應對。

(2)以人為本

- 人性化：情感化，善解人意，貼近人的認知邏輯，順應人的使用習慣和思考方式，將產品結果翻譯為符合人類認知的結果，服務人類、特定人群。
- 互動性：流暢的互動形式，即時回饋，操作簡化，自然互動，操作學習成本低，和環境互動，實體互動。

(3)以人為伴

- 超越性：自動化，節省人工成本，解放人類勞動力，效率高；大規模批次化處理，資料分析能力強大，可穩定工作，可重複，可複製，高度還原。
- 合作性：與人類各有所長、各有所短，可以、也需要共生共創。

> **思考**
>
> 你在身邊的智慧型產品上觀察到哪些智慧現象？對應怎樣的智慧能力？
>
> 智慧型產品中所蘊含的智慧是否也存在 g 因素和 s 因素？在目前的技術條件下，可以分別對應哪些智慧能力？
>
> 在智慧型產品設計上，如何以人為師、以人為本、以人為伴？

1.3　每一個產品都值得重做一遍

有一款食物的智慧型包裝概念設計是這樣的：包裝本身方便易用，而且在包裝上還有一處醒目的標籤；隨著時間的流逝，臨近保鮮期時標籤變為提示的顏色，超過保鮮期時標籤變為警示的顏色。聽起來這是一個很棒的智慧型產品設計對不對？其實大自然在億萬年的發展過程中，

就像用大數據訓練形成 AI 一樣，生命循環演化出無數這樣具有智慧現象的生物，比如香蕉。首先香蕉這個水果自帶包裝，方便保護，也方便食用，剝開外皮就可以吃。在香蕉的外皮表面上，它會以顏色跟圖案告訴大家它的成熟程度，是否有可能已經產生問題了。除了特別的青香蕉品種，一般的黃香蕉品種在青綠的時候不太好吃，黃的時候顏色越黃越好吃，告訴大家快來享用。隨後外皮上會開始出現褐色的斑點，斑點越來越多、顏色越來越深，告訴大家不好吃啦，不能吃啦。這是不是也可以認為是一種智慧的功能？正如前面所提到的智慧包裝，在大自然中早已存在，而且實現的手段成本低，又環保。

從某種意義上來說，整個地球的生命系統就是一個超級智慧：用各種生物的基因記錄著智慧演算法模型，以其生存機率作為代價函數，進行超大規模、高度並行、已經持續了幾十億年的運算，成果包含了大量具有智慧現象的生物。人類在地球上存在的時間尚短，人類的創造物才剛剛摸到智慧的門檻。但是在人類文明有歷史記載的數千年間，存在著一條很清晰的規律：人類的生理、心理、社會需求其實是相對穩定的，而每一次技術進步都會帶來產品功能與形態的重新演繹。

以音樂這種「產品」為例，我們來看看它的發展脈絡。

(1) 在遠古人類的時代，最早的音樂來自於個體和群體在工作、祭祀、娛樂過程中的發聲行為。音樂處於自娛自樂的時代。

(2) 進入到封建時代，占有更多資源的人可以動用資源和特權篩選出一部分有音樂特長的人，要求他們現場表演；隨著封建時代經濟的發展，越來越多的人，甚至包括一般百姓，可以享受到音樂專業人士的現場表演。音樂進入觀眾欣賞專業人士現場表演的時代。

(3) 古代的自動化科技發展緩慢。隨著機械技術的發展，18 世紀出現了音樂盒，19 世紀出現了自動鋼琴。

第 1 章　智慧型產品與人工智慧設計

（4）隨著近現代科技的發展，西元 1877 年湯瑪斯・愛迪生 (Thomas A. Edison) 發明了留聲機，1906 年范信達 (Reginald A. Fessenden) 播出了首次有聲音的無線電廣播，但當時只能搭配李・德富雷斯特 (Lee De Forest) 發明的笨重的真空管收音機使用。音樂進入經由電氣化傳播的時代，音樂產品走入千家萬戶。

（5）1954 年美國利金希 (Regency) 公司推出首款小巧的可攜式電晶體收音機；1963 年荷蘭飛利浦公司推出播音、錄音一體化，但體型稍大的盒式磁帶錄音機；1979 年日本索尼公司推出小巧便攜的隨身聽 (Walkman)，1982 年推出 CD 播放器，1984 年推出可攜式 CD 播放器。音樂進入可攜帶的時代，音樂產品可以隨時隨地享用。

（6）1998 年韓國世韓 (Saehan) 公司推出首款 MP3 音樂播放器，2000 年韓國三星公司推出首款具備音樂功能的手機，2001 年美國蘋果公司推出首款 iPod，把音樂播放器中能容納的音樂從十幾首、數十首提升到數千首。音樂進入數位時代，播放器小巧但音樂數量龐大。由於音樂能夠以數位化儲存和傳輸，蘋果在 2003 年推出的可以下載音樂的 iTunes Store 徹底顛覆了音樂產業的銷售和推廣模式。2005 年推出的 iPod Shuffle 連螢幕都沒有，竟然以軟體上的隨機播放為特色，成為熱門的暢銷產品。

（7）2005 年正式發表的美國 Pandora.com 提供網路串流媒體音樂服務，2008 年成立的瑞典 Spotify.com 提供的音樂服務則具有更好的個性化推薦、社交功能。音樂進入串流媒體時代，逐漸出現了個性化推薦、聽聲識曲、哼歌識曲等智慧功能。

（8）2010 年以來，各種 AI 音樂創作工具逐漸從實驗室走向市場，比如 2012 年成立的加拿大 LANDR.com，2014 年成立的美國 AmperMusic.com，2016 年成立的盧森堡 AIVA.ai，2018 年成立的美國 Boomy.com，2019 年推出的美國 OpenAI 的 MuseNet，2020 年成立的日本 Soundraw.io

等。音樂進入智慧時代，這些工具不僅能幫助專業人士更高效的工作，也能讓沒有音樂天賦的一般人有機會和 AI 一起創作出尚可的音樂作品。

（9）2020 年 4 月 24 日，2,770 萬人在《要塞英雄》(*Fortnite*) 遊戲中，參加了美國說唱歌手 Travis Scott 的「沉浸式」大型演唱會「Astronomical」。

（10）2022 年 12 月以來，Mubert、Google、Meta 分別釋出了各種 AI 音樂生成模型，根據使用者輸入的提示詞、風格要求等，生成音樂。還有人開發了「圖生成音樂」的技術，輸入圖片，輸出音樂。2023 年 5 月，「AI 孫燕姿」等一批 AI 歌手走紅網路。它們是用 AI 技術模仿原歌手的音色和風格，去翻唱各種歌曲，讓多年不發新歌的歌手應歌迷的要求，安排唱什麼就能唱什麼。2023 年 9 月，Stable Audio 把 AI 音樂生成提升到了被專業人士認可的水準；2023 年 11 月，Suno AI 的發表，更是把作曲、作詞、演唱集大成，讓一般人也能和 AI 一起創作高品質的音樂和歌曲。

……經由這一條脈絡，可以很清楚地看到音樂產品的發展趨勢：從自娛自樂到專業表演，從現場觀看到儲存傳播，提升了品質、拓展了使用；從進入家庭到隨身攜帶，從攜帶十幾首到幾千首，豐富了使用情境，但也帶來了複雜的挑戰；從經由網路提供服務到提供一定程度的智慧收聽功能，從單純消費的聽眾到人人可以成為生產內容的貢獻者，數位化、網路化、智慧帶來全新的可能。但是，千萬不要覺得這就是音樂產品的終局——人對於音樂的各式各樣的需求一直在那裡，只是被當時的技術條件限制了想像力，而每一次技術進步都會推動產生新的產品功能和形態。在新的智慧技術環境下，可以怎樣重新發掘以下需求、創造出新的智慧型音樂產品呢？

■ 你究竟喜歡怎樣的音樂？如何發現與你喜歡的音樂相似的音樂？如何發現與你喜歡的音樂不相似，但可能會喜歡的音樂？

第 1 章 智慧型產品與人工智慧設計

- 如何讓 AI 盡快了解你喜歡怎樣的音樂？持續學習你的品味和需求，並為你帶來有驚喜的音樂？
- 喜歡某種特色的音樂，比如一種節奏、一個聲音、一個段落，如何找到與之類似的音樂？
- 在不同的情境下，比如學習、工作、用餐、運動、入睡、起床的時候，聽什麼音樂比較好？
- 在不同的心境下，比如情緒低落的時候，什麼樣的音樂適合你？
- 音樂在播放的時候，能否根據每一曲音樂的特點，自動選取播放發聲的模式？
- 音樂在播放的時候，能否根據現場的環境做出自動調整？比如同一曲音樂，在安靜的室內和在行駛中的汽車內，自動選取播放發聲的模式。
- 音樂在播放的時候，能否根據現場的事件做出自動調整？比如當主要聽眾開始談話的時候，自動降低音量。
- 多人在現場的情況下，能否根據與播放器發生互動人的不同，自動推薦不同的音樂內容？
- 如何為一張圖片、一段影片、一個活動配上合適的音樂？在所有潛在適合的音樂中，如何選出融入你的想法的音樂？
- 配樂如何針對圖片、影片、活動的內容自動做出調整？智慧音樂能做到像真人樂團在現場伴奏那樣的效果嗎？
- 如何為音樂自動配上合適的影像？從內容含義、氛圍感受等不同層面考慮。
- 如何讓一般人也能獲得音樂編輯、創作的能力？五線譜、簡譜都是在當時技術條件下的產物，在紙張上表現多方面的音樂資訊，只有經過專業訓練的人士才能進行閱讀、演奏和編輯。然而有了音樂編輯軟體以後，音樂的資訊可以用「一塊一塊」的音符、波形等直觀的

039

形式呈現和操作，沒有經過任何訓練的一般人也可以很方便地看懂和掌握使用方式，動動手指就能編輯音樂。經由這樣的科技賦能，音樂的編輯、創作能力就擴展到了一般人身上。這會不會成為新的音樂標準？在新的智慧技術的賦能下，一般人是不是也能獲得用音樂表達自我的能力？

- 如果音樂會、演唱會發生在虛擬空間中或者虛擬與現實的融合空間中，又會帶來哪些全新的可能？
- 數位人作為藝人為你表演，會出現怎樣全新的可能？
- 如何用文字描述對音樂的需求？
- 如何與 AI 互動，像夥伴一樣共創音樂？

……是的，人類的生理、心理、社會需求其實是相對穩定的，各式各樣的需求一直在那裡，只是被當時的技術條件限制了想像力，而每一次技術進步都會帶來產品功能與形態的重新演繹。作為產品的創造者，一方面需要對新技術發展保持高度的敏銳關注，另一方面需要仔細觀察、理解、重新發掘人們的需求，兩方面相結合就能帶來源源不斷的創新切入點。

以推薦系統為例，這是我們這個時代被應用得最廣泛的智慧型產品之一，無論是在內容產品比如短影音平臺，還是電商產品比如購物平臺，由推薦演算法所構成的智慧推薦系統無處不在。

推薦系統在過去的十幾年裡，經歷了三個不同的階段。推薦系統 1.0 階段，是所有人看所有人的熱門討論內容。這種產品形態一直到今天也還有，比如各種排行榜，每個人看到的內容都是一樣的。但問題是每個人的興趣愛好、關注焦點都不一樣，而且每個時間區段所出現的、能呈現的焦點內容數量都是有限的，無法全面地滿足使用者的需求。早期資訊匱乏的時候，看看熱門話題也不錯。但後來大家的要求越來越高了，

並且是眾口難調。當使用者越來越多，各種類型、背景，不同年齡、喜好的人都有，這個時候形成的熱門討論內容就成了大雜燴，不同的使用者人群都覺得，其中混入了太多自己不喜歡的東西。類似地，為什麼有些人特別喜歡某種社群平臺，就是因為每個產品的主要使用者族群基礎很不一樣，造成的內容差異和社群氛圍大到連智慧推薦演算法也無法彌合。

為了解決集體的熱門討論內容相對少，並且無法讓每個人看到的內容不一樣的情況，新一代推薦系統應運而生。推薦系統 2.0 階段，是使用者看什麼、系統就向使用者推薦什麼。這樣的推薦系統不只在內容消費領域，在電商裡面也有。它表現好的情況是，如果使用者最近關注（比如瀏覽、檢視）某個東西，就會形成推薦，系統向使用者推薦相似的東西，幫助使用者更好地了解、篩選；但是也會出現表現不好的情況，比如使用者買了牛肉乾，然後系統就不停地向使用者推薦牛肉乾。這算是哪門子的智慧？它的確使用了智慧技術，但是這個行為一點都不智慧對吧。推薦系統 2.0 已經開始使用機器學習，但是仍然無法很好地解決推薦品質的問題。一方面是冷啟動的挑戰，最開始的時候系統對使用者的喜好一無所知，的確不知道應該向使用者推薦什麼，往往還是只能採用推薦系統 1.0 的模式來開始。另一方面，隨著使用者的使用，雖然理論上來說推薦系統不斷學習使用者的喜好，應該是能夠做到越來越準確的高品質推薦，但是實際上做不到，經常會出現這幾種情況：如果完全按照使用者已經發生的行為來嚴格推薦，以此作為推薦的「精準度高」，就會出現使用者買了牛肉乾之後系統還在不停地推薦牛肉乾的情況，或者推薦的都是使用者已經耳熟能詳的狹小領域的內容，沒有驚喜、沒有延伸，是個問題；如果把這個精準度調低，希望以此帶來推薦的驚喜、延伸，同時就有可能放進來一些讓使用者覺得不喜歡的東西，還是有問題。

隨著社交網路的發展完善，推薦系統 3.0 的階段到來了。相比推薦系統 2.0，一個最重要的變化是，系統除了把使用者和被推薦物之間的關係作為考慮要素以外，又把使用者與其他使用者之間的關係也考慮進來了。簡單來說就是系統會判斷你和哪些使用者的行為和喜好比較相似，跟你相似的使用者喜歡什麼；如果你還沒有接觸到相似使用者喜歡的東西，那就把這些推薦給你。

在現實中，通常三個不同的階段的推薦系統模式會並行存在、混合使用，發揮各自的特點、揚長避短。而且一個產品的成功也不會僅僅只靠推薦系統，而是以產品功能、推廣經營等綜合表現來達成。這也是個很典型的例子，人類各式各樣的需求一直在那裡，隨著技術進步，每解決一個層次的問題，一個新的層次的問題就會暴露出來，這樣一層層地發現問題、解決問題，就越走越深、越走越遠。

思考

音樂產品還有哪些人類需求待發掘？智慧技術可以帶來怎樣的新可能？

短影音平臺的智慧推薦系統有怎樣的發展機會、面臨怎樣的問題？怎樣做才能更好地為使用者創造價值？

你最常用的產品是什麼？如果向其中引入智慧技術，可以怎樣重塑這個產品？

1.4 小練習：自己最需要什麼智慧型產品

在本章中，我們回顧了典型智慧型產品的發展，列舉了生活中常見的智慧型產品，整理了其中的特點，分析了一種產品可以如何與時俱進地擁抱智慧。這裡向大家推薦一些延伸的學習資料。

喬治・薩卡達傑斯（George Zarkadakis）的《人類的終極命運：從舊石器時代到 AI 的未來》(*In Our Own Image: The History and Future of Artificial Intelligence*)。這是一本 AI「歷史書」，書中有很多有趣的故事能引發我們的思考。雖然 AI 是今天的熱門話題，但是其實自古以來的幾千年裡，人類一直在不停地追尋智慧型的創造物。書中還詳細列出了西方世界在此過程中的主要探索事件和人物，如果有興趣深入了解，可以作為很好的線索。

尤瓦爾・哈拉瑞（Yuval Noah Harari）的《未來簡史：從智人到智神》(*Homo Deus: A Brief History of Tomorrow*)。這是一本讓我們換個視角看世界的書，書中有很多非常有趣的思辨，比如在日常生活當中大部分人吃肉，人們屠宰動物的時候心理層面沒有任何障礙；可是仔細想想，為什麼我們會認為人類就自然凌駕於其他的動物之上呢？究竟是什麼樣的區別，本質上讓人類真正高級到凌駕於牠們之上、可以主宰牠們的生死？有人說因為人類有靈魂，但實際上，人類有靈魂這件事情本身就是更偏於主觀判斷，但是尚未找到科學依據，甚至還沒找到科學定義的東西。從而一個非常有趣、同時讓人毛骨悚然的推論就會出現，這也是一些學者所擔心的：通用 AI 以及在這個基礎之上的超級 AI 出現之後，他們看待人類的態度會不會像人類看待這些動物的態度一樣？

佩德羅・多明戈斯（Pedro Domingos）的《終極演算法：機器學習和 AI 如何重塑世界》(*The Master Algorithm: How the Quest for the Ultimate Learning Machine Will Remake Our World*)。這本書講的是演算法，但是人人都能聽得懂。作者透過有趣的案例、深入淺出的講解，系統性地介紹了機器學習的基本原理、應用和倫理問題，可以幫助我們更好地了解機器學習和 AI 是如何改變世界，它們的潛力和局限性是什麼，如何利用這些技術來幫助工作、創造產品，意識到、並審慎對待機器學習和 AI 的應

用與發展,更重要的是拓展思考的疆界。

當然,思辨也好,警惕也罷,都不應該成為自我封閉、自我束縛的枷鎖,人類需要不停地挑戰自我、發展科學技術與人文藝術,來更好地創造價值、實現價值,智慧型創造物是其中不可或缺的、精采紛呈的一個階段。

本章的小練習如下。

主題:自己最需要什麼智慧型產品
大學生: ・全班一起,利用線上電子白板進行合作,以線上白板上貼便籤的形式,每個人列出自己喜歡的至少 10 個智慧型產品。 ・以組為單位,每一組選擇小組成員最需要的一款智慧型產品進行研究。 ・這個產品的智慧解決了什麼問題?與過去的產品相比,智慧帶來了哪些變化? ・把研究結果以線上文件的形式呈現,小組分工合作完成。
碩士班: ・全班一起,利用線上電子白板進行合作,以線上白板上貼便籤的形式,每個人列出自己喜歡的至少 10 個智慧型產品。 ・以組為單位,每一組選擇一款小組成員最需要的智慧型產品進行研究。 ・這個產品的智慧解決了什麼問題?與過去的產品相比,智慧帶來了哪些變化?這個產品適合怎樣的使用者群體? ・把研究結果以線上文件的形式呈現,小組分工合作完成。

注:如果你只有自己一個人,借用六頂思考帽的方法,把自己「變成」一個團隊。

第 2 章　迎向未來的 AI 創造力

2.1　AI 會取代你的工作嗎？

Video Game Designers

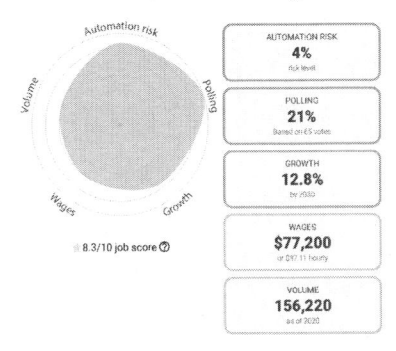

AUTOMATION RISK
4%

POLLING
21%

GROWTH
12.8%

WAGES
$77,200

VOLUME
156,220

Telemarketers

AUTOMATION RISK
95%

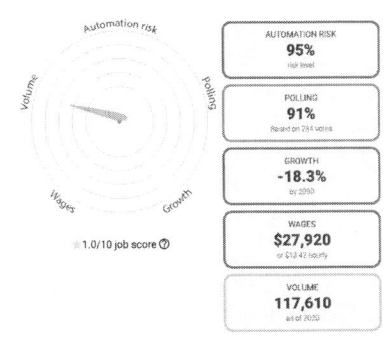

POLLING
91%

GROWTH
-18.3%

WAGES
$27,920

VOLUME
117,610

圖 2-1 預測美國未來最容易和最不容易被機器人取代的工作

2013 年，牛津大學的卡爾・B・弗瑞（Carl B. Frey）和邁克爾・奧斯伯恩（Michael A. Osborne）發表了一篇可能是這個領域最被廣泛引用的研究報告〈就業的未來：電腦自動化對人類職業的影響〉（*The Future of Employment: How Susceptible Are Jobs to Computerisation?*）。之後的很多研究都是以此為基礎，比如 2016 年的〈世界經合組織國家就業的自動化風險〉（*The Risk of Automation for Jobs in OECD Countries: A Comparative*

045

Analysis)、2018 年亞洲開發銀行的〈技術如何影響就業〉(*Asian Development Outlook 2018: How Technology Affects Jobs*)、2023 年 OpenAI 的〈大型語言模型對勞動力市場的影響潛力初步分析〉(*GPTs are GPTs: An Early Look at the Labor Market Impact Potential of Large Language Models*)。圖 2-1 中所展示的兩個例子，很難被自動化取代的電子遊戲設計師、很容易被取代的電話行銷人員，就是 willrobotstakemyjob.com 基於這個研究報告的成果，又補充融合了一些經過機器學習的新資料而得到的。在這個網站上輸入職業名稱，系統就會給出這個職業在不久的將來被自動化取代的預測機率。

這一份報告的開創性在於，採用理性、量化的資料模型化方法進行分析，而不是像過去的很多文章、報告一般大多採用質化描述的方式。報告研究了從各種職業對於細分能力的要求，到哪些職業發生了離岸外包及其原因，再追溯歷史上技術發展對職業演變的影響，基於這些研究成果來改善前人的模型，形成更適合當代情況的新模型。研究者分析了 702 個職業，把每一個職業所需要的各種人類技能進行拆解，分別評估每一項技能被自動化所取代的機率。圖 2-2 中每一個點都代表了一個職業，橫座標是被自動化取代的機率，縱座標分別是各種技能類型，比如「美術能力」(fine arts)對應的職業中能被自動化取代的較少，「手工熟練度」(manual dexterity)對應的職業中有很多能被自動化取代，而且手工熟練程度越高的職業將被越高的自動化取代。然後把所有資料代入數學模型，就得到了這個職業被自動化取代的機率。報告還以美國勞工部 2010 年的資料為基礎，預測了美國市場上的職業發展趨勢：47% 的職業將在 10 到 20 年內被自動化取代。圖 2-3 中橫座標是職業被自動化取代的機率，縱座標是職業的從業者人數，不同顏色代表不同職業，比如辦公行政、業務、服務業。雖然仍有小部分處於低機率被取代的區域，但是大量的相關職業就是處於高機率被取代的區域。

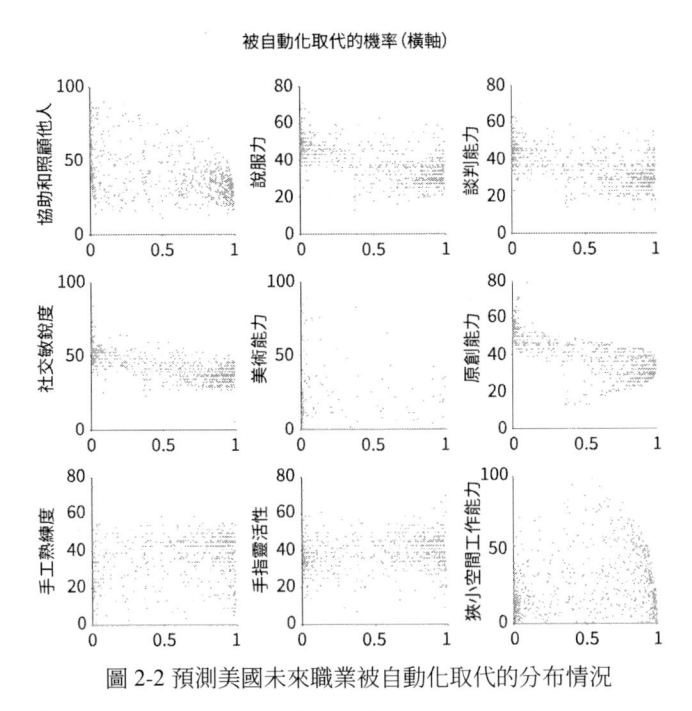

圖 2-2 預測美國未來職業被自動化取代的分布情況

　　隨著新一波 AI 技術突飛猛進，報告中所預測的 10 至 20 年內發生的事情，正在從「不久的將來」變成「今天」。回顧近 10 年的發展，不禁感慨良多。一方面，變化都是在日復一日中悄然發生的，比如在銀行和電商網站上聯繫客服，第一時間獲得真人服務的機會已經越來越少；在 2022 冬奧的場館和奧運選手村中，大量物流、餐飲機器人已經成為服務體系中司空見慣的一部分。另一方面，泡沫的確存在，只有技術真正達到了取代人類的效果、真正能夠創造價值，改變才會真的發生，比如智慧型語音成功地在客服領域中占據了一席之地，但是智慧型語音的電話推銷在瘋狂推進了一段時間之後再度歸於沉寂。2019 年 GPT-2、2020 年 GPT-3 出現，這種大量資料、大量參數的 AI「大型語言模型」的推出，讓人們看到了前所未有的應用效果和前景，並且在隨後不斷升級、刷新著各種紀錄。不過業界的主流觀點還是認為，基於深度學習的 AI 技術面臨著對資料依賴程度過高、無法解釋、缺乏對於真實世界的語義理解能

047

力等重大挑戰，仍然任重道遠，直到 2022 年 11 月底 GPT-3.5 的出現，此時它的名字叫「ChatGPT」。

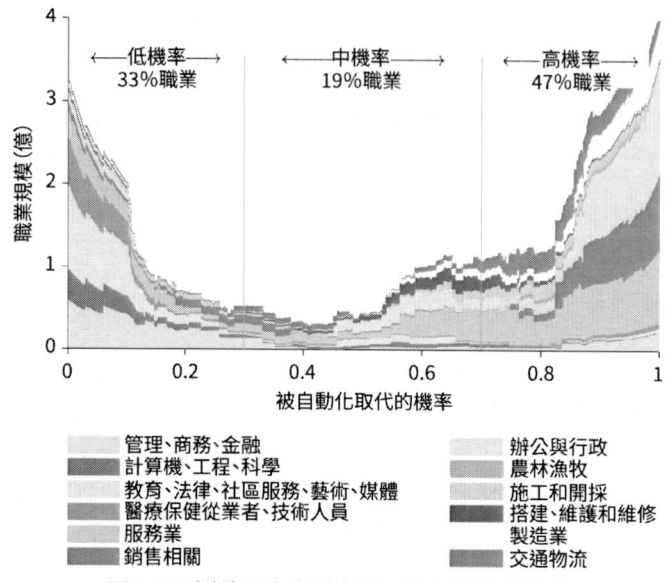

圖 2-3 預測美國未來職業被自動化取代的機率

在 2023 年的研究報告《OpenAI：大型語言模型對勞動力市場的影響潛力初步分析》中（圖 2-4），OpenAI 的研究者採用類似的方法對美國勞動力市場受 GPT 的潛在影響進行了研究，根據大型語言模型的能力對職業進行評估。研究顯示，約 80％的美國勞動力可能會因為大型語言模型的引入而受到至少 10％的工作任務的影響，而約 19％的勞動力可能會有至少 50％的工作任務受到影響。使用大型語言模型，所有工作任務中的約 15％可以在相同品質水準下顯著提高速度；如果再加上使用大型語言模型的軟體和工具，這一項比例甚至可以高達 47％至 56％。並且由於大型語言模型強大資訊處理能力的特點，對各行各業中的高收入工作更可能產生較大的影響。

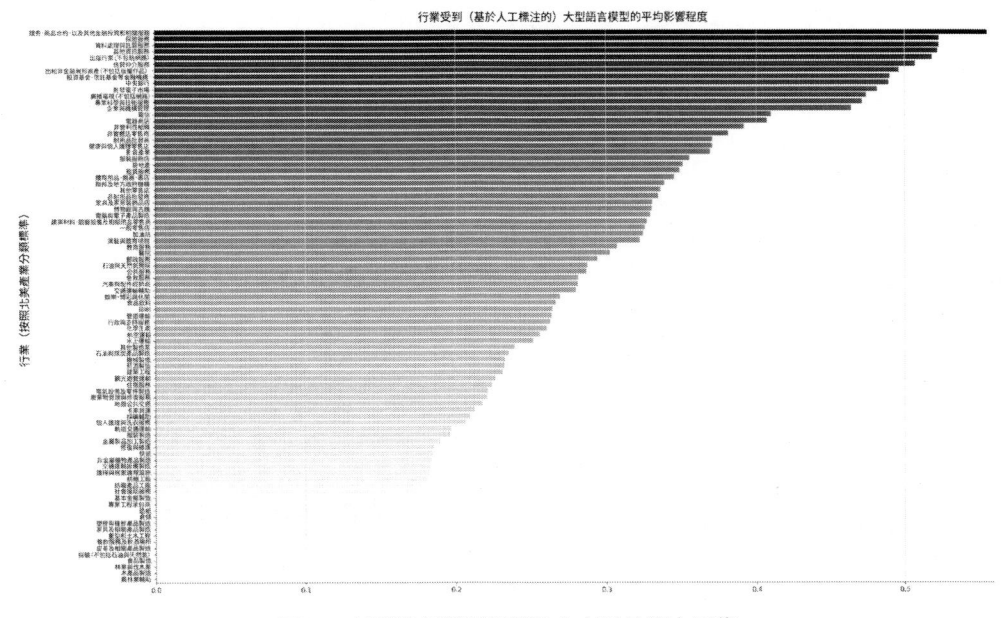

圖 2-4 大型語言模型對勞動力市場的潛在影響

　　回想 2016 年 AlphaGo 擊敗圍棋世界冠軍、職業九段棋手李世石，AI 技術時隔幾十年重新回到大眾媒體的聚光燈下，「AI 取代你的工作」一度成為各大媒體的頭條焦點；而到 2023 年 ChatGPT 爆紅的時候，人們已不再熱衷於討論這樣的話題，而是更關心自己可以怎樣使用 ChatGPT 來幫助自己工作。AI 並不能取代所有的人類職業，正如李開復在 2018 年 TED 演講中所提出的「人與 AI 合作的藍圖」（圖 2-5），把各種職業列入一個座標系，橫座標從左到右分別是「重複改善型」、「創意或決策型」，縱座標從下到上分別是「無需同理心的」、「需要同理心的」，由此各種職業就被分布在四個象限中。

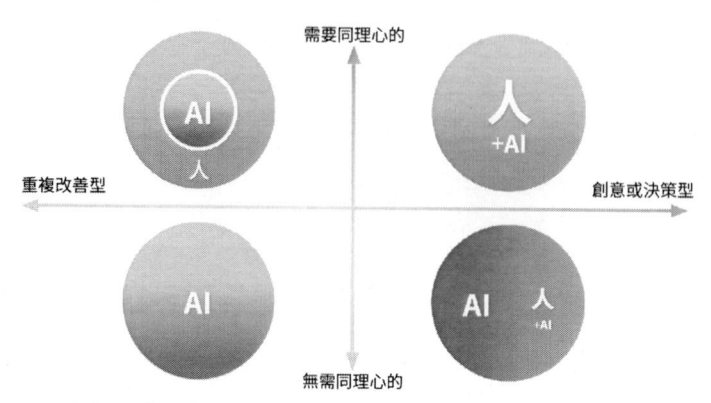

圖 2-5 李開復在 TED 演講中提出的「人與 AI 合作藍圖」

- 左下角象限的職業是重複改善型、無需同理心的，會被 AI 完全取代，比如工廠工人、洗碗工。
- 右下角象限的職業是無需同理心的，AI 與人類進行合作，越需要創意決策，就越需要人類為主。比如資料分析師可以以 AI 為主，而科學研究員則需要人類主導、AI 配合。
- 左上角象限的職業是重複改善型、但需要同理心，在這裡 AI 能夠成為內在的核心，但是仍需要人類作為外在的互動介面。比如在智慧型醫療與護理中，AI 可以產生精準、個性化的效果，但是經由人類的互動方式，更容易被人類受眾接受。
- 右上角象限的職業是創意或決策型、需要同理心的，這裡人類仍然是主導的核心、驅動 AI 進行工作，比如 CEO、產品設計師。

有人特別擔心，甚至反感技術發展帶來的人類職業被取代，但其實這就是在人類歷史上一直不停發生的事情。人們不會取消股票軟體和網路以重現股票交易員的輝煌，搗毀紡織機也不會重回紡織手工業者的時代；如果你加入生產線上工人日復一日的工作和生活，就會明白為什麼今天很多年輕人更願意去送快遞、外送，也不願在工廠上班。技術發展的確會對人類職業產生衝擊，每一個時代都是如此，但同時也帶來了大

量的新機會、新可能。把人類從像機器一樣的工作中解放出來，讓人類真正發揮人的創造力，真正去追求人的夢想、真正去實現人的價值。在這個過程中，不可避免地會對相當一批人產生衝擊，的確需要各方努力來盡可能減少對他們的傷害，幫助他們順利度過過渡期。

2020 年，我發起了「CREO 世界 AI 創造力發展報告」的研究編撰工作，和世界各地的專家一起提出了「AI 創造力」的概念以及「AI 時代的人機共創模型」。當我們仔細比較 AI 與人的能力差異的時候，越分析越發現，那些被炒作為 AI 取代人類的理由，正好就是 AI 與人類互補的方面（圖 2-6）！

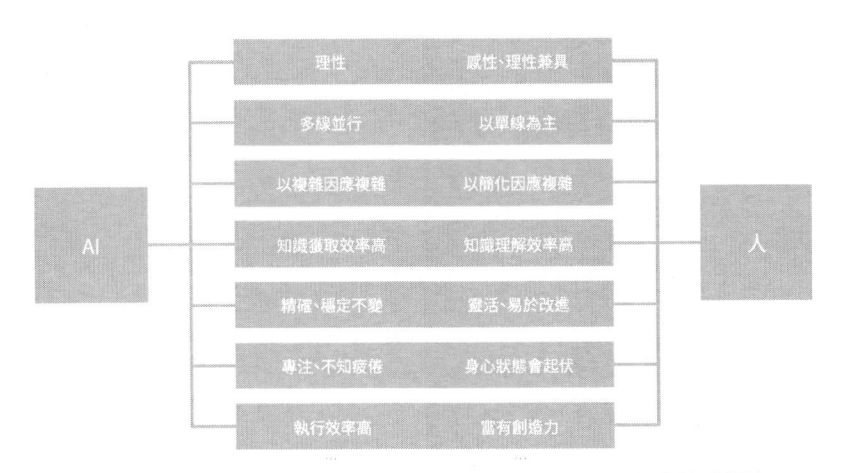

AI		人
	理性	感性、理性兼具
	多線並行	以單線為主
	以複雜因應複雜	以簡化因應複雜
	知識獲取效率高	知識理解效率高
	精確、穩定不變	靈活、易於改進
	專注、不知疲倦	身心狀態會起伏
	執行效率高	富有創造力

圖 2-6 CREO 世界 AI 創造力發展報告中，AI 與人類的能力特點對比

■ 人類的單線執行與 AI 多線並行的互補：人類更適應單線思考和行動，就是同時只想一件事或者只做一件事。即便女性在多線執行能力上普遍比男性的表現更好（很可能是因為在數以萬年的演化過程中，女性大多在家庭情境中處事，被訓練成能夠同時處理多件事，比如一邊照顧孩子一邊煮飯），但是整體來說人類的多線執行能力是比較弱的，大腦能夠同時處理的資訊非常有限。而 AI 則沒有這樣的結構性限制，只要給它足夠的資源，它就能進行強大的多線操作。

這也是為什麼 AI 可以在短時間內成為圍棋大師，因為它在下棋的時候能同時進行大量的推演，在訓練的時候能同時進行大量的對弈模擬。所以人類應該更多聚焦在單線執行能產生顯著價值的部分，比如創造力、判斷力、推理能力、靈活性等；而 AI 可以承擔更多的探索性工作，充分擁抱各種可能性、不確定性，經由模擬和預測，幫助人類找到最佳答案。

■ 人類與 AI 在應對複雜的不同方式上的互補：因為人類的大腦無法處理太複雜的計算，人類在長期的演化過程中形成了以簡化來應對複雜問題的機制。這是經過檢驗的有效方式，並且形成了像水平思考、批判性思考這些了不起的思考方式，但其缺點也非常明顯，就是無法進行高效的充分探索。今天的 AI 還無法完全模擬人類的思考方式，卻擁有以複雜應對複雜的強大能力，比如以窮舉的方式推演圍棋，走出了幾千年來人類從未想到過的棋招；比如以文生圖、圖生圖的方式生成影像，進行快速的高品質視覺探索。人類以簡化來應對複雜，AI 以複雜來應對複雜，二者各有利弊，正是很好的互補。

■ 人類靈活、易於改進與 AI 精確、穩定的互補：人類不是機器，工業生產把人類塑造得像機器一樣工作，甚至直接影響到教育的系統，這並不是發揮人類價值最好的方式。人類再像機器也不是機器，無法真正做到機器一樣的精確和穩定，也不會真正甘於像機器一樣日復一日地重複工作；人類靈活、易於改進，能夠發揮創造力，去創造更大的價值。AI 加持下的機器能夠做到更精確、更穩定，還能具有一定的智慧。這樣一來，人類的靈活、創造力，和 AI 的精確、穩定，就能更好地相互結合。

人與 AI 互補的方式有多種。人可以使用 AI 作為工具，來輔助自己完成一些重複性、煩瑣性或高難度的任務，從而提高效率和品質；人也可

以使用 AI 作為夥伴，來合作、交流或娛樂，從而增加效果和樂趣；人還可以使用 AI 作為教練，來學習、提升或反思，從而拓展知識和能力……更重要的是人類可以、並且應該領導 AI，去各展所長、合作共創。

> **思考**
>
> 我們身邊的職業，有什麼是在 10 年前仍未廣泛出現的？
>
> 你最希望能與 AI 怎樣的能力合作？做什麼？
>
> 按照「人與 AI 的合作藍圖」，為每一個象限至少舉三個職業的例子，思考它們在 AI 時代將如何演變。

2.2 源於人類的 AI 創造力

2017 和 2018 年，在李開復老師帶領下，我們對 AI 的發展做了一系列趨勢研究，其中有一個有趣的成果就是 AI 時代的人類職業金字塔（圖 2-7）。

第一層是從事服務型工作的人，這個人群規模將會達到最大。今天我們在銀行或者電商網站、App 上聯繫客服的時候，大多數情況下首先由 AI 來服務你，解決不了的再轉給人工客服。但是在 AI 時代，服務型的工作還是需要大量的人類，這是因為人類有很多優勢無法被機器人取代：人類有創造力、創新力和靈活性，能夠在不同的情境中獲取和運用知識，解決複雜的問題；人類有情感、同理心和溝通能力，能夠與他人建立信任和合作，提供個性化和高品質的服務；人類有文化、價值觀和道德觀，能夠適應不同的社會環境，維護公共規範和利益；AI 技術在軟體層面的發展速度遠高於在硬體方面的發展速度，直觀反映在 AIGC 已經在虛擬空間中大量替代人類的工作，但是機器人還很難取代人類在現實空間中的工作。在 AI 時代，服務型的工作不僅不會消失，反而會更加

053

重要和有價值。而且服務型的工作也需要與 AI 合作，提高效率、品質和安全性。

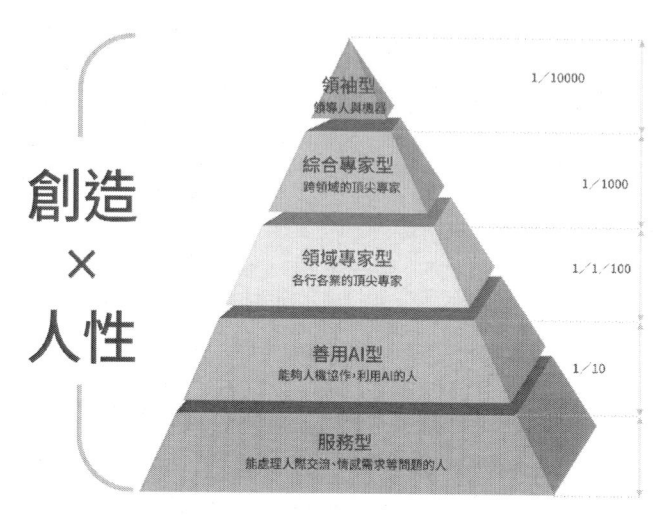

圖 2-7 AI 時代的人類職業金字塔與核心競爭力

第二層是善用 AI 的人，人數就會少一些。在各行各業當中有大量 AI 的使用，可是 AI 本身還有各式各樣的問題和局限，所以人類作為 AI 的操作者就不可或缺。AI 的操作者可以有效地利用 AI 技術的優勢，比如高效、精準、智慧等，來提高工作的品質和效率，解決複雜和挑戰性的問題，創造更多的價值；彌補 AI 技術的不足，比如缺乏創造力、情感、道德等，以及可能存在的偏差、漏洞、風險等，從而保證 AI 技術的可靠性和可信性；有效地與 AI 協同合作，發揮各自的優勢，實現互補和雙贏，從而提升整體的競爭力和創新力。

第三層是各領域的專家。人類專家仍然極其重要，是因為直到目前為止，AI 不論是在應用層面還是在理論層面都仍然存在著很多的問題，儘管可以做一些簡單的工作，甚至可以在圍棋這樣規則清晰完備的項目上擊敗人類頂尖的世界冠軍，但是在絕大部分專業領域還不足以達到人類專家的水準；就算是在今天表現突出的 AI 影像生成領域，AI 在速度

和數量方面遠遠超過人類設計師，但在品質方面也只是部分達到人類優秀專家的水準，更不用說要超越。這既是因為訓練資料缺乏的問題，更是因為 AI 還未能建立起對真實世界的語義理解的能力，以及相匹配的因果推理能力。事實上，還有大量的人類社會知識不存在數位化的版本可供 AI 去學習。比如說我現在跟大家眨眼睛，如果是兩個眼睛不停地眨，代表什麼意思？如果是一個眼睛眨一下，又是什麼意思？人類社會中，這樣的訊息在不同文化裡、在不同的情境下的含義就可能不一樣，人類學習起來都不容易，更別說讓 AI 去學習了。

第四層是跨領域專家，就更加稀少了。AI 並不是萬能的，它涉及不同的領域和行業，需要跨領域專家的理解和協調，以保證 AI 技術的適應性和可用性；它也有自己的局限性和挑戰，需要跨領域專家的參與和監督；AI 的發展是動態的，需要不斷地創新和改進，這些都需要跨領域專家的貢獻和合作。在可以預見的將來，在沒有產生更加本質性的巨大突破之前，AI 連領域專家都不容易達到，跨領域專家就更難了。同時，跨領域是大家最容易獲得行業發展紅利的方法。要成為一個領域中前 10% 的人不容易，但畢竟還是有 10% 那麼多；而如果同時在兩個領域當中都成為前 10%，這個人群就非常稀少了。這就是頂尖的「π 型人才」。相比「T 型人才」、「I 型人才」，橫跨多個領域的「π 型人才」更有機會以他山之石攻玉，或者經由融合、碰撞來實現突破、創新，從而創造更大的價值。

第五層是領導者，金字塔尖。不管是一個專案還是一個組織，都需要在關鍵時候、關鍵事件上能夠判斷、決策的領導者。能夠運用大量的資源，尤其是激發和調整人力資源，能夠對紛繁的資訊進行分析，對未來的可能性進行推演，能夠面對壓力或誘惑做出決策，並且承擔責任，這些都是非常了不起的能力。對於一個領導者來說，這些能力往往比專業能力更重要。當然，並不是每個人都需要成為絕對意義上的領導者。

作為團隊的一員，融入團隊中與其他成員配合合作，而在有需要的場景下站出來進行領導和組織，是更普遍的情況。另外，與過去不同，在 AI 的時代，即便是只有自己一個人的時候，仍然可以，甚至是必須成為一位領導者，因為你將要領導 AI 去完成任務，提出目標、管理過程、評判結果。

在這樣一個職業金字塔當中，我們發現，最重要的、AI 無法取代的人類核心競爭力就是兩項：人性和創造力。哺乳動物有很多東西是刻在 DNA 裡的，比如說天性就喜歡身體接觸、能感受到別的個體的情緒等。人類更是如此，在長久的演化過程中，逐漸形成了一些共同的價值觀、一些同理的能力等，這些共同構成了人性，既是人類最大的弱點，又是人類最強的力量。另外一個極其重要的核心競爭力是創造力。如果說 AI 在獲取和組織大量的知識的方面能勝過人類，比如一個普通人根本無法和搜尋引擎較量廣泛的知識儲備；那麼真正的跨領域的、發散式的、跳躍式的思考，在這些跟頂級創造力相關的東西上，目前的 AI 還無法與人類相比。

在迄今為止的人類創造力研究中，創造力通常被定義為是個體產生新穎的、有價值的事物的能力。創造力區別於智慧，主要影響因素包括智力、知識、個性、環境等。創造力影響著各種創造性活動，包括科學、技術、藝術、設計、社會活動等。成果既可以是有形的，又可以是無形的。人類對於創造力的研究有很多種不同的面向和成果，表 2-1 是一份關於創造力理論與模型的研究線索（請注意一定要做資料來源的交叉驗證，中、英文版本的描述多有不同，且常常出現主流平臺上的資訊更新不及時的情況）。

表 2-1 創造力相關的各種理論與模型

創造力理論與模型	
心理學的視角	創造力的匯合理論：擴散性思考與創造性人格（Confluence Theories of Creativity: Divergent Thinking and the Creative Personality） 創造性思考與一般性思考（Cognitive Perspective: Creative Thinking and Ordinary Thinking） 無意識思考形成創造力（Unconscious Thinking） 創造力中的頓悟（Leaps of Insight in Creativity: The Gestalt View） 五大性格特質（The Big Five Personality Traits） 創造力的社會心理學（The Social Psychology of Creativity）
認知科學的視角	創造力階段模型（Stage Model of the Creative Process） 創造力三維模型理論（A Three-Facet Model of Creativity） 創造力投資理論（Investment Theory of Creativity） 創造力貢獻的推進模型（Propulsion Model of Creative Contributions） 創造力 4P 模型（4 Ps of Creativity） 創造力 5A 模型（The Five A's Framework） 五步創造法（Five Steps of Creativity） 創造力成分理論（Componential Theory of Creativity） 創造力系統模型（The Systems Model of Creativity） 生成探索模型（Geneplore Model） 創意腦（The Creative Mind） 淺－顯互動理論（The Explicit–Implicit Interaction (EII) Theory） 創造力打磨理論（The Honing Theory） 創造力的互動作用模型（An Interactionist Model of Creative Behavior） 創造力遊樂場理論模型（Amusement Park Theoretical Model）
生物科學的視角	創造力的演化理論：隨機變異和選擇性保留（Evolutionary Theories of Creativity: Blind Variation and Selective Retention） 創造力的達爾文理論（The Darwinian Theory of Creativity） 腦科學的研究（Biotechnology Perspective: Brain Research） 創造性認知的神經生物科學框架（A Neuroeconomic Framework for Creative Cognition）

創造力理論與模型	
智慧理論的視角	20 世紀中後期理論 單因素論（Uni-factor Theory of Intelligence） 二因素論（Two-factor Theory of Intelligence） 三因素論（Thorndike's Intelligence Theory） 群因素論（Group-factor Theory of Intelligence） 智力三維結構理論（Structure of Intellect Theory） 層次結構理論（Hierarchical Structure Theory of Intelligence） 智力形態理論（Fluid and Crystallized Intelligence） 20 世紀末期及 21 世紀初理論 三元智力結構理論（Triarchic Theory of Intelligence） 成功智力理論（Theory of Successful Intelligence） 智力 PASS 理論（Plan Attention Simultaneous Successive Processing Model） 全腦模型（Whole Brain Model） 多元智力理論（Theory of Multiple Intelligences） 情緒智力理論（Emotional Intelligence Theory） 具身認知理論（Embodied Cognition Theory）

另外，還有很多關於創造力相關的研究、使用方法，請見第 3 章的 3.3 和 3.4 節內容。

無論我們充滿期待還是顧慮，AI 都正在改變我們的生活和工作。想想我們自己和下一代，人類該如何做好準備？AI 時代，是什麼讓人成為人？如何讓 AI 成為人的夥伴而不是競爭對手？如何運用 AI 技術去解決更多真實世界的問題？如何去研發、訓練更高效地幫助人類的 AI？如何面向未來，培養人類的核心競爭力？……基於對這些問題的思考，聚焦於如何創造性地運用 AI，以及如何增強人類創造力，我提出了 AI 創造力這個概念，倡導人與 AI 各展所長、合作共創，這是一種面向未來的新理念、新力量、新策略（圖 2-8）。

AI創造力：AI時代的核心能力

AI × CREATIVITY

創造性地運用AI、用AI提升創造力，讓人與AI各展所長、共生共創

新理念	新力量	新策略
跨越時空、與人類文明累積協作創造	幫助每個人超越自我，獲得更多創造力	跨越時空、與人類文明累積協作創造

圖 2-8 AI 創造力的概念

首先，AI 創造力是一種新理念。

當人與 AI 合作，真的只是人與眼前這個 AI 的合作嗎？其實並不是。因為迄今為止，以及在可以預見的將來，所有的 AI 都是以人為師、用人類文明的累積訓練出來的，而並不是憑空出現的東西。人與 AI 的合作其實更像是 AI 成為一扇時空之門，人類經由這個時空之門與人類歷史上的文明累積進行共創。

圖 2-9 佳士得官網上的〈艾德蒙・貝拉米肖像〉

059

2018年10月25日,紐約洛克斐勒中心佳士得(Christie's)拍賣會上,一幅畫作的拍賣吸引了眾人的目光。通常的畫作都是由藝術家一筆筆畫出,而這一幅畫是影印出來的;這一幅畫最終竟然在同場 363 件拍品中,拍出了和畢卡索的作品 *Buste de femme d'après Cranach le Jeune* 一樣的高價!這就是世界上第一幅在頂級拍賣行成功拍賣的 AI 藝術品——〈艾德蒙・貝拉米肖像〉(*Edmond de Belamy, from La Famille de Belamy*)(圖 2-9),這一幅肖像畫在右下角通常是畫家簽名的地方卻寫著一個 AI 演算法公式,與同場的一幅畢卡索的畫作並列拍價第二,僅次於同場拍價最高的安迪・沃荷(Andy Warhol)的一幅作品,拍價加上佣金一共 43.25 萬美元。在此之前也雖然有一些小交易,比如這個系列的第一幅畫作就以 9,000 英鎊被人收購,但是這次拍賣還是創造了幾項第一——第一幅在頂級拍賣行成功拍賣的 AI 畫作、迄今價值最高的 AI 畫作。雖然金錢不等於一件藝術品的真正價值,雖然這一幅作品還充滿了各種爭議,比如這一幅畫值這麼多錢嗎?電腦程式碼生成的畫沒有任何思想,能算是藝術品嗎?這一幅畫沒有唯一性、能算是藝術品嗎?這不就是抄襲人類作品後的隨機組合嗎?AI 有創造力嗎?……但是這些討論都沒有真正意識到這是一件多麼了不起、劃時代的事件:這個創作本身向大家展現了一種新的可能,人類可以透過 AI、跨越時空和人類文明的累積進行共創的可能。

這一件作品是如何產生的呢?一個來自法國,由藝術家和 AI 專家組成,叫「顯而易見」(Obvious)的藝術團體,利用 AI 技術創造了它。Obvious 團體藉助一位叫羅比・巴拉特(Robbie Barrat)的技術藝術愛好者在 GitHub 上開源的程式碼,用 15,000 幅從 14 世紀到 20 世紀的肖像畫作為訓練素材,透過一種叫「GAN」(生成式對抗網路,Generative Adversarial Networks,一種深度學習模型,擅長生成式任務,比如生成影

像、文字、音樂等）的技術，生成了一系列畫作——貝拉米（Belamy）家族，〈艾德蒙‧貝拉米肖像〉就是其中之一。有趣的是，之所以為這個家族取這個姓氏，是因為 Belamy 拆開來的「Bel Ami」，在法語裡是「朋友」的意思；而 GAN 技術的發明人伊恩‧古德費洛（Ian Goodfellow）的姓拆開來「Good Fellow」也是好朋友的意思，Obvious 團體以這樣的方式向 GAN 的發明人致敬。簡而言之，就是一個法國藝術團體，基於一個美國人的發明和另一個美國人的開放原始碼，用一堆人類油畫訓練出一個 AI，生成了這一幅作品。你能想像有機會跨越數百年的時間、跨越世界各地，和從未謀面甚至不可能見面的人一起合作，共同創造作品嗎？AI 給了你這樣的可能！AI 就像一扇時空之門，讓你得以與人類文明的歷史累積進行共創。

第二，AI 創造力是一種新力量。

這種新力量能夠幫助每一個人超越自我，讓不擅長畫畫的人能夠在 AI 的幫助下用美術的形式來表達自己的思想和情緒，讓不擅長音樂的人能夠在 AI 的幫助下為自己愛的人譜一曲心中的音樂，讓不擅長工程技術的人能夠在 AI 的幫助下把自己的想法變為可行的解決方案，讓不擅長體育運動的人能夠在 AI 的幫助下分析改進自己的運動，甚至去為專業運動員提供輔助指導，讓時間精力有限的科學家能夠在 AI 的幫助下進行更大範圍、更深層次的探索⋯⋯我們研究了 2017 至 2022 年、超過 45 個領域、約 2,500 個 AI 創造力案例（圖 2-10、圖 2-11）發現，創造性地使用 AI，或者利用 AI 來激發人類創造力，這樣的 AI 創造力的應用其實已經廣泛存在。2023 年開始，AI 創造力的應用案例進入新一輪、更強烈的爆發期，新版的世界 AI 創造力發展報告計劃於 2024 年發表。

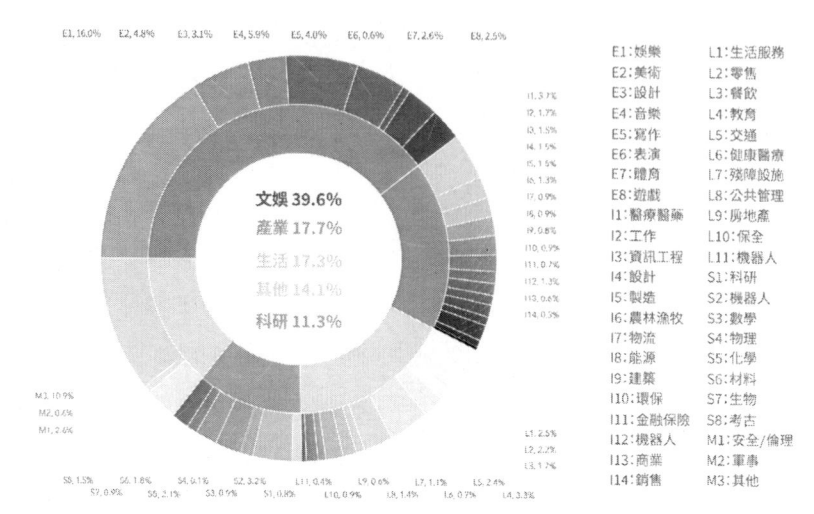

圖 2-10 AI 創造力應用的領域分布。環狀圖：大類分布

圖 2-11 AI 創造力應用的領域分布。字雲圖：小類分布

　　文娛、產業、生活、科學研究及其他，是截至 2022 年 AI 創造力最主要的應用領域大類，這本身也反映了 AI 創造力應用還處在比較早期的階段。文化、娛樂領域的應用最多，是因為今天的 AI 在軟體和數位媒體方面的應用要比在實體產品上的應用容易很多，一旦涉及硬體，各方面的難度和複雜度就會直線上升；產業和生活上的應用案例數量差不多，比文娛少很多。不過隨著 AI 技術的發展，產業和生活上的應用案例將會大幅上升，畢竟這兩個領域是真實世界中情境最豐富、最複雜的地方。

科學研究應用案例占據顯著的比例，也說明 AI 技術還遠未成熟，還有大量的探索是用來尋求自身發展方向。而在其他類中，則包含了很多接下來會逐漸成為獨立領域的應用方向。

從 2022 年 2 月竄紅的 Disco Diffusion，到幾個月後的 AIGC 影像生成工具 Midjourney、Stable Diffusion，再到 2022 年 11 月推出、在 2023 年 2 月掀起軒然大波的 ChatGPT，無不向我們展示了 AI 創造力所蘊含的巨大力量。

第三，AI 創造力是一種新策略。

基於對 AI 創造力應用案例的研究，以及對於人類創造力理論和方法的研究，我們提出了 AI 時代的人機共創模型（圖 2-12）。

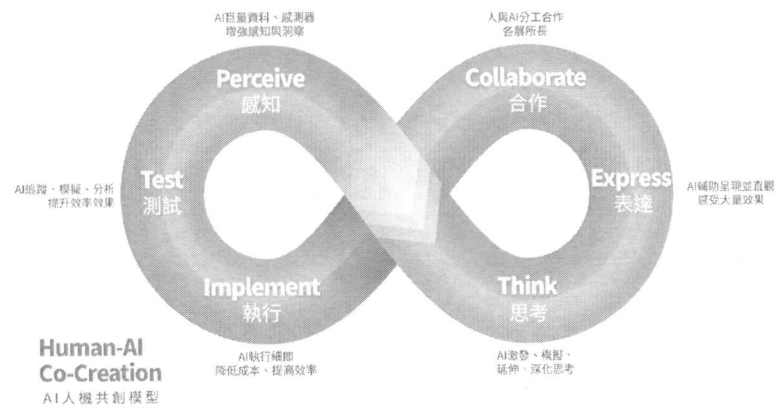

圖 2-12 倡導人類與 AI 各展所長、合作共創的 CREO 人機共創模型

CREO 人機共創模型是類似設計思考、CPS 模型、雙鑽模型的創造過程模型。與之前的各種模型不同，這個模型有兩個主要的區別特點。

■ 在創造過程的每一個環節，都可以引入 AI。從「感知」環節開始，AI、大數據、智慧型感測器的應用，能夠從質化與量化、感性與理性的角度，來增強人類的感知與洞察；在「思考」環節，AI 經由激發和模擬，能夠延伸和深化人類的思考；在「表達」環節，AI 可以

輔助人類把想法更完整地展現出來，以利溝通交流，並且可以高效地嘗試大量可能性；在「合作」環節，人與 AI 可以根據各自擅長的不同方面，分工合作、各展所長；在「執行」環節，AI 可以高效地落實細節，降低成本、提高效率；在「測試」環節，AI 可以透過追蹤、模擬、分析，有效提升效率和效果。

■ 把「合作」作為關鍵環節之一。在過去的創造力模型、方法、流程中，通常並不把「合作」作為一個關鍵環節，因為在以前的確可以一個人做創造；但在 AI 時代，即便你是自己一個人，都完全可以選擇，並且應該選擇和 AI 合作。就像前面所討論的，這種合作將會為你帶來超越自我的能力和意想不到的成果。這種合作的價值巨大，一定會成為 AI 時代的創造過程的關鍵環節之一。不過，雖然在這個模型中把合作列為一個關鍵環節，但其實在整體流程的每一個環節中，都存在著人與 AI 的合作。

不只是產品設計創造，CREO 人機共創模型事實上相容各種類型的創造，從藝術設計、文化創作、科技研發、商業服務、體育運動到創意生活……都能以 AI 協助創造、使創造過程更高效、獲得更優質的創造成果。在接下來的一節中，我們會結合實際的 AI 創造力案例來介紹 CREO 人機共創模型。

思考

你使用過哪些創造方法？嘗試還沒用過的方法。

你熟悉的案例中，哪一個使用 AI 進行創造？使用了什麼技術，達到了什麼效果？

你最近做過的一個創造任務，如果引入 AI，會與之前的做法和結果有什麼不同？

2.3　AI 時代的人機共創

AI 創造力聚焦於創造性地運用 AI 技術，以及如何用 AI 技術激發人類的創造力，倡導人類與 AI 各展所長、合作共創。

AI 對人類社會的經濟正在發生重要的影響。根據普華永道的預測，2030 年全球經濟中的 AI 貢獻值為 15.7 兆美元，其中的前兩名中國占 7 兆美元、北美占 3.7 兆美元，而各國由 AI 推動的經濟可高達 26%。根據塔塔顧問服務公司的研究，全球受訪企業的 34% 至 44% 主要將 AI 技術應用於四大領域：資訊科技、市場行銷、財務與會計、客戶服務，監控大量的機器活動資料。根據埃森哲的預測，2035 年全球 12 個主要經濟體的 16 個行業中，AI 對 GVA（增加值總額）的年成長的貢獻比例可達 29% 至 62%，增加金額可達 14 兆美元。

同時，AI 也正在觸發人類職業的結構性變化。根據麥肯錫全球研究院的分析，當前全球經濟活動所花費的時間中，理論上來說，用現有技術即可把其中 50% 的時間消耗以自動化取代。根據世界經濟論壇的〈2023 年未來就業報告〉（*The Future of Jobs Report 2023*），由於人工智慧、數位化以及綠色能源轉型和供應鏈回流等其他經濟發展，全球近 1 ／ 4 的工作職位將發生變化。根據亞洲開發銀行的預測，各種職業中會被自動化取代的工作時間低至 9%，高至 78%。重複型、認知型、體力型工作最容易被 AI 取代。

當然，從現實來說，目前 AI 在有些領域做得好一些，在有些領域則是差得還很遠。比如 AI 技術對人臉的研究累積比較深，人臉辨識、人臉生成的應用就很成熟。對比美術與設計，AI 能夠做出表現力比較強的美術作品，高效復刻某種特定的視覺風格，成果的品質不僅超越一般人能做到的，也在美術從業者，尤其是商業美術從業者的平均水準之上，更不用說在速度和數量上的巨大優勢。然而在設計方面，目前在訓練素材

充足的領域、偏形式的設計方面雖然已經可以做到不錯的效果，比如角色、場景、日常物品等，但同時卻無法做出真正有內涵的高品質設計，更不用說需要考量結構邏輯的設計任務，因為設計所需要掌控的語義資訊、邏輯關係要比美術更多。對比音樂與美術，生成能夠讓人欣賞的音樂作品要比生成美術作品相對容易一些，也是類似的原因，因為在美術中需要掌控的語義資訊要比在音樂中更多。對比財經類新聞與文學性故事，前者更容易由 AI 生成符合人類標準的成果，因為前者的資訊結構性更強，語義資訊更容易掌握。依據 CREO 人機共創模型，我們可以直觀地體會和實踐人與 AI 的合作共創過程。

第一個環節「感知」，AI、大數據、智慧感測器的應用，能夠從質化與量化、感性與理性的角度，來增強人類的感知與洞察，帶來超越感官的可能。除了人類通常用來感知世界的感官之外，AI 還可以使用各種感測器和網路將大數據轉變為有意義的資訊和知識，從而在感性與理性層面上都能擴展人類的視野。同時，正如所有仿生的結果其實都不是原封不動的復刻，就像對鳥的仿生得到了飛機、對蜻蜓的仿生得到了直升機，AI 的感知一方面無法達到像人類一樣，但是同時也帶來了一些超越人類感知的可能。比如：

- 人們在開車的時候，特別危險的一種情況是在夜間駕駛時，看不見稍遠一點的路邊行人、腳踏車，等到能看見的時候已經離得很近，就很容易發生危險。自動駕駛汽車經由 AI 軟體系統整合攝影機、雷射雷達與毫米波雷達等感測器所獲取的資訊，不僅可以幫助人類獲得全方位、全天候的視野，並可以基於物體檢測和分析為人類提供智慧建議。如果進一步能夠實現車輛之間、車輛與道路之間的資訊互聯，還能實現更智慧的效果。每年全球將可以因此而減少數以百萬計的交通事故引發的傷亡。

- 在新冠疫情期間，檢測成為了一個很大的挑戰，尤其是經常需要平衡檢測的覆蓋率、頻率、精準度和成本。除了現在主流的生物取樣檢測以外，2020 年麻省理工學院的研究者還探索了一種新方法，利用手機錄下咳嗽聲，就能用於檢測新冠，尤其是無症狀感染。這彷彿是中醫的「聞」，但在真實世界中幾乎不可能高效地培訓出這樣的診斷醫生，也不可能在全球範圍內培訓足夠多這樣的醫生，但是 AI 就可以做到。這個案例雖然最終未能成熟地投入使用，但是的確展示了 AI 輔助診斷的巨大潛力。

- 你知道除了人臉辨識以外，還有什麼生物的臉辨識做得比較成熟嗎？豬臉辨識！其實是對豬的綜合體徵辨識，而不只是靠臉。透過豬臉辨識，可以智慧監控、個性化地制定培育計畫。把設備、物體、動物、人類聯結起來，構成越來越全面的物聯網，從而獲得全面的詳細視角，使人們能夠更容易理解和掌控世界。

- 讓房屋環境變得智慧是人們多年以來的願望，在醫院環境中進行的智慧探索實踐更是具有特別重要的意義。迄今為止，醫院中大量的工作需要由護理師去做，比如測量體溫。一個護理師要照顧很多病人，每隔一段時間就要去測一遍體溫。這樣的事情，其實挺適合機器執行；而且如果能交給機器，還可以更頻繁、更好地採集和監控，而人類就可以去做更人性化的工作，比如為病患帶來更多情緒關懷。環境智慧使實體空間變得具有感知能力，能對身處其中的人類活動做出反應。這有助於實現更高效的臨床工作，並改善醫院中患者的安全情況。它還可以延伸出醫院，幫助慢性病老人在家庭環境中的日常生活。

第二個環節「思考」，AI 經由激發和模擬，能夠延伸和深化人類的思考，帶來新的啟發和探索。這將打破資源的限制，幫助人們以更深入、

更廣泛、更透澈、更有效的方式思考，並有可能獲得意想不到的成果。想像一下，你可以高效地查閱全世界連線在網路上的資訊，你的想法可以跨越時間、空間去追尋過去、預知未來……這會帶來多少新的可能！比如：

- 以複雜應對複雜，除了下圍棋的 AlphaGo，還有別的典型案例嗎？ 2020 年 11 月 30 日，DeepMind 宣布 AlphaFold 成功解開了一個困擾人類長達 50 年之久的生物學難題 —— 蛋白質摺疊問題。經由預測蛋白質結構，AlphaFold 解鎖了對其功能和作用更深入的了解。到 2022 年，AlphaFold 2 更是破解了超過 100 萬個物種、2.14 億個蛋白質結構，而此前人類歷史上總共破解的蛋白質結構數也不過 19 萬個。從 AlphaGo，AlphaStar 到 AlphaFold，AI 展示了新方法和龐大的潛力，可以透過大規模的探索有效並高效地學習和解決複雜問題。另外，有一款網路遊戲 Foldit，玩家在遊戲中的操作其實就是在解謎、創造蛋白質結構，比如創造一種對抗新冠病毒的蛋白質結構。Foldit 也展現了一種思考模式，透過遊戲，把全世界有興趣的人組合起來，形成集體智慧，並且完全可以疊加 AI。想像一下，如果把人與人之間、人與 AI 之間的合作融合起來，將會是怎樣的效果。

- 今天的人、機之間的資訊交流，除了幾種滑鼠和觸控模式以外，主要透過文字進行；但是並不是所有的思考都適合以文字的方式進行，比如顏色、形狀等視覺資訊，音色、節奏等聲音資訊。多媒體人機互動允許人類以自然的方式與 AI 進行交流，比如在 Google Arts & Culture 中就支持使用者用顏色來檢索藝術作品。當然，以 ChatGPT 為代表的新一代 AI，讓人以自然語言的方式與 AI 互動，而不是像之前那樣需要去學習適應機器的交流方式，從而顯著降低了一般人使用的門檻，在一些任務和情境下還能提升互動效率，這也是

ChatGPT 能成為歷史上最快達到一億使用者的產品的重要原因。讓 AI 適應人類的交流方式，不僅更舒適自然，而且更便捷高效。當然，在此基礎上有一些提高與 AI 溝通效率的技巧，還是值得學習。

■ AI 輔助可以反映、模擬、怎樣的人類思考呢？OpenAI 的「捉迷藏」研究專案可能是目前最知名的一個案例。透過模擬簡單的捉迷藏遊戲，AI 建立了一系列不同的策略和對策，而其中一些甚至是出人意料的，OpenAI 還把這些都經由一個動畫呈現了出來，非常直觀有趣。小紅人找、小藍人躲，開始的畫風還正常，比如小藍人發現躲進房間裡，可以拿箱子把門堵住；隨即小紅人發現了可以踩著小坡道具翻牆。神奇的是，後來小紅人發現了這個世界中的規則漏洞，小紅人可以踩在箱子上，像踩滑板一樣移動，再翻牆。小紅人和小藍人在較勁過程中還發現、學會了很多其他行為，比如小藍人用牆保護自己，小紅人就去拆牆，後來小藍人則是直接用牆去把小紅人封閉起來……這些都顯示，AI 可以生成、模擬複雜的智慧行為。當大規模進行這樣的模擬，就能對真實世界進行更精準的預測。

■ 網路上的資訊，通常只能採用瀏覽或者關鍵詞搜尋的方式獲得，這也限制了我們的思考。能否讓全世界的資訊更結構化、更智慧地呈現在我們面前呢？https://anvaka.github.io/vs/ 的 Google 搜尋關鍵詞知識圖譜就展示了其中一種可能（圖 2-13、圖 2-14）。基於網路搜尋關鍵詞所建構的知識圖譜，能啟發人們更好地了解所研究的對象，並引發更多的想法。藉助 AI，尤其是配合像 ChatGPT 這樣的自然語言互動介面，世界上的知識比以往任何時候都更有序、更易得，並能進一步發展為新知識。

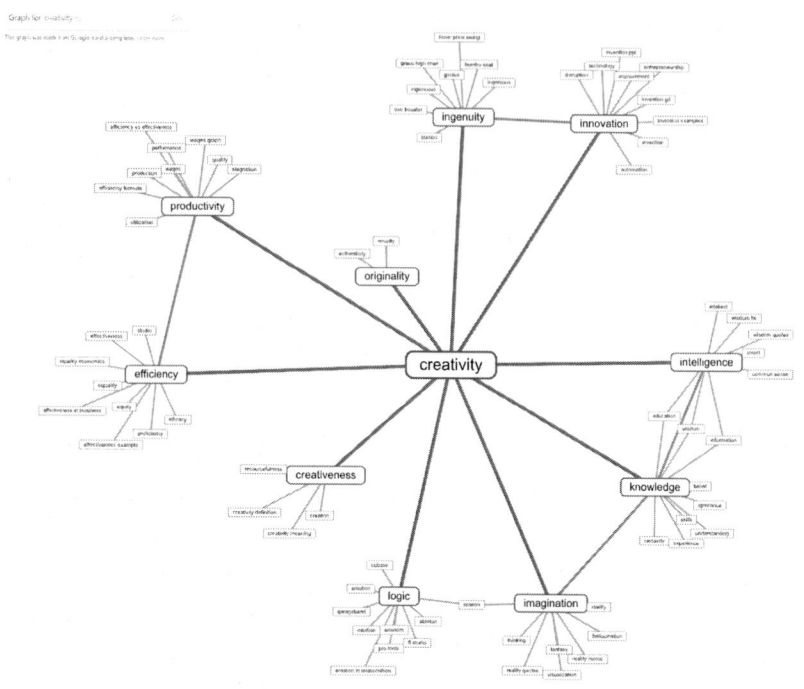

圖 2-13 Anvaka 把 Google 搜尋關鍵詞的關係視覺化：creativity（2021 年）

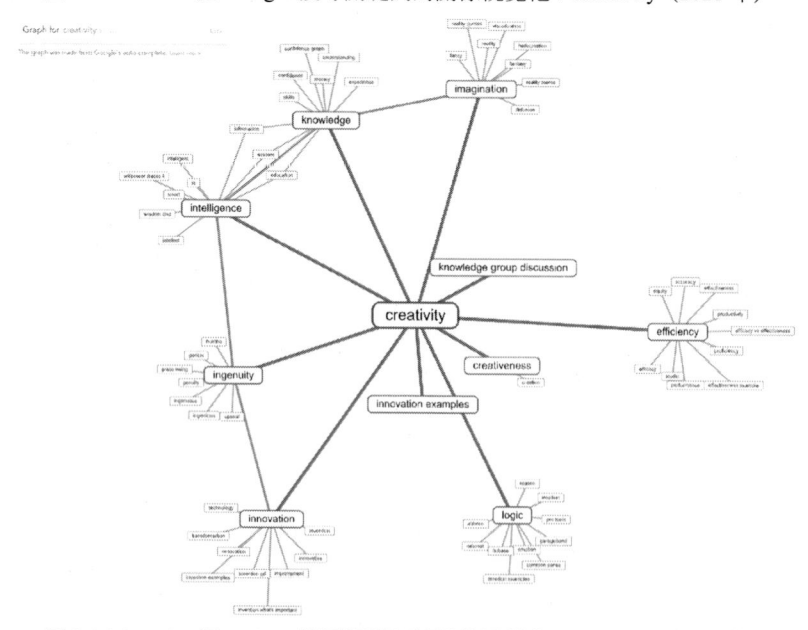

圖 2-14 Anvaka 把 Google 搜尋關鍵詞的關係視覺化：creativity（2023 年）

第三個環節「表達」，AI 可以輔助人類把想法更好地展現出來，以利溝通交流，並且可以高效率地嘗試大量可能性。每個人的每一個想法都可以找到最佳的呈現方式，例如繪畫、設計、作曲、寫作、表演、程式設計、原型製作……藉助 AI 工具，即使沒有相關的才能或訓練也沒有關係，也能把創意以合適的方式呈現出來，把創造力充分發揮出來，而不至於被表達形式卡住。比如：

■ 塗鴉可以變成精美的影像？這已不再是夢想。在 Nvidia 研發的 GauGAN（網頁版，2019 年發布第一版，2021 年發布第二版）、Canvas（Windows 桌面版，2021 年發表）軟體中，AI 可以將你粗略的想法 —— 無論是簡筆畫、還是語言文字描述 —— 變成逼真的照片或富於風格的畫作，就像是由經驗豐富的藝術家或設計師完成的。有了 AI 幫助，人類就能專注於產生和測試創意，而不用擔心呈現技巧。2021 年 OpenAI 發表「DALL·E」，讓 AI 可以根據文字輸入，生成創意圖片，比如輸入「酪梨形狀的扶手椅」，就可以得到 AI 設計的成果（圖 2-15）。而進入 2022 年，隨著多模態模型和擴散模型技術的進一步發展，DALL·E 2、Disco Diffusion、Midjourney、Stable Diffusion 等一批新型 AI 內容生成（AIGC）工具紛紛湧現，人人可及、成果品質達到可用水準的 AI 內容生成時代正式到來，我們會在後續章節詳細論述。

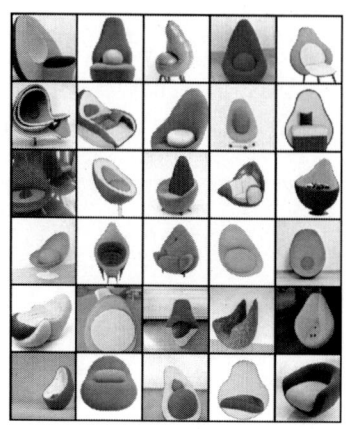

圖 2-15 DALL·E 2 生成的「酪梨形狀的扶手椅」(2021)

■ 可能大家都見過 AI 作詩詞，不過那樣比較沒有參與感，也很難對內容的生成進行控制。想像一下，和一個朋友坐在一起，你們分享想法，互相啟發，一個引人入勝的故事逐漸形成……2019 年發表的《AI 地下城》(*AI Dungeon*) 這一款遊戲就讓人們可以體驗人機互動寫作。2020 年創新工場邀請了 11 位科幻作家，參與首次 AI 人機共創的寫作實驗。2022 年底 OpenAI 推出的 ChatGPT，更是以近乎全能的表現把 AI 互動問答與寫作推向一個全新的境界，展現了這樣的 AI 技術一旦成為人們的通用助手，能為人們的工作與生活帶來怎樣的變化。

■ 你是怎麼使用短影音平臺的變臉功能的？我發明了一種角色扮演的有趣方式──用變臉功能創造「手指寶寶」，就是在手指上畫出眉毛、眼睛、鼻子、嘴，AI 會把這張「人臉」辨識出來，進行變臉、變身、變裝（圖 2-16）。帶小朋友們一起玩的時候，他們覺得非常神奇，很快就學會用自己的手指進行角色扮演。直觀地展示一個事物是如何運作的，往往是讓人們理解或相信一個想法的最直接、最有力的方式。在 AI 的幫助下，你可以透過身體和臉部動作捕捉，去控制、扮演不同情境下的不同角色，動畫和表演的製作由此變得更容易。

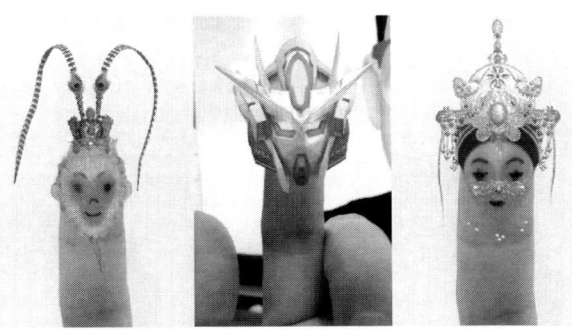

圖 2-16 在手指上畫出眉眼，AI「魔法」功能就把手指變成各種角色的「手指寶寶」

■ 你會程式設計嗎？並不是人人都需要學會程式設計，真正精通程式設計的人其實即便在職業程式設計師之中也是少數。但是程式設計真的能為很多事情帶來新的可能，比如創造互動產品或體驗，以及更高效率地完成一些重複性或者規則性很強的工作。程式設計的發展史就是一部不斷簡化程式設計的歷史，而 AI 會加速這個過程。儘管高品質軟體的製作仍需要有經驗的工程師，但如果人人都能經由說話、寫作、繪圖等自然互動的方式來創造自己的軟體，世界就會因此改變。在今天，像 GitHub CodePilot 這樣的 AI 程式設計助手已經在路上，以 ChatGPT 為代表的大型語言模型也普遍具有了一定的程式設計能力，並還在持續提升。一般人動動口就能讓 AI 進行程式設計，完成特定任務，這一天也正在到來。

第四個環節「合作」，人與 AI 可以根據各自擅長的不同面向，分工合作、各展所長；無論你是獨自，還是與他人一起工作，你都可以與 AI 合作。充分理解人類與 AI 各自的優勢與局限，合作共創，才能充分發揮各自的巨大潛力。

■ 美術：我構思的主題是，一個融合的大腦，一半代表人類的智慧，一半代表機器的智慧。我用繪製和素材拼貼的方式做出最初的構圖，然後交給 Deep Dream Generator 去進行各種藝術風格化的嘗試，

得到大量不同藝術風格的結果，然後從中挑選最值得發展的結果，進行深入的創作。各種繪畫藝術風格是人類文明了不起的成就。人類無法學會每一種風格，但這對 AI 來說卻不難。只要給 AI 足夠多的學習樣本，它就能模仿任意一種藝術風格。AI 根據我的輸入生成各種結果，然後我就可以從中挑選最佳部分進行進一步製作，得到最終的成果（圖 2-17）。

- 詩詞：對於我們現代人來說，寫古體詩詞比理解要難得多。不過對 AI 來說，只要有足夠的訓練語料，學習古詩詞和現代白話文的差別不大。於是就出現了作詩 AI。AI 創作雖然並不完美，「沒有靈魂」，但的確能帶來很多啟發。我讓 AI 以「AI 創造力」為主題生成了很多詩詞，從中挑選了可取的語句，結合自己的想法進行再創作。然後利用一些詩詞工具的詩詞格律校驗功能，對詩詞做進一步的完善。最後再用書法軟體，把詩寫出來，獲得詩搭配畫的成果（圖 2-18）。

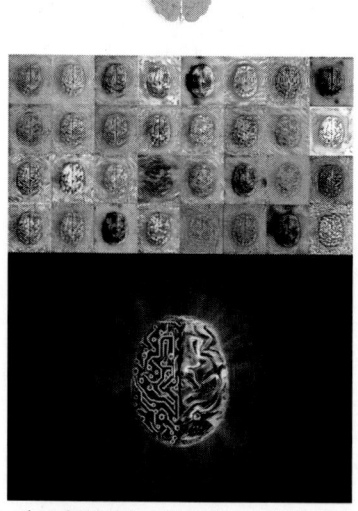

圖 2-17 〈AI 創造力〉，作者與 AI 合作的美術創作

第 2 章　迎向未來的 AI 創造力

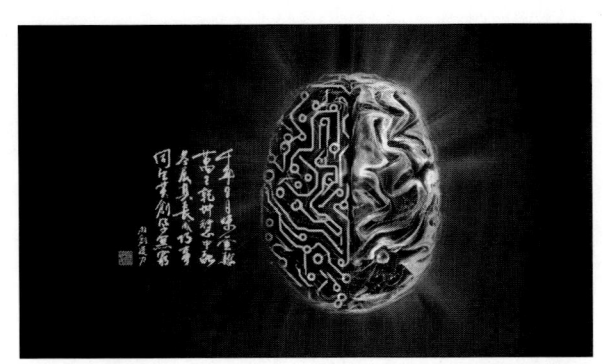

圖 2-18 〈AI 創造力〉，為畫題詩，作者與 AI 合作的詩詞與書法創作

- 翻譯：這首詩能被翻譯成英文嗎？AI 在生活和工作中對於功能性內容的翻譯已經處於實用階段，足夠幫助一般人打破語言的障礙，不過對於文學性比較強的內容，目前的 AI 還很難做出好的翻譯，甚至無法正確翻譯。在這個例子中，我嘗試了各種翻譯軟體，比如 Google、蘋果、微軟的翻譯 App，還有當時新興的翻譯工具 DeepL Translator，試著直接翻譯古體詩，但是效果很差。於是我把這一首古體詩先翻譯為現代文，然後由 AI 翻譯為英文，再由人工最終潤色，得到英文詩配畫的成果（圖 2-19）。如果是在今天，像 OpenAI 的 GPT-4、Google 的 Gemini 這樣的大型語言模型，都能做到很好的翻譯效果。

In the cloud of computing, a spectral steed soars,
Woven from millennia of human lore.

Within each algorithm's core, the world entwines,
Transforming, evolving in AI times.

Humans and AI, in synergy, play,
Their strengths combined in a ballet of arrays.

Together they live, together create,
Nurturing endless realms to innovate.

千年日月煉雲驄
萬里乾坤慧中融
各展其長成巧事
同生共創孕無窮

圖 2-19 〈AI 創造力〉，把詩翻譯為英文，作者與 AI 合作的翻譯創作

- 音樂：能為這個書畫作品配一段音樂嗎？音樂是世界通用的語言，不過不是誰都能作曲。但有了 AI 的幫助，讓它按照你的要求生成各種樂曲，只要你能分辨自己喜歡什麼，就能在 AI 的幫助下做出屬於自己的音樂。在這個例子中，我只要彈奏幾下作為初始輸入，AI 就能基於這個引子進行作曲，得到一段完整的音樂（圖 2-20）。

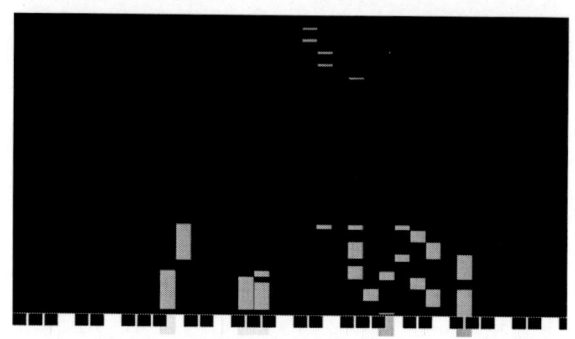

圖 2-20〈AI 創造力〉，為詩畫作曲，作者與 AI 合作的音樂創作

經過這幾步和 AI 一起的合作共創，這一份融合了美術、中英文學、書法和音樂的「音詩畫」小嘗試〈AI 創造力〉就呈現在大家面前了（圖 2-21）。這一件作品創作於 2020 年，即便是當時的 AI 技術和產品在很多方面都還不完全盡如人意，但是如果能創造性地把各種 AI 技術組合使用，和人類一起各展所長、合作共創，還是能夠產生出不錯的成果。在後面的章節，我們還會結合各種最新的 AI 生成工具，進行創作工作的探索。

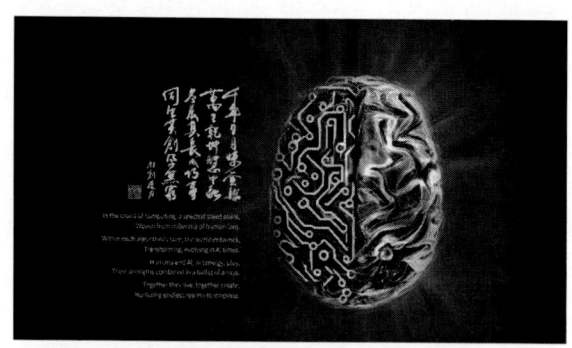

圖 2-21 人與 AI 共創的音詩畫作品〈AI 創造力〉
小彩蛋：圖中的「印章」是個 QR 哦

第五個環節「執行」，AI 可以高效率地落實細節，降低成本，提高效率；第六個環節「測試」，AI 可以經由追蹤、模擬、分析等方式，有效提升效率和效果。AI 帶來智慧的沙盤推演，讓我們有機會想像事情會如何發展，並為現實世界的事件做好準備。藉助 AI 的詳細模擬和計算，「執行」和「測試」環節的過程和結果，都能得以更加有效和高效率的處理，比如下面的例子。

- 「宛若天成」是我們對人工創造物的最高評價之一。而這也將成為一個絕佳的詞彙，來描述 AI 如何協助設計和製造產品：設計師和工程師輸入設計目標，以及材料、製造方法和成本限制等參數，然後 AI 經由對各種可能性的充分探索、測試和更新，來得到最佳解答。2018 年菲利普・施密特（Philipp Schmitt）與史蒂芬・魏斯（Steffen Weiss）的「chAIr 專案」，2019 年菲利普・斯塔克（Philippe Starck）與 Autodesk 和 Kartell 的「第一把 AI 生成的椅子」，就是這一方面典型的例子。在建築設計領域，還有更多、更早的生成式設計的案例。

- 2020 年 1 月發表的世界上第一個「生化機器人」Xenobot 的創造過程，則向人們展示了加速演化的可能（圖 2-22）。生物演化在現實世界中是需要很多代發展的過程，然而卻可以在虛擬世界中以更快的速度進行模擬。在 Xenobot 的設計和製作中，生物學和電腦科學家攜手合作，首先透過細胞組合製作了幾個實驗樣本，對樣本進行運動參數的採集，然後經由電腦程式進行模擬，找到符合期待的細胞組合方式；再回到實驗室中，把幾種最有希望的細胞組合方式實際製作出來，經過測試最終找到最佳方案。這樣一來不僅大幅加快了嘗試錯誤的過程，而且避免了實驗研究經常遇到的一個問題：因為實驗複雜度，成果久拖不決，耗盡資金，只好終止。2021 年 11 月，最新的研究成果顯示，Xenobot 已經能實現自我繁殖。

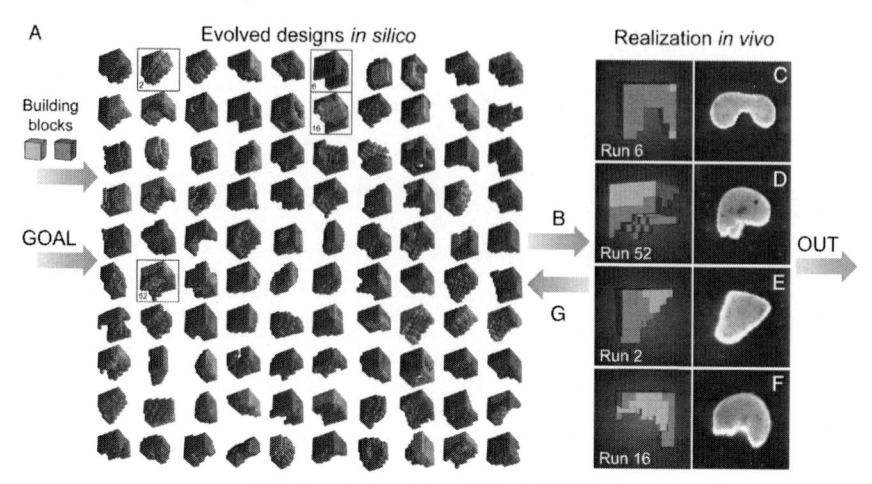

圖 2-22 Xenobot 用 AI 設計生物體結構

- 當虛擬世界與真實世界能更好地相互融合,「數位孿生」在某種意義上來說,就使平行宇宙成為了可能。在虛擬世界中進行運行和測試,選擇最佳解決方案在現實世界中執行;同時,現實世界中的變化也會再反映到虛擬世界裡,進行進一步的分析和管理。2022 冬奧就是當今數位孿生技術應用的展現,以數位孿生的方式打通真實世界和虛擬世界,經由雲端化方案實現跨作業系統、跨硬體平臺的互聯互通。以鳥巢體育館的數位孿生為例,鳥巢加裝了近 8,000 個 IoT 感測器、控制器,能夠讓執行團隊隨時掌握場館內人、車、設備、能源、環境的客觀情況,利用 AI 演算法即時辨識異常行為、快速尋找走失人員,透過對大型機電設備的即時監測與分析來挖掘和避免故障隱患,以及進行能源設備調控。

- 當數量變得足夠大時,就可能產生質變,比如大規模個性化產品或內容就會成為現實。電商平臺的 AI 設計引擎已經展現了真正的個性化是多麼強大,短影音平臺的推薦系統也是如此,而 AI 是高效率、低成本實現大規模個性化設計與執行的關鍵。大家可能都認同讓每一個消費者看個性化的廣告,一定能帶來更好的商業轉化效率,可

是在依靠人類設計師設計廣告圖片的時代，因為潛在的高昂成本，沒有誰真的會去做出大量個性化廣告圖片（想想這要花多少錢，投入產出比實在太低）；而當有了 AI 高效率、低成本、大規模地生成這樣的個性化廣告圖片的時候，一切又變得如此水到渠成。

思考

在你的創造過程中，每一個環節可以引入怎樣的 AI 應用？

試試案例中提及的各種 AI 工具，你知道平時可以在哪裡找到這樣的各種 AI 工具嗎？

目前的絕大部分可以用於創造性任務的 AI，往往只是實現了某個環節的功能。但是創造是由多個環節組成的完整過程，怎樣打造智慧設計的工作流程？

2.4 小練習：為自己最需要的智慧型產品找參考

在本章中，我們分析了人與 AI 各自的優、缺點，引出了「AI 創造力」這一項概念，倡導人與 AI 各展所長、合作共創，關注於如何創造性地使用 AI，以及如何用 AI 增強人類的創造力。透過對 AI 時代的人機共創模型，以及各種應用案例的介紹，相信大家對於如何與 AI 合作共創有了直接的了解。今天的 AI 領域學習資訊交流便捷，全球的重要進展都能迅速獲知，英文的報導也會在短短幾天、甚至 24 小時內出現中文的版本。其實今天完全可以讓 AI 第一時間發現相關內容，並自動翻譯成中文。

自從 2017 年以來，我從「AI 創造力」的角度研究人類如何創造性地運用 AI，以及 AI 如何激發人類更多的創造力，累積的資料彙整成「AI 創造力案例」資料庫，其中包含數千個相關的案例，囊括了各個技術領

域以及幾乎全部產業領域，可以方便地經由關鍵詞、發表日期、技術類型、應用領域等方面進行檢索。除此之外，還有值得關注的相關圖書、AI 工具導航網站等。

本章的小練習如下。

主題：為自己的智慧型產品找參考
大學生： ・將自己需要的這個智慧型產品所做的事情進行拆解。 ・根據這些事情來尋找對應的、已經存在的智慧型產品，看看這些智慧型產品是怎麼做的、能夠實現怎樣的效果。 ・已經存在的智慧型產品能滿足自己的需求嗎？為什麼？ ・把研究結果以線上文件的形式呈現，小組分工合作完成。
碩士班： ・將自己需要的這個智慧型產品所做的事情進行拆解。 ・根據這些事情來尋找對應的、已經存在的智慧型產品，看看這些智慧型產品是怎麼做的、能夠實現怎樣的效果。 ・參考已經存在的智慧型產品功能，可以怎樣組合出一個滿足自己需求的智慧型產品？ ・把研究結果以線上文件的形式呈現，小組分工合作完成。

第二篇
智慧型產品設計分析

　　軟體帶來了前所未有的大規模資訊組織與處理能力；

　　網路不僅把大規模資訊處理推向一個新境界，更帶來了前所未有的大規模人力組織能力；

　　在此基礎上，AI 進一步帶來了前所未有的對真實世界的模擬與預測，以及個體與集體智慧超級高效率的雙向互動。

第 3 章　智慧時代的產品設計

3.1　願景背後的現實

在上一章中，我們一起看過了很多充滿創意、振奮人心的 AI 創造力案例，展現了一個美好的願景。然而在這背後，有一些問題無法迴避。比如可能有人會好奇：AI 繪畫這麼厲害，也能生成栩栩如生又充滿創意的人物、場景、建築等影像，但是為什麼卻無法做好抽象的品牌 logo 設計？

AI 繪畫基於對網路大量影像與對應文字的學習，可以生成各種風格和主題的影像，可以根據使用者的輸入或選擇調整影像的內容、顏色、明暗、細節等，可以根據使用者的素材圖片進行轉換、合成、最佳化等，更主要是可以做大量的生成，幫助我們探索各種可能性，得到很多意外的啟發甚至驚喜。但是，AI 繪畫也有一些局限性，比如不能保證生成的影像的品質、準確性和原創性，可能存在失真、重複等問題；不能理解使用者的需求和意圖，只能根據預設的模型和演算法進行生成；不能滿足專業性和個性化的需求，只能生成一般性的影像等等。

而抽象的品牌 logo 設計是一種較高層次的創意設計，它需要考慮以下幾方面：一、品牌定位，logo 要能夠反映品牌的核心價值、特色和理念，與品牌的目標市場和受眾相匹配；二、設計元素，logo 要選擇合適的圖形、字型、顏色等元素，使之能夠表達品牌的含義和情感，並且產生目標性的聯想；三、設計原則，logo 要遵循一些基本的設計原則，比如簡潔、易辨識、易記憶、易傳播等；四、設計過程，logo 要經由使用者和專家的回饋和建議，進行測試和改善，直到達到最佳效果。這樣的過程中包含了大量的人類情緒感知、語義理解、抽象思考、形象表達，這樣的能力是無法經由學習影像與對應文字的組合關係機率獲得的。這

比把人臉、手指畫對要困難得多,事實上就連相當一部分人類都不具備這樣的能力,AI 目前還無法達到這樣的程度。

當然,這也為人類保留了工作的價值和機會。事實上,人與 AI 各展所長、合作共創,的確能帶來更好的效果。另外,在一些特定的領域中,也可以基於目前的技術水準打造出有效的解決方案,比如知名設計平臺為電商設計數以十億計的千人千面廣告圖片,就巧妙地繞過了「解決設計問題」,而直接「解決商業問題」。以點選率、轉化率來評估商業效率,評估的是哪一個廣告圖片能夠帶來更高的商業效益,而不是去評估哪一個設計水準高,哪一個創意好。這些廣告圖片的設計品質本身,主要是靠輸入由人類設計師所設計的原始素材,以及由人類設計師所參與的訓練過程來決定的。AI 從中學習到素材的組合規則,從而根據商業目標去生成各式各樣的排列組合,形成了數以十億計的千人千面廣告圖片。本質上來說,這是一個以設計為載體的商業效率改善工具,而不是一個以設計為目的的設計工具。這種解決問題的方式,以及實現的效果,在目前 AI 技術還不完全成熟的情況下,的確可以成為 AI 技術應用的範例。以 AI 創造力為關鍵切入點,聚焦於如何創造性地使用 AI,以及 AI 如何增強人類的創造力,很多時候會比單純地挑戰 AI 技術收穫更多。這也是產品設計的藝術。

當有人滿懷熱情地加入了一家做 AI 產品的公司,比如一家智慧型汽車公司,準備要大顯身手,設計最棒的智慧型產品,可能會發現自己主要的工作還是畫圖示、畫介面,而大失所望。其實這正是大家在工作中經常會面對的。一方面,即便是智慧型產品,在與人的互動過程中還是在使用人類的感知方式,而視覺感知是其中很重要的一環(視覺是資訊量最大、傳輸和處理速度最快的互動方式),所以在大多數情況下,螢幕仍然是一個主要的互動載體,螢幕上的視覺介面仍然是主要的設計對象;

另一方面，在智慧時代，快速發展的各種智慧技術正在不斷帶來各種新可能，如果我們不能充分理解和創造性地運用智慧技術，就會被卡在以視覺為主的互動設計之中。

產品設計者是使用者與科技之間的一座橋。智慧產品的設計者需要一手牽著今天的使用者，一手牽著最新的 AI 科技，尋找科技應用的情境，解決使用者實際的問題，只有這樣才能真正做好智慧型產品設計。

我們來進行一個產品設計小練習：如何提高汽車後排乘客的安全帶使用率？

有人說用宣導的方法，比如在前排座椅背後安裝螢幕，播放影片內容引導後排乘客繫安全帶，或者陳述一些安全資料，甚至介紹一些慘劇案例；有人說用車內攝影機辨識後排乘客是否繫安全帶，然後給予提醒；有人說用道路上的攝影機拍照，辨識到後排乘客沒有繫安全帶，就開單罰錢；有人說像前排一樣，如果汽車偵測到後座有人並且安全帶沒有繫上，就不停地發出提示音；有人說設計一款能自動繫上的後排安全帶，省得乘客自己繫比較麻煩……

某個叫車應用程式的一項實驗很有趣：一方面，平臺要求司機在開始駕駛前，提醒乘客繫好安全帶；另一方面，半臺其實也會即時開著錄音功能的司機手機 App，監測車內的聲音，用 AI 來判斷是否聽到了扣上安全帶的「咔噠」一聲。如果 AI 認為乘客沒有繫上安全帶，就會觸發下一步——由 AI 打電話給你，用一個女性聲音，提醒你要繫好安全帶，稍後 AI 還會傳一則簡訊，向你致歉打擾並解釋緣由。

雖然這個提醒繫安全帶的功能在實際應用中還是有不少問題，但不失為一個富有創意的 AI 應用嘗試。創造性地運用 AI 和研發更好的 AI 技術同樣重要，因為如果不能把技術有效地轉化為可以為使用者創造價值的產品，技術本身就無法產生價值。如果產品經理和設計師不能在如何

創造性地運用 AI 上有所建樹，就無法真正發揮 AI 技術的價值和潛力，而且很容易出現「身在前端的 AI 公司，只能做傳統的技術產品開發」的情況。史蒂夫‧賈伯斯（Steve Jobs）在 1997 年的蘋果開發者大會上說：「你必須要從使用者體驗開始，然後再倒推用什麼技術，而不是反過來，先從技術出發。」這個說法在 AI 的時代同樣適用。畢竟在絕大多數情況下，技術本身並不會告訴人們應該如何使用。產品的創造者需要挖掘使用者的需求和期待，然後創造性地使用 AI 去打造新型的產品功能。

我們在前面的課程中，做過智慧型產品、智慧特徵的腦力激盪和分析整理，把智慧型產品的設計原則歸納為以人為師、以人為本、以人為伴。

「以人為師」強調的是 AI 的基礎能力和學習性。儘管現在的 AI 對真實世界的語義理解、因果推斷能力都還比較弱，儘管 AI 實現這些基礎能力和學習效果的方式和人類很不同，儘管今天並沒有一個清晰統一的標準去定義什麼是智慧型產品，但這些都並不妨礙人們在一些產品上清晰地感覺到智慧——以人類行為為標準的智慧，從而認同這是一個智慧型產品。就像圖靈測試一樣，如果你感覺這個房間裡面是一個人，那他就是人，不管這裡面究竟是一個人還是一個 AI。AI 基於人類的資料去訓練、生成，並不斷學習人類的資料，形成類人的效果，甚至連人類的問題，比如言語中的歧視，也被學習和繼承。無論 AI 在外觀上看起來是不是人形，它的思考方式、倫理、價值觀等，都是，或者應該按照人類的標準去打造。而從另一個角度來說，相比人類，AI 又有很多獨特的優勢，比如大規模的資訊收集、處理能力、大規模的複製能力、穩定的持續能力等，從而使 AI 可以在一些領域中實現從「以人為師」到「超越人師」的效果。

「以人為本」強調的是 AI 的人性化和互動性。人類創造出的各式各

樣的 AI 產品，從一開始的目的就是為人服務。有的機器人被做成各種不同的形態，以獲得更好的執行效果，比如工廠裡的機械手臂、餐廳裡的上菜機器人、家庭裡的掃地機器人；有的機器人被做成人形，甚至是刻意對人類形態進行模仿，比如飯店和銀行的迎賓機器人、像索菲亞（Sophia）這樣以各種噱頭吸引目光的機器人；還有像 Jibo 和 Vector 這樣的擬人機器人，雖然身體形態更偏向於機器的形態，但是透過表情和動作來更好的實現與人的情感交流，彷彿從卡通影片中走出來的可愛小精靈。以人為本的人性化和互動性的確是 AI 為人所接受、與人有效互動的關鍵，但是「人形」其實並非必要選項，而且在目前的技術條件下，刻意模擬人形卻又存在顯著的差距，這本身就是最大的問題──即便不會掉入「恐怖谷效應」，也會引發人類過高的期待，反而因為期待與現實的落差而導致負面的評價；而且要達到相對好的擬人效果，成本就會居高不下，進一步直接影響購買意願，以及購買後更高的期待。在人性化和互動性上看起來做得更好的 Jibo 和 Vector，發展卻遠不及外表普通、只能滿足單一需求的智慧音響、掃地機器人，就是這些原因的綜合結果。

「以人為伴」強調的是 AI 的超越性和合作性。雖然很多人對高科技有憧憬，也有很多文學和影視作品向人們描繪了未來世界中 AI 無處不在的情境，但是在真實的世界中，AI 的應用也需要符合經濟學的原理。什麼情況下工廠會用自動化機器裝置取代工人？一定是因為機器的綜合投入產出比率超越了工人。儘管買一套機器在大多數情況下要比僱用一個工人的初始投入要高得多，但是因為機器可以持續、穩定地工作，也不用擔心缺工，不要求調薪，經過一段時間之後，投入產出比就會超過工人。另外，在自動化生產中還可以針對機器的特點進一步做最佳化設計，比如逐漸流行的「熄燈工廠」，幾百名員工減為幾十人，並且因為工人平時無需進入生產工廠、無需照明，因而得名「熄燈工廠」；比如特斯拉的一體成型壓鑄，把 70 多個零件化為一個，讓 Model Y 車架的製造

時間從 1 至 2 小時縮短至不到 2 分鐘，占地面積節省了 30%，生產工人減少了 200 多個，節省了約 20% 的製造成本。不過，目前的 AI、機器人還有很多做不到或者做不好的地方，只有和人類合作才能獲得更好的效果，比如因為機器無法擁有人類一樣靈敏的觸覺，大量的生產環節還無法把人解放出來；比如在音樂、美術、文學、設計的創造過程中，AI 還需要和人類深入合作，各自發揮自身的優勢，才能完成高品質的創造。

在 AI 應用上，的確還有很多挑戰，技術上的精確與可靠性，商業上的投入產出比率，以及隨之而來的對人類社會的衝擊，尤為顯著。

技術問題是首要問題。比如今天的汽車生產線上可以大量地使用機械手臂，而手機生產線上仍然是以人類工人為主，主要就是如果不能解決觸感問題，機械手臂就無法自動進行精細的操作；達文西手術機器人儘管能夠做到精細的操作，但是那是依賴於人與機器的配合，並且整體設備的成本非常高。比如今天的 AI 可以生成讓人讚嘆的美術作品，但是在需要更多邏輯性、情感性的各種設計領域，AI 的表現還差強人意；更重要的是，因為目前 AI 對真實世界的語義理解能力偏弱，人類對於 AI 工作過程的控制偏弱，人們很難真正順心如意地運用 AI 進行創造。

商業問題是現實問題。正如前面工廠的例子所述，企業究竟選擇用人還是用機械手臂，主要還是看哪一個的綜合性價比更高。只有當 AI 及機器的性價比超過人的時候，才有可能大規模地應用。但是在相對通用的 AI 出現之前，每一個具體的 AI 應用都意味著大量的前期投入成本，這個門檻就讓絕大多數企業與之無緣；無論是訓練 AI 所需的大量資料，昂貴的 GPU 算力，還是薪酬不菲的科學家、工程師，都使得 AI 應用在過去這些年成為了一場主要由大公司參與和推動的遊戲；隨著 GPT 為代表的接近通用型的 AI 的出現，人們可以在此基礎上以更小的成本來實現 AI 在具體領域中的應用，2023 年成為 AI 應用爆發的元年，未來可期。

社會問題也正在醞釀。相較於有些人擔心 AI 的應用讓很多人類失業，我更願意把這看作是伴有陣痛的解放，畢竟讓人類在生產線上像機器般地工作也並不是人類最好的存在方式。人類的價值和潛力完全可以、也應該在更廣泛的空間裡釋放，但是在過渡期，的確會對人類造成很大的影響。另外，由於 AI 本身就是學習人類社會所累積的資料而形成的，人類社會中原本就存在的問題，比如各種類型的歧視，也會被繼承；並且因為 AI 更容易形成規模化，會出現好的更好、差的更差的放大效果。回顧人類歷史，我們會發現總有一些轉捩點，當新科技帶來的好處超過了帶來的問題時，比如汽車、飛機都有事故的問題，但是帶來的快速移動的好處更多，新科技就會迅速被社會採納。

讓人擔心的問題很多，讓人興奮的進展也很多。不過如果讓我們放眼更廣闊的時間範圍，看看設計在歷史的不同階段中面臨的挑戰，我們的心態就會變得更平和一些，也就能更好地去推動在智慧產品領域的設計。

思考

哪些 AI 產品可以用來做品牌 logo 設計？

這些 AI 做出的品牌 logo 設計有什麼特點？

人與 AI 進行怎樣的互動合作會有助於設計出一個高品質的品牌 logo？

3.2 設計與技術的盤旋上升

在很長一段時間裡，人類創造器物是由工匠一件一件地做，設計與製造幾乎無法分離；隨著技術的進步，手工式的規模化量產出現，比如秦朝制式兵器，才有了部分設計與製造分離的情況；不過直到 18 世紀末至 19 世紀初的工業化時代到來，之前的設計者主要還是作為手工作坊或

工匠進行創作，集設計者、製造者甚至銷售者的工作於一身。工業化、大規模生產所帶來的勞動分工的精細化和生產過程的複雜化，使得設計者無法、也無需同時兼顧設計和製造，而是專門從事設計工作，並與製造者進行合作。於是設計就從製造業中分離出來，成為獨立的設計業。設計成為獨立的存在，也就獲得了更多專業化發展，以及更多資源投入的可能。讓我們沿著「介面設計」這個領域，回顧一下那些影響至今的設計與技術互動發展的典型過程。

1. 印刷品上的介面設計

在印刷時代，印刷媒介就是人與資訊之間的介面。印刷起源於中國唐代的雕版印刷術和宋代的活字印刷術，後來傳播到歐洲，由約翰尼斯・谷騰堡（Johannes Gutenberg）發明了印刷機，對知識、文化、藝術和宗教的傳播產生了深遠的影響。這個時代的介面設計，就是經由各種方法，用墨水將文字和影像轉移到紙張或其他媒介上，以呈現與傳播資訊（圖3-1 至圖 3-4）。

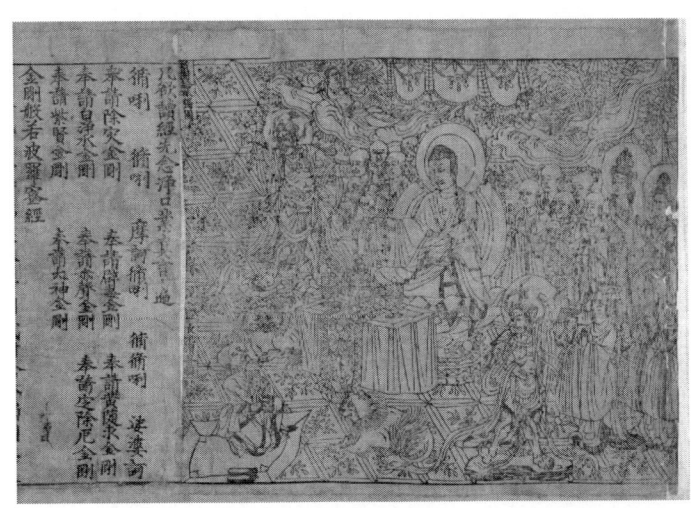

圖 3-1 世界上最早有明確時間（西元 868 年）的印刷品 —— 唐朝咸通年間的雕版印刷製品《金剛般若波羅蜜經》

圖 3-2 宋代（西元 960－1279 年）的商標與印刷廣告「濟南劉家功夫針鋪」：「認門前白兔兒為記」（中國發現的最早商標，可能是世界上最早的印刷廣告）

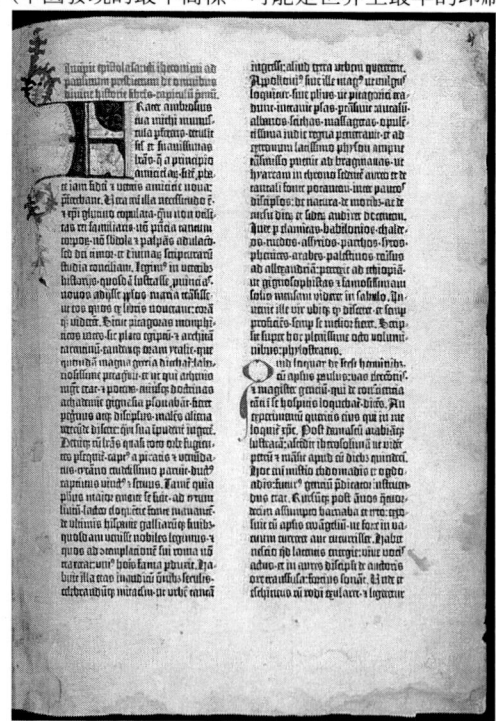

圖 3-3 西方世界第一本活字印刷的書籍（西元 1450 年）——谷騰堡《聖經》（Butenberg Bible）

圖 3-4 約翰尼斯·谷騰堡 (西元 1398 — 1468 年) 和他發明的印刷機 (使用 AI 工具 Midjourney「復原」的歷史情境圖，prompt: Johannes Gutenberg and his printing press)

- 雕版印刷和活字印刷讓大規模複製資訊成為可能，但是人們很快地發現，如果按照之前流行的書法體進行雕刻，費時費力，也更容易出錯。於是新的字型被創造了出來，比如中文的宋體、西文的哥德體，展現了文化風格，但更重要的是雕刻起來效率更高。人們又創造了更多不同類型的字型，來營造不同的文字風格。字母文字字形簡單，還創造了斜體、粗體等形式，來營造文字的對比、強調。字型受到不同地區和文化的語言和文字的影響，形成了豐富的設計特色。

- 雕版印刷不僅可以刻字，還可以刻圖，相較於抄寫更容易複製圖畫。於是人們開始大規模使用插圖、裝飾來加強印刷書籍的視覺吸引力和意義。插圖可以是木刻、雕刻、蝕刻等，可以單獨印刷或與文字結合。裝飾可以是圖形化的文字、外方塊圖案等，為頁面增加美感和多樣性。後期出現的多色套印讓色彩融入插圖和裝飾中，使內容和表現變得更加豐富。

■ 當內容可以經由印刷大規模複製時，內容的版式就更加受到重視，因為這直接影響到閱讀效果以及印刷成本。人們使用版面配置、構圖和對齊來編輯印刷頁面或書籍的元素。版面配置調整頁面上文字和影像的排列，如頁邊距、欄目、段落、標題等；構圖影響頁面上元素的平衡、和諧及比例；對齊控制頁面上元素的水平和垂直位置，如對齊、縮排、置中等。18世紀末發明的平版印刷使得印刷設計可以使用彩色和更大的表面，這為藝術家和設計師提供了更多的創造可能性。

當印刷術最初出現的時候，一定有很多讓人不滿意的地方：雕版印刷不如純手工的創作來得自由多變，為提升文字雕刻效率而創造的字型不如手寫來得有神韻；雕版一旦刻錯一處就要整面重來；木製雕版隨著使用而損毀，可印刷的次數不夠多；活字印刷術在應對龐大字型庫的中文時優勢不明顯，反而是在歐洲配合字母文字而產生了更大的影響力……印刷術所遇到的挑戰被逐一解決，有些是經由技術革新，有些是逐步設計改進。資訊保存、傳播的效率大幅提升，人類進入了印刷時代。

2. 螢幕上的介面設計

當軟體時代拉開序幕的時候，內容的載體變成了螢幕。螢幕上的介面設計自然而然地承接了印刷時代的設計遺產，從圖形設計和平面設計開始，逐漸發展出為螢幕設計的方法和規範，並與心理學、軟體工程學結合，孕育出介面設計、互動設計、使用者體驗設計等新的設計領域。最初，螢幕上的介面被稱為「圖形使用者介面」（Graphical User Interface，GUI），這是一種允許使用者經由圖形圖示和音訊指示器來控制電子設備的使用者介面，而不是經由文字介面、輸入命令或文字導航。GUI的出現是為了解決命令列介面（Command Line Interface，CLI）的學習曲線過陡的問題，而螢幕則為內容的動態顯示提供了基礎載體。

最初的圖形使用者介面，是由史丹佛研究院（SRI International）的道格拉斯・恩格爾巴特（Douglas Engelbart）在 1960 年代開發的線上系統（oN-Line System，NLS），這個系統使用了一個滑鼠驅動的游標（cursor）和多個視窗來處理超連結。恩格爾巴特的工作直接影響了全錄帕羅奧多研究中心（Xerox PARC）的研究。在 1960 年代末，全錄公司是影印機產業的領導者，但面臨著來自日本的平價品牌的競爭。為了保持領先地位，他們在加利福尼亞州帕羅奧多建立了研究中心，請了世界上最優秀、最有創意的電腦科學家來做創新設計。全錄於 1973 年開發了第一臺擁有圖形化人機介面的個人電腦「奧托」（Alto）電腦，又在 1981 年發表了第一臺商用圖形使用者介面電腦「全錄之星」（Xerox Star）。從此，這種具有視窗、圖示、選單和指標設備（Window-Icon-Menu-Pointer，WIMP）的模式，影響了後來的許多圖形使用者介面系統，比如蘋果公司的 Lisa 和麥金塔（Macintosh）電腦系統，微軟公司的 Windows 系統等。然而全錄公司的管理階層對這些發明不感興趣，因為他們不明白如何從中賺錢。他們只關心他們的影印機業務，並忽視或拒絕了帕羅奧多研究中心提出的將技術推向市場的建議，也沒有妥善地為這些發明申請專利保護。1979 年，當蘋果公司（那時還只是一間小規模而有前途、製造個人電腦的新創公司）的聯合創始人史蒂夫・賈伯斯參觀帕羅奧多研究中心時，他看到奧托電腦的演示，被深深地震撼了。賈伯斯意識到圖形使用者介面是電腦的未來，他說服全錄公司讓他看到更多帕羅奧多研究中心的工作；作為交換，他提供全錄公司一些蘋果公司即將上市的股份。賈伯斯利用從全錄帕羅奧多研究中心學到的東西，打造了蘋果 Lisa 電腦和後來的蘋果麥金塔電腦，成為第一批在商業上成功的帶有圖形使用者介面的個人電腦。他還引入了其他創新，例如字型、選單和垃圾桶圖示。從此，蘋果產品帶著創新設計、使用者友好的烙印，在全球引領風潮至今，獲得了巨大的成功。蘋果的賈伯斯、微軟的比爾蓋茲與全錄公司之

間風起雲湧、充滿戲劇化的故事，正是那個時代科技創新的縮影。電影《微軟英雄》(*Pirates of Silicon Valley*) 就是基於這一段歷史。

最初的軟體介面設計師，往往有視覺設計相關的背景。我就是在 1998 年大學的時候被電腦系的同學邀請去幫他們「畫介面」，而走上使用者體驗設計這一條道路；這幾乎和設計師蘇珊・凱爾 (Susan Kare) 的故事一樣。世界上最早將圖形化使用者介面帶給大眾的是蘋果電腦麥金塔 (Macintosh)，而正是她設計了最初的圖形化使用者介面（圖 3-5）。麥金塔開發小組的核心成員安迪・赫茲菲爾德 (Andy Hertzfeld) 為了研發出真正能讓一般人容易使用的圖形化人機介面，找來他的高中同學蘇珊幫忙，蘇珊當時剛從紐約大學畢業，主修美術。在最初設計圖形化介面的時候，因為圖形設計軟體還沒有開發出來，蘇珊就在網格紙上開始了她的設計，蘋果電腦以設計著稱的使用者介面就由此起步。這樣的圖形化使用者介面直觀清楚，一般人也很容易上手；相較於之前的命令列操作式的使用者介面，「個人電腦」終於能夠走出專業人士的小圈子，走入千家萬戶，真正成為每個人都能使用的工具。

從印刷品的平面設計到軟體的使用者介面設計當然也不會一帆風順。設計師在剛開始的時候經常遇到很多問題，比如最典型的解析度問題。印刷品在列印的時候，通常每英吋可列印的點數 (Dots Per Inch，DPI) 可以達到 300 至 600，這個解析度是比較高的，可以印製很精細的細節、微妙的顏色。然而直到 2011 年發表的 iPhone 4、2012 年推出的 MacBook Pro，才配置著「視網膜螢幕」(Retina Display)，顯示解析度通常在 250 DPI 以上，讓人們在螢幕上也能獲得類似印刷品的精細感受。在此之前，主流顯示器都是 72 DPI，相較於印刷品的顯示要粗糙很多，而且螢幕畫素尺寸也不大，比如最初的圖形化介面的蘋果電腦使用了一塊 9 英吋的螢幕，能顯示 512（寬）×342（高）畫素。這也是為什麼介面中的圖示都設計得非常「畫素化」，畢竟每一個圖示只能占用 32×32 畫

素。在這種情況下，被顯示的物體就不能太小，否則用畫素來呈現的時候就會出現破損。比如中文字型的顯示，在用單色畫素構成的情況下，表現比較好的是 12×12 畫素或 14×14 畫素，少於 10×10 畫素就會出現較嚴重的破損。後來在「反鋸齒」（anti-aliasing）技術、高解析度螢幕的幫助下，字型終於可以在螢幕上以光滑邊緣的形式呈現，也可以顯示很小的字號，但是解析度相關的問題仍然是做螢幕內容設計時特別需要注意的事項。另外，螢幕顯示還存在色差的問題，比如不同顯示器常常有不同的色彩顯示偏差，而且顯示器本身也可以調節亮度、對比度、飽和度、色彩設定等，所以使用者看到的，往往並不完全是你在設計時所指定的。這就需要刻意地主動規避一些可能出現的問題。比如很多設計師在做平面設計時喜歡用淺淺的銀灰色，顯得高級，但是在螢幕上顯示出來的時候，可能在有的顯示器上面看起來很像什麼都沒有的白色，而在有的顯示器上則被顯示成髒髒的灰色。所以設計師需要檢查在各種情況下、各種設備上顯示的效果，並針對性地調整設計或者研發實現的方式。當然螢幕帶來的好處也遠比問題多，比如動態顯示與互動操作。

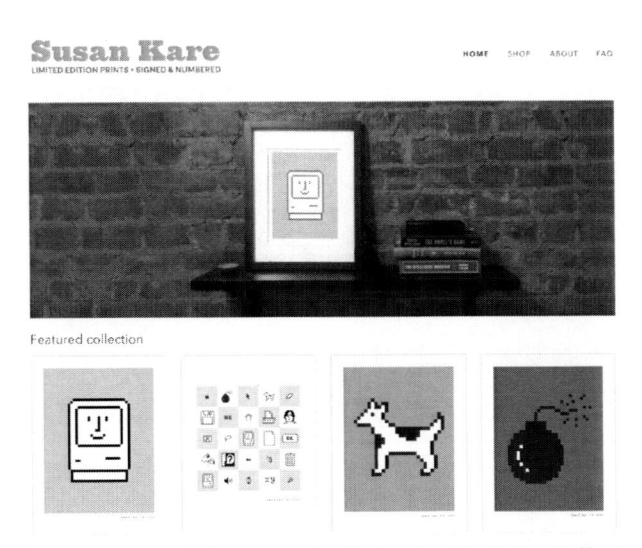

圖 3-5 Susan Kare 官網上陳列了她為蘋果電腦設計的最初的圖示

3. 互動設計與擬物化

　　軟體產品的設計不是簡單地在螢幕上做平面設計，而是把軟體使用過程中的人機互動作為設計對象，形成了全新的設計領域「互動設計」，從人機互動（Human-Computer Interaction，HCI）、圖形使用者介面（GUI）、使用者介面（User Interface，UI），最後到綜合性的使用者體驗（User Experience，UX 或 UE），形成了一個融合了設計學、心理學、軟體工程學的跨學科體系，成為了近三十年來設計領域中發展最快、最受重視的細分領域之一，並且目前還在 AI 與虛擬實境的推動下持續演進中。在設計電腦螢幕＋滑鼠＋鍵盤這一套資訊互動系統的過程中，互動設計、使用者體驗設計的各種原則與經驗逐漸被建立起來。為了讓使用者能更好地與螢幕裡的虛擬世界互動，早期的軟體介面設計大量採用「擬物化」，在虛擬世界中使用人們熟悉的現實世界中的物品，讓使用者將現實世界中的經驗轉移到虛擬世界中，從而更好地辨識、理解、操作、記憶虛擬世界中的功能與內容。這一段時期的設計，按鈕通常看起來就像是一個實物按鈕，在使用者用滑鼠點選的時候，按鈕「真的」會被按凹下去，或者點亮按鈕的燈光效果。有時設計師還會利用虛擬空間可以任意建構內容的特點，設計一些邏輯合理、在實體世界中比較難實現的效果，比如圖 3-6 所示，在同一個按鈕位置上竟然疊加了 8 種狀態（圖中框選的圖示）：「耳機」按鈕的正常、滑鼠懸停、滑鼠點選、暫不可用（disabled），「耳機禁用」按鈕的正常、滑鼠懸停、滑鼠點選、暫不可用。在之後的網路、行動網路時代，幾乎再也不會見到這麼複雜的按鈕狀態。不過有意思的是，雖然在電腦上，擬物化的設計風格逐漸被更適合網路的扁平化所取代，但當行動網路時代來臨的時候，為了讓大量從未使用過智慧型手機、甚至從未使用過電腦的使用者能更好地上手，擬物化到扁平化的故事又再次上演，並且這兩次擬物化的風潮都是由蘋果公司引領的。由此可知，擬物化其實不只是一種視覺設計風格，同時也

是互動設計的重要手段；在即將到來的虛擬世界與現實世界相融合的新一代資訊產品中，擬物化的設計也一定會再次獲得旺盛的生命力，直到完成使用者教育，再逐步轉向效率更高的其他介面形態。

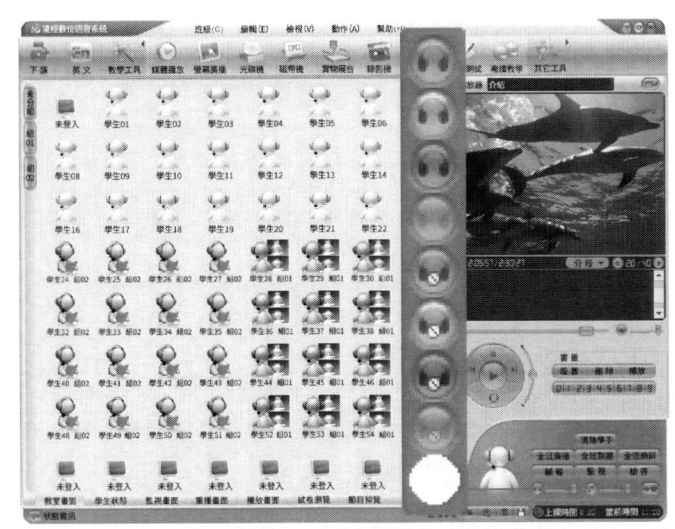

圖 3-6 筆者 2005 年設計的，用於多媒體教室的數位語音系統介面

在軟體時代，也經常見到介面上堆滿了各種操作控制元件的設計，彷彿只有這樣才顯得軟體功能強大、物有所值。這背後的原因，很重要的一個就是當時的軟體產品為了滿足越來越複雜的使用者需求，功能越累積越多、越做越複雜，但又缺乏有效的方法來針對不同的使用者進行最佳化。一個典型的例子是，微軟研究發現 Office 辦公軟體中大量的功能被埋藏在層層疊疊的選單欄中，只被少數人使用過。於是他們在 2007 年發表的產品中推出了「功能區介面」(Ribbon UI) 並沿用至今，讓使用者在使用產品時，選擇編輯模式，對應的各種功能就會以圖示的形式平鋪在擴大的工具欄上，以此相對智慧、非常直觀地向使用者提供相關功能。這個領域中也有一些超前的探索者，比如 1994 年就被正式提出、並逐步應用於 3D 建模軟體馬雅 (Maya) 的「標記選單」(Marking Menu) 功能，經由滑鼠點選，然後在不同方向上滑動，結合所處的操作模式，為

使用者提供了一種高效率的操作方式。行動網路時代的一些手勢操作，也都受此啟發。在軟體時代，互動設計的基礎被逐步建立起來。

- 使用者研究方法：人物角色、行為流程分析、使用者歷程分析、問卷、訪談、焦點小組、故事板、情緒板、快速原型、使用者測試等。
- 設計對象：包括文字、物體／空間、視覺風格、時間、行為，並進一步形成具體的內容，比如文字、影像、圖示、按鈕、選單、手勢、聲音、動畫、回饋等。
- 設計原則：比如一致性、回饋、可供性、可見性、可學習性、可用性、以使用者為中心等。
- 工作流程：比如定義使用者目標和情境、用草圖和原型表現想法、測試和改善設計、建立資訊架構等。
- 設計工具：比如流程圖和原型工具、平面設計工具、編碼工具、測試工具。

4. 網路產品簡潔背後的複雜

網路時代剛開始的時候，典型的產品樣式是像報紙一樣羅列資訊的入口網站，就是把資訊內容簡單地變為網路上的內容。網路產品當然不是連上網這麼簡單，因為網路帶來的大量資訊、大量使用者，以及後期出現的大量儲存與算力之間的互聯互通，帶來了前所未有的挑戰和機會。對當今網路產品設計產生最大影響的，首推以 Google 搜尋引擎為代表的設計，在理性與感性之間尋求平衡、設計風格簡潔、崇尚資料的快速更新。我喜歡把 Google 搜尋首頁稱為「最簡單卻又最複雜的介面」（圖3-8）。當年我在 Google 工作的時候，就和研發團隊一起花了大量的時間在這個看起來簡潔到甚至被認為簡陋的介面上──這個介面之所以能夠

看起來如此簡潔，就是因為背後大量的、複雜的、持續的工作——因為它必須在簡單性、功能性和適應性之間取得平衡。

- 簡單性：使用者來 Google 是為了獲得資訊，Google 一直秉持著讓使用者即來即走的理念，認為只有使用者很快地完成任務後離開，才是搜尋產品實力的展現。Google 搜尋介面設計得極簡單，主頁和搜尋結果頁面上只有少數幾個元素。主要的焦點是搜尋框，使用者可以在其中輸入查詢並獲得相關結果。介面沒有任何不必要的干擾或雜亂，使用了清楚、一致的字型、顏色和圖示。介面也遵循了漸進式披露的原則，這意味著它只顯示使用者在特定時刻需要的資訊和功能，並隱藏其餘的內容，直到使用者要求。

- 功能性：Google 搜尋介面設計的功能強大，有各種特性和選項供使用者應用及客製化。介面可以處理不同類型的查詢，例如文字、語音、影像、影片等，並提供不同類型的結果，例如文字、富文字、影像、影片、探索等。介面還允許使用者使用各種工具和過濾器來篩選、排序、細分和延伸搜尋結果，例如標籤、類別、設定、進階搜尋等。介面還與其他 Google 產品和服務整合，例如地圖、新聞、購物等，以提供更相關和有用的資訊。

- 適應性：Google 搜尋介面設計的適應性強，具有靈活的配置和設計，可以適應不同的設備、螢幕尺寸、語言、地區、偏好和情境。介面可以偵測使用者的設備類型和螢幕尺寸，並相應地調整元素，以改善使用者體驗。介面還可以偵測使用者的語言和地區，並提供適合使用者文化和需求的在地化內容和功能。介面還可以從使用者的行為和偏好中學習，並根據使用者的歷史和興趣調整搜尋結果和功能。

圖 3- Google 搜尋首頁的設計 (2023 年 8 月)

　　Google 搜尋介面也不是一蹴而就的。當我們仔細觀察其首頁設計從 1997 年以來的演變，再去思考這些變化的根本原因，就能為我們帶來更多的收穫。產品網路化，究竟帶來了哪些方面的主要變化？

■ 因應網路延遲：網路產品無法像本地產品一樣獲得資料傳輸與互動速度，但是人機互動過程中的等待會明顯地損害使用者體驗，甚至零點幾秒的延遲也會讓使用者感覺到不流暢。為了盡可能減弱網路延遲效應，一方面網路產品通常採用更高效的導航設計和頁面配置設計，幫助使用者少走彎路，以更簡潔的視覺設計來減少需要傳輸的檔案大小，從而減少網頁的載入時間，簡而言之就是越簡潔高效越好；另一方面也基於心理學，研究出各種讓使用者「感覺更快」的方式，比如在產品頁面載入的時候顯示進度列，並且並不是均速進展而是先慢後快，在頁面還沒有完成載入的時候先放一張介面截圖或者暗示內容的畫面，在使用者等待過程中展示一些吸引使用者的內容，轉移他們的注意力；當然還有很多基礎的改善工作也不可或缺，比如壓縮圖片和影片、在瀏覽器中快取檔案等。設計師從做印

刷品的平面設計、做軟體產品設計轉為做網路產品設計，往往最先遇到的就是這方面的挑戰，沿襲之前的經驗往往會陷入這樣的窘境：設計很美觀，但是網頁需要很長的時間才能完成載入，失去耐心的使用者就認為這個產品的使用者體驗很差。

■ 支持複雜內容：為了因應網路延遲，網路產品往往選擇更聚焦而簡潔的功能與設計，但是其背後是可以聯通整個網路的複雜內容，並且是持續變化的複雜內容，最典型的例子莫過於搜尋引擎首頁的設計。為什麼以 Google 為代表的搜尋引擎選擇極簡的設計風格？根本原因在於，其背後的資訊內容太多、太複雜，即便想要像之前流行的入口網站那樣羅列出來也根本做不到，只能把複雜的內容隱藏在簡潔的產品介面之下，而提供一種簡單、高效率的方式讓使用者進行互動。在當時，搜尋引擎這種讓使用者以接近自然語言的方式與網路資訊進行互動的能力，的確是因應複雜內容的好辦法。而隨著 AI 技術的進步，以短影音平臺為代表的內容推薦系統，以亞馬遜為代表的商品推薦系統，以 ChatGPT 為代表的 AI 助手，已經顯示出未來產品整合運用複雜內容的強大實力和潛力。亞馬遜電商網站的導航欄設計演變（圖 3-8），就非常直觀而戲劇化地展現了他們的產品設計團隊在面對不同複雜度的情況下所做出的選擇與演進。

■ 快速更新：網路產品能在短短三十年間對我們的世界產生如此廣泛而深入的影響，很重要的原因就是基於資料的決策效率大幅提升，產品得以快速更新，方向正確就快速發展、不正確就快速糾正；並且因為網路產品是在網路上即時更新，改良的成果馬上就來到使用者手中，進入新一輪更新改良的循環。和人類歷史上之前的產品都不同，網路產品能夠幾乎即時地獲得大量、真實的使用者使用產品的資料，作為產品改良的依據；由此更可以主動出擊，經由大量的測試獲取資料。這不是一般人理解的一次一個、緩慢的測試，而是

可以同時有幾百個測試在同一個產品中進行，經由複雜的數學模型與分析得到結果的大規模工程化測試。如果我們把網路產品看作一個不斷成長的生物，那麼經由基於資料的大規模測試與改良，等於是加速了這個生物的演化。過去的產品，即便是到了軟體時代，更新過程都是比較緩慢的，比如軟體時代的產品經常以年分命名，因為產品從開始銷售，幾個月到半年後開始做使用者回饋的研究，經過幾個月到半年的研究形成報告，然後根據報告制定產品的改進計畫，再經過各部門討論確定、進入研發。等研發成果出來，開始新一輪銷售，花費的時間已經是以年計算。

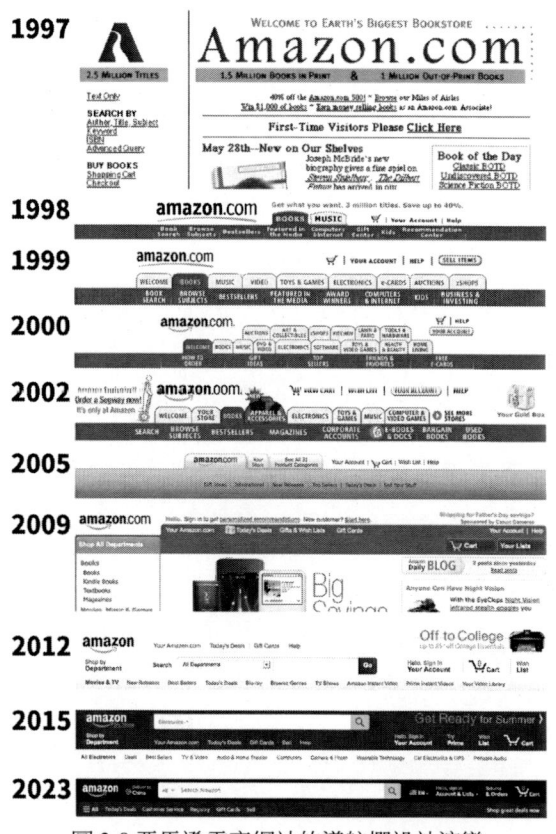

圖 3-8 亞馬遜電商網站的導航欄設計演變

5. 小螢幕的觸控大文章

從網路到行動網路，你會發現在螢幕上面羅列堆砌功能的日子已經結束了。如果說從軟體到網路，至少還是在電腦上，還是比較大的一個螢幕，但是到手機上，螢幕一下子就變小了，手機螢幕當中能夠容納的資訊是非常有限的；如果強行把一個電腦網頁縮小顯示在手機上，也完全無法操作。通常大家認同的是，在設計一個行動網路產品的時候，一頁盡量只做一件事，並且主要操作都必須在最多三次點選內完成。這種情況就逼著產品的創造者做更深入的思考，更好的聚焦，更乾脆的取捨；所以在做產品設計的時候，先做行動裝置的設計，在小螢幕上把事情想清楚，再做電腦大螢幕上的設計就容易很多。

在行動網路時代，人機互動的主要方式也從電腦螢幕＋滑鼠＋鍵盤，變為手機螢幕＋手勢＋物理按鍵＋語音＋照相鏡頭＋其他感測器（陀螺儀感測器、加速度感測器等）＋其他回饋器（振動馬達、閃光燈等）。當然從 2007 年 iPhone 手機上市，開啟大規模的行動網路時代至今（iPhone 之前的黑莓手機等具有上網功能的手機並未像 iPhone 一樣形成如此大的影響力），人與智慧型手機的互動主要還是經由觸控；語音、照相鏡頭的互動正在隨著 AI 技術的發展而不斷增加，也必將占據越來越重要的地位。手勢互動帶來的最大突破是，人類向著自然人機互動的方式又近了一步。憑藉日常熟悉的經驗，使用者雙指捏緊、張開，就能控制圖片的縮小、放大，在電腦上可是需要找到放大、縮小的按鈕，不斷點選才能實現；使用者手指按住螢幕向下拖曳，就能拉著螢幕向下滑動，以前在電腦上可是需要找到操作視窗右側邊緣的直向式滾動卷軸，向下拖動卷軸就是讓頁面向上滑動；使用者把頁面拉到底的時候，頁面會出現彈力的效果，並開始自動載入新的內容，並且新增的內容和前面的內

容連在一起，可以方便地上下滑動檢視，以前在電腦上可是需要找到「下一頁」的按鈕或連結、點選翻頁才行……手勢操作本身讓人機互動更自然，同時也有更多輔助功能讓手勢操作更準確、更順暢，比如蘋果在螢幕鍵盤上基於機器學習，智慧地動態調整每一個按鍵在當前情況下的回應區域大小和位置（Dynamic Hot Zones），從而讓手指在小小螢幕上打字的時候更符合使用者預期的結果。

另外，世界上從智慧型手機開始接觸智慧型資訊設備的人，其實比從電腦開始的人要多很多，這又是一次更大規模的使用者教育，為了讓使用者能更好地與螢幕中的虛擬世界互動，產品設計從擬物化到扁平化的過程又一次重演。iPhone 解鎖介面的設計演變就是一個典型的例子（圖3-9）。在 2007 年初代 iPhone 上市的時候，解鎖不僅被設計得看起來像是一個實體按鈕，而且在旁邊還配上操作的文字說明，更用動畫光效來進一步引導使用者做滑動操作進行解鎖；使用者用手指按住解鎖按鈕滑動的時候，按鈕也會像實體一樣隨著手指滑動。到了 2013 年，經過多年的使用者教育以後，iPhone 首次去除了實體按鈕的效果，僅保留了文字，不過仍用動畫效果來引導，拍照圖示也轉為了平面化的風格。在之後的版本中，隨著手機的 Home 物理按鍵取消，解鎖也變為在螢幕上自下而上滑動的手勢，並且螢幕上疊加了各類資訊，「手電筒」功能也和拍照一樣被新增為解鎖介面上的快捷功能。

圖 3-9 iPhone 解鎖介面從擬物化到平面化的演變

6. 生活方式驅動的產品創新

隨著行動網路產品設計模式的逐漸成熟，智慧型手機和 App 的各種互動模式、介面元素視覺樣式也逐漸穩定下來，2011 年推出的社交 App Path 2.0 幾乎是最後一個因為介面互動創新而獲得整個產業熱列討論的產品。但是行動網路時代的產品與設計創新，的確更加廣泛而深入地影響了更多的人。正如網路跟軟體相比並非簡簡單單地連上網路，網路到行動網路也不只是簡簡單單的螢幕變小。更多新的、原創的產品出現，背後最重要的原因就是，手機是一個被更多人使用、可以帶著走的東西，產品的使用者複雜度和使用環境複雜度大幅增加，產品與使用者生活方式的融合更加緊密，使用者的生活方式為產品創新提供了源源不斷的驅動力；換而言之，這些產品與設計的創新，並不是由天才憑感覺想出來的，也不是技術進步就會自然而然帶來的，而是產品的創造者在洞察使用者需求與期待、解決使用者問題、滿足使用者需求的過程中產生的。

7. 自然而然的智慧

智慧並非突然出現，而是隨著網路產品的發展逐漸產生的。當人類經過幾十年在網路上累積了大量資料，而網路產品在發展過程中累積了越來越強大的計算能力，而且之前科學家已經提出了深度學習、神經網路的理論與演算法構想，這時新一代 AI 發展的三大要素，資料、算力、演算法齊聚，智慧隨之水到渠成，開始進入快速發展期。在前面的討論中，我提出了智慧型產品的特點，以人為師、以人為本、以人為伴。「以人為師」強調的是 AI 的基礎能力和學習性，「以人為本」強調的是 AI 的人性化和互動性，「以人為伴」強調的是 AI 的超越性和合作性。我們今天所接觸到智慧型產品主要都是針對人提供服務，所以使用者往往自然而然地接受了智慧的服務，只是感覺產品似乎聰明、貼心了一些，甚至不會主動意識到有變化。比如蘋果設備的螢幕鍵盤的動態區域功能，根據使用者打字的情況智慧地改變一個鍵位的回應區域，提高小螢幕上的打字準確率；當今智慧型手機普遍具有的相機智慧景深功能，讓手機的鏡頭也能拍出專業相機的景深效果；短影音平臺、亞馬遜等電商平臺，根據某個使用者以及其各種相關使用者群體的綜合使用情況，進行內容和商品的推薦；甚至於 2022 年底一經推出就爆紅的 AI 助手 ChatGPT，也是使用者極易上手，彷彿是早就彼此熟悉的老搭檔，即便不斷嘗試發掘 ChatGPT 還有什麼使用方式，也是就像同一個人聊天一樣……之前出現了很多「人工智障」的產品，根本問題還是在於技術不夠強，無法達到人對於互動的期待，這是無法用設計來彌補的。在今天，無論是在單一細分任務情境中，智慧技術足夠應因應，還是在相對廣泛的任務情境中，智慧技術足夠強大，越是智慧做得好的產品，越是讓產品去智慧地適應人，使用者只需要像平時接人待物一樣自然而然地行事就好。

在 ChatGPT 之前，AI 產品通常只能執行某個或某類專門任務，比

如強大到能打敗人類冠軍的 AlphaGo 只會下圍棋，目標是作為人類小助手的 Siri 等 AI 助手也只能做一些簡單的查詢；使用者通常需要使用更適合機器理解的方式來與之溝通，比如在搜尋的時候使用「關鍵詞」要比使用平時說話的口語更容易得到好結果；或者使用者其實無法和 AI 有效溝通，只能以間接的方式與之互動，比如短影音平臺、電商產品強大的推薦系統是基於使用者的行為和平臺整體的演算法，這對於使用者來說就是個黑箱，使用者也沒有辦法對此做任何主動的調整；而最先進的 AI 往往只有精通技術的專家才有能力、條件，配置相應的技術環境、使用高級的程式設計方式才能應用。ChatGPT 的出現改變了這一切。它以任何一個一般人都可以輕鬆掌握的聊天對話的互動方式，提供可以執行廣泛多樣任務的智慧行為能力，彷彿在使用者對面的是真實的人類，但不是一個，而是無數個在各個領域各具專長的人類。這令人不由得想起 Google 開創性的搜尋引擎介面，最簡單的也是最複雜的介面。ChatGPT 的產品設計作為新一代智慧型產品的風向標，也深刻展現了智慧型產品設計的要點：以人為師，能力源於對於人類網路資訊的學習；以人為本，互動方式基於適應人類；以人為伴，把人類知識與能力整合重新提供出來成為服務，幫助每個人超越原本的自己。

在近年來另一個特別熱門的智慧型產品領域，AI 影像生成產品的發展也是如此。在此之前，影像設計工具主要是類似 Photoshop 這樣的產品，Figma 也是基於這一套模式來做創新。1990 年推出的 Photoshop 互動設計從軟體時代一路走來基本沒有太大的改變，主要基於選單、工具欄、面板和對話方塊，使用者經由滑鼠或鍵盤來選擇和操作各種功能和選項。2021 年 10 月初突然出現、並於 2022 年 2 月開始爆紅的 Disco Diffusion 則展現了完全不同的互動模式，更像是程式設計，以命令列操作為主，加上初期的版本需要配置執行環境，雖然其實並不複雜，但是足以讓絕大多數一般人望而卻步。2022 年 7 月、8 月相繼推出的 Midjourney 和 Stable

Diffusion 進一步提升了 AI 生成影像的品質、控制力，並以圖形介面與提示語命令（prompt）結合的方式，大幅降低了對一般人的互動操作門檻。相較之下，閉源的 Midjourney 能讓使用者以簡單的提示語命令進行操作，無需太多控制就能生成高品質的影像；而開源的 Stable Diffusion 則在全球開源社群的努力下，為使用者提供了豐富而強大的控制性，雖然更複雜，但能產生更高品質的成果。這也代表著智慧型產品發展的不同方向，要更簡單還是要更專業，都能獲得相應使用者群體的青睞。

上面我們主要回顧了軟體、網路、行動網路，設計如何隨著技術載體的變化，去更好地服務使用者，在此過程中解決問題、產生創新。而正在快速發展的智慧型產品，也絕對不僅僅是把現有的產品簡單地加上一點智慧功能，而是會經由以人為師、以人為本、以人為伴的方式，徹底改變各個領域中產品的基礎，從而產生新一代的產品，就像今天的數位化、網路無所不在，將來也會是智慧無所不在。換而言之，今天市場上所有的產品都值得、也可以用智慧的概念全部重新做一遍。

8. 設計與技術的週期性發展關係

設計的目的不是自我表達，而是創造出有用的東西讓人使用，去解決問題或者達成期待。為了實現這一個目的，產品設計者一手牽著使用者，一手牽著科技，它與技術之間的關係非常緊密。一個技術從創意、到研發、到推廣、到淘汰，會經歷從技術萌芽、技術成熟、技術快速發展、技術發展趨緩，到新一輪技術萌芽、舊技術被淘汰的過程，形成一個完整的技術發展週期。設計是伴隨技術發展的一個重要領域，涉及對技術的功能、形式、互動、美學等方面的規劃和創造。設計可以幫助技術滿足使用者的需求和期望，提高技術的可用性、可靠性和吸引力，增加技術的競爭力和價值。設計也受到技術發展週期的影響，它需要根據技術的特性、條件和變化來調整和改善。設計需要考慮技術的可行性、

可行性和成本效益，以及技術對社會、環境和倫理的影響。設計也需要利用技術的優勢和潛力，以及避免或解決技術的問題和風險。設計需要與技術保持適當的同步和協調，以實現最佳的效果和效率。技術發展週期與設計發展週期之間存在著動態的互動和回饋，可以相互啟發和激勵：技術可以為設計提供新的想法、工具和資源，擴展設計的範圍和可能性；設計可以為技術提供新的需求、挑戰和機遇，推動技術的創新和改進。技術與設計之間的互動和回饋可以促進雙方的發展和進步。當我們從設計與技術的發展細節中跳脫出來，能清楚地看到二者之間存在週期性的循環規律（圖 3-10）。設計在一些情況下的確會發揮引領技術的作用，不過在這裡我們暫時僅討論設計輔助技術轉化為產品以創造價值的情況。

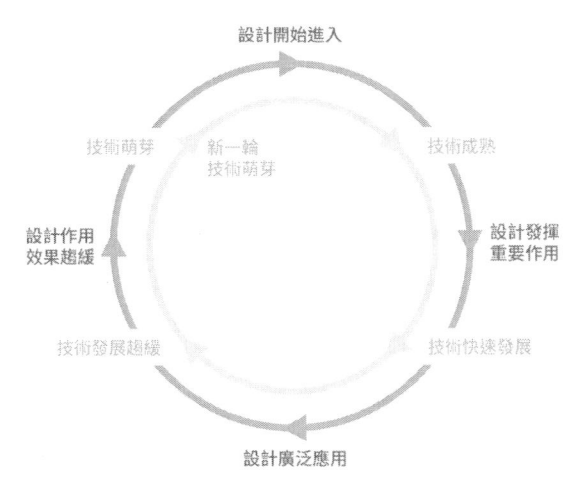

圖 3-10 設計與技術發展的週期性規律

當一個技術從萌芽開始逐步走向成熟時，設計就會逐漸開始獲得發揮的空間。不過這個階段比的主要是有沒有技術、或者技術差異化，誰有技術、誰的技術好，就能夠獲得市場的青睞、發展的機會。如果設計進入得太早，技術還在逐步發展完善，設計就只能是空中樓閣，很難發揮出價值。

當技術從成熟走向快速發展的時候，各家的技術差異化也會越來越小，產品設計就能成為重要的差異化競爭點，甚至成為產品致勝的關鍵。使用者體驗作為一個專業領域，就是在這樣的背景下，伴隨著軟體、網路、行動網路的浪潮，一路發展起來的。甚至有一段時間，「使用者體驗」這個詞本身彷彿成為了厲害的靈丹妙藥，科技公司言必稱使用者體驗；使用者體驗設計師、研究員的薪資待遇也水漲船高，從低於工程師到與之相當，有時甚至會高出一些；創業公司和投資人也願意相信，公司聯合創始人中要有一位設計師，這樣會顯著提升創業成功率。當然，設計師們既不要妄自菲薄，也不能被沖昏頭腦，因為好的產品和創業一定是各種角色合作，再加上天時、地利的結果。客觀地來說，在各行各業的設計中，只有身處網路產業的使用者體驗設計才獲得了最大的重視、最多的回報（在本書第四篇中還會有更多討論）；這既是網路設計師的幸運，又是各行各業設計師需要努力改變的現狀。

當技術從快速發展直到逐步趨緩，通常公司在當前技術上的投入會縮減，並轉移更多的資源用於新一輪技術發展。而設計在這個時候才開始進入到更廣泛的應用階段，並且會一直延續，保持比技術發展慢半拍的情況。技術即便趨緩，設計因為和業務的連結關係，還能夠進一步持續發展，甚至隨著業務成長而得到更大的發展，它的趨緩也會比技術的趨緩更慢。就像近幾年的網路產業，正在經歷技術趨緩，並向下一波技術發展過渡，但是因為業務還在發展，甚至因為競爭日趨激烈，網路公司提供的設計職位穩定增加，尤其是在偏向營運的設計方面投入越來越多的設計資源。（2022 年以來因為整體形勢的變化，網路公司紛紛開始撙節，這並非產業週期性發展的原因，至少不完全是；也希望情況能盡快好轉起來，重回科技引領、快速發展的軌道。）

2016 年,「網路下半場」的概念被提出,認為隨著網路使用者數量的飽和,網路產業需要從單純的連線需求,轉向深入產業、提升效率、創造價值的階段。如果說在網路公司中,最初是設計師在產品研發的架構下做產品設計的相關工作,這也是所謂的「網路上半場」的常見情況,主要著重產品研發;而進入「網路下半場」,同樣、甚至主要著重營運,大量的設計師是在做營運設計相關的工作。所以在這樣一個階段相互巢狀、設計與技術的發展週期性變化的關係中,我們可以以競爭之名把整個過程拆分成三大階段:技術競爭、設計競爭和營運競爭。每一個週期開始的時候,技術首先進入核心競爭,誰能先把技術研發出來,誰就能從競爭中脫穎而出。哪怕這個產品初期設計得很爛,但因為能解決問題,使用者就會先用;而有人使用的產品,就有改進、持續往前走的機會。而當各家技術都差不多的時候,設計就開始進入核心競爭,誰的產品設計好、使用者體驗好,就能夠從競爭中脫穎而出。可是,產品的技術發展在一定階段內會逐漸趨同,產品的設計也一樣,發展到一定程度,產品的主要形態就穩定下來,在產業中看來就是產品設計也開始趨同。在這種情況下,營運就開始進入核心競爭,各家比各式各樣的營運手段,比如內容、活動、使用者經營。近年來,從之前的大公司的夾縫中崛起的幾家公司,都是營運極其強悍,而且他們提升營運效率的方法往往都是透過產品、技術,從而獲得了超越傳統營運拚人力的效果。

這就是在設計與技術週期性發展規律下的競爭階段特點(圖 3-11)。從另一個角度來說,這也是設計師在職業發展規劃中值得重點考慮的:我想要加入的公司,設計在其中處於什麼階段,受重視程度如何,有多少發揮空間,有怎樣的未來潛力。

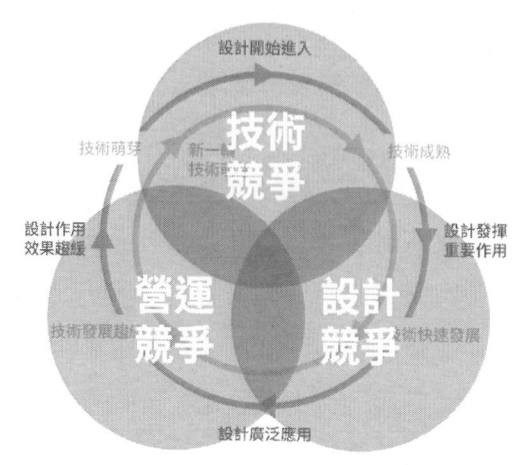

圖 3-11 技術、設計、營運的核心競爭階段，競爭突顯價值

> **思考**

歷史上有哪些技術推動設計進步的例子？

技術不斷變化，設計能抓住哪些相對穩定的東西以作為創造的基礎？

你的第一份工作希望進入一個處於什麼發展階段的團隊？

3.3　設計分析方法的變與不變

　　歷史上，每一個時代都有屬於自己時代特徵的產品，也會最終建立起適應這個時代產品的設計方式。從設計的形式載體來說，以平面圖為主的設計對應的是印刷設計的時代，以多元平面圖加實體原型為主的設計對應的是工業設計時代，以平面圖加互動原型為主的設計對應的是軟體和網路設計時代，而進入到 AI 設計時代，越來越多智慧設計與分析工具也進入了設計領域。相較於設計的形式載體，設計分析方法的變化更豐富、更能展現出時代的進步。在我們所經歷的時代，如果一定要選一個案例，來呈現經典方法與新興方法之間的挑戰、衝突與演進，我會選擇「41 種藍」實驗。

1.「41 種藍」實驗

2009 年 3 月，Google 的視覺設計負責人道格．鮑曼（Doug Bowman）在個人網站上發表了一篇言辭激烈、批評 Google 的文章，憤然辭職（後來加入推特公司，擔任設計副總裁）。這在整個網路科技界引起了軒然大波（圖 3-12），因為引發他辭職的直接導火線是「Google 只看數據、不聽設計」，這是當時世界上最好的網路公司對整個產業都關心的問題，做出的一個飽受爭議的選擇：Google 為了決定搜尋結果頁的連結使用怎樣的藍色，沒有像傳統那樣完全由設計師做決定，而是選出了 41 種藍色，全部進行線上實驗，然後根據使用者操作的數據來決定最終使用的藍色。

看數據，還是聽設計？簡直就像今天很多人在問：「AI 繪畫會讓畫師失業嗎？」這是一個非常容易形成對立的話題，但當我們深入剖析其背後的成因，會發現問題遠不止表面看起來這麼簡單。首先，Google 對於數據的重視，甚至說執著，是眾所周知的，但是這並不妨礙 Google 也重視產品設計，並擁有當時世界上最好的使用者體驗設計與研究團隊。不過，Google 所重視的設計，是綜合了功能、互動與視覺的使用者體驗設計；Google 所面對的使用者以及使用情境，也是當時世界上規模最大、情況最複雜的；並且更重要的是，當時廣告業務在 Google 的收入中占比 96.6%，這意味著搜尋結果頁的表現直接決定了 Google 絕大部分的收入，所以這裡的任何變化必然會經過極其謹慎的決策。我們一起來看一看當時的情況：2009 年是第一代 iPhone 推出後的第三年、Android 第一款手機推出後的第二年，行動網路時代已經正式開始。越來越多使用者的上網使用情境，不再是在光線相對穩定的室內，而是在室內、室外各種環境光線不斷變化的情況下；而且當時的智慧型手機的螢幕顯示也不夠好，比如亮度普遍不足，也沒有根據環境光自動調整螢幕亮度的能力。換而言之，設計師無法控制使用者在真實情況下看到的螢幕上的顏色，而且這種情況在行動網路時代要比在網路時代嚴重得多。如果缺乏

有效的方法，讓每一個使用者在各種情況下都能看到產品創造者希望他們看到的介面效果，那麼能否讓盡可能多的使用者在盡可能多的使用情境下獲得較好的效果呢？這裡所說的「較好的效果」並不是指視覺效果，而是產品使用的綜合效果，也就是說，即便看起來並不是設計師所指定的顏色，但是功能運轉良好，使用者任務順利完成。這樣一來，問題就可以被簡化為，經由使用者的群體選擇，什麼設計方案在關鍵任務上的資料表現比較好。這不就是 Google 當時的選擇嗎？Google 所做的，經由大規模測試來決定產品設計的方法，正是面對當時的複雜情況，並且無法進行大規模智慧、個性化的時候，所做出的一種理性的選擇。作為道格的朋友，我非常清楚他對設計的熱愛與追求，但是在這種情況下，從數據中獲得幫助來進行設計決策，的確是設計師必須面對的情況。並且在之後的十幾年間，數據與設計相互影響的情況越來越常見，也越來越重要。智慧技術將會實現更好的個性化，給予設計師更大的發揮空間，而無需根據群體選擇來做妥協；不過，智慧本身也是基於數據的結果，是數據為設計提供了更好的支持。

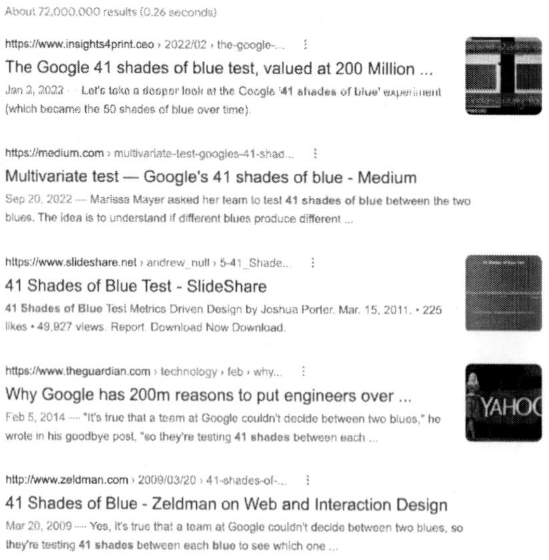

圖 3-12 時間已經過去了十幾年，關於「41 種藍」實驗的討論仍未停息

「41 種藍」實驗，反映出來的正是曾經在人類社會中執行了幾千年的經典設計方法與網路時代以來的新興設計方法之間的巨大衝突。我們不妨把它們做個簡單的對比（表 3-1）。

表 3-1 不同產品設計方法的對比

	經典產品設計方法	網路產品設計方法	智慧型產品設計方法
設計對象	主要設計實體產品	主要設計虛擬產品	設計虛實結合的產品
決策依據	質化經驗決策	量化資料決策＋質化經驗決策	大量資料智慧決策＋質化經驗決策
需求滿足	一個產品給所有人用	有限個性化	完全個性化
產品迭代	一次設計使用很久	快速迭代	充分預演與自身進化

- 設計對象：經典產品設計方法主要是基於設計實體產品而形成的，設計對象包括家具、汽車、建築等。網路產品設計方法主要是基於設計虛擬產品而形成的，設計對象包括網站、軟體、App、電子遊戲等。智慧產品設計方法是在前面二者的基礎上，虛實結合、軟硬結合，設計對象包括 AI 軟體、智慧硬體、AI 訓練系統等。

- 決策依據：經典產品的設計方法更重質化的、感性的經驗與分析，決策主要依賴設計師的個人能力。網路產品的設計方法不僅可以使用經典方法，而且能夠獲得大量、真實、有效的使用者資料，以此為依據進行量化的決策。智慧產品的設計方法，所能依據的資料不論從類型還是規模上，都有大幅提升，既包含群體的大量資料，形成預訓練模型，還可以包含使用者個體的大量資料，基於預訓練模型就能很快形成個性化的模型，從而形成智慧決策。

- 需求滿足：因為實體產品的生產複雜度、與使用者的匹配複雜度往往都比較高，經典產品設計方法的成果通常是一個標準化的產品對應較大數量的使用者，如果實在不合適，就再創造另一個產品。網路產品以資訊產品為主，生產與傳播環節都較簡單，相對容易進行

個性化，於是出現了一些提供個性化功能的產品。不過這些產品都會遇到一個問題，就是只有極少數使用者會主動對產品進行個性化設定（除了那些以個性化為主要娛樂方式的產品）。真正個性化的希望還是在智慧型產品上，在智慧技術的推動下，產品做到完全個性化，使用者無須主動設定就可以得到個性化的產品內容與服務。

■ 產品迭代：無論是因為實體的特點，還是因為更換的成本，實體產品的生命週期往往會比較長，事實上也無法做到快速更新，所以與實體產品相匹配的經典產品設計方法就需要為一次設計能夠使用很久做好準備。網路產品主要是更新程式碼、資料和媒體內容，只需線上發布，就可以讓使用者使用到新的產品，從而做到多則幾個月、少則幾天甚至幾小時都可以迭代更新，這樣的快速回應為產品創造帶來了更快的進化速度和更強的進化能力，網路產品設計方法需要充分利用資料決策、快速更新帶來的優勢。智慧型產品在網路以資料決策迭代的基礎上，一方面能夠基於大量資料，對產品可能遇到的情況做充分的預演，另一方面在產品使用的過程中充分利用資料，實現產品自身進化的效果。智慧型產品設計方法需要從一開始就配置這樣的能力。

接下來就讓我們看一看，已經經過時間檢驗的經典產品設計方法、網路設計方法，可以如何融合應用，而智慧型產品設計方法又能如何從中繼承與發展。這些方法本身，在網路或者書籍中都能找到詳細的系統化教程。在這裡我主要針對在實際使用中需要注意的重點進行闡述，尤其是如何融合質化的方法（以經典產品設計方法為主）與量化的方法（以網路、智慧型產品設計方法為主）。

2. 使用者研究多少人才算「夠」

進入網路時代以後，很多人會覺得，產品設計必須要有扎實的資料庫基礎。如果沒有動輒幾十萬、幾百萬的使用者資料作為基礎，就不算有資料庫基礎。像經典產品設計那樣主要靠設計師的個人經驗，或者經由訪談、實地調查這樣的質化研究，是不足以支持產品設計的。

從實際工作的情況來說，上面這樣的觀點其實有失偏頗。有足夠大規模的資料庫支持肯定是好事，但是在很多情況下很難做到，比如網路產品還沒上線的時候就沒有資料，實體產品的使用過程往往缺乏資料收集的能力，或者資料收集成本過高，或者研發部門缺乏經驗，沒有搭配有效的資料收集與分析框架。可以期待在智慧型產品設計中，基於大量資料訓練得到的預訓練模型，更高效率的資料利用，以及更智慧的演算法，可以在產品設計階段就預演各種使用者的各種使用情況。但是相信即便到那一天，基於質化研究的設計仍然會是一種直接快速、行之有效的設計方法。

我們完全可以把小樣本的質化研究與大樣本的量化研究充分結合起來，根據實際的任務情況來靈活選用合適的方法。既可以做質化研究，比如使用者測試（User Test）、使用者訪談（User Interview）、實地調查（Field Study，也譯作「田野調查」），也可以做量化研究，比如 A／B 測試（A/B Testing）、使用者問卷（User Survey）以及產品資料分析。量化研究有直觀的門檻，需要一定程度的數學、統計學、資料庫操作基礎，但人們往往忽視了質化研究的門檻——雖然似乎人人都能做質化研究，但是要做好質化研究，還是需要扎實的心理學與資料分析基礎。如何根據產品目標來策劃一個有效的質化研究，篩選目標使用者，如何規劃使用者測試任務，如何設計訪談提綱，如何設計資料記錄與分析方法，如何避免研究過程中的噪音與偏差影響，如何協調研究團隊……這些並非只靠工作經驗的累積，更需要相關專業科學的指導。

以使用者測試為例，如圖 3-13 所示，橫座標是受測使用者的數量，縱座標是在測試過程中發現的可用性問題。隨著受測使用者數量的增加，能夠發現的可用性問題也逐漸增加，但是新問題出現的速率變緩，曲線上出現了明顯的轉折點。換而言之，做使用者測試時，並不需要人數特別多；在達到轉折點之後，增加受測使用者數量能夠獲得的效益是遞減的。這個經驗曲線最初由人機互動、使用者研究領域的知名專家雅克布‧尼爾森（Jakob Nielsen）於 2000 年提出。它最大的價值，一方面是告訴大家不用無窮無盡地去做測試，而是可以用質化的方法，小樣本也可以得到很好的結果；另一方面是這個「小樣本」可以小到多小呢？在尼爾森 2000 年提出的版本中，曲線的轉折點在 3 至 6 位使用者之間出現，他認為只要 5 位使用者即可完成測試目標，然後可以多做一些這樣的小測試，綜合起來就能獲得很好的測試效果。不過因為此後的網路產品越來越複雜，使用者群體也越來越複雜，在我和朋友的實際工作經驗來說，如果能夠精準地找到目標使用者，並且產品不是特別複雜，通常測試 10 到 20 個使用者左右，可以發現大部分能發現的問題，投資報酬率最高。這是個很棒的消息，意味著我們可以進行低成本、小樣本的實驗，就能得到有意義的實驗結果。而在實際工作中，很多人不願意做小樣本使用者測試的主要原因，就是他們不相信這樣的測試會有效果和意義；而如果以大樣本進行這樣的使用者測試，費用和時間成本都不是一般公司能承受得起的。

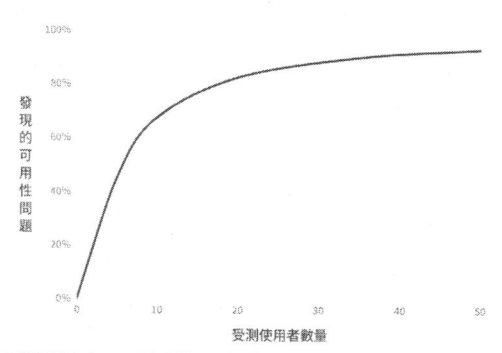

圖 3-13 使用者測試中，受測使用者資料量與發現的可用性問題之間的關係

使用者測試能帶來的回饋遠遠不止於發現產品的可用性問題這麼簡單。我們會仔細觀察使用者使用產品的過程，而且通常會全程錄影以便在之後進行更詳細的分析，比如多機位錄影（記錄使用者的動作以及螢幕內容的變化）、甚至使用眼動儀記錄使用者在過程中眼睛對螢幕內容的聚焦情況。使用者在操作過程中的每一個動作、停頓，視覺的焦點、變化，完成任務的時間、順序、成功率，使用者的表情、語言……都有意義，都是可以分析解讀的。產品的使用者資料清晰、直觀、理性，並且尤其適合進行大規模的整合分析。但是光看資料，常常會有知其然不知其所以然的感覺，或遇到無法解讀資料的情況；而使用者測試中觀察到的各種使用者使用細節，恰好能夠成為重要的補充資訊，有助於有效地解讀資料。

進入網路時代後，大樣本的量化研究的確更流行，畢竟這是人類第一次有機會能基於大量、真實、即時的使用者資料來輔助進行分析決策，而且在網路產品的研發、經營、廣告投放等方面都取得了前所未有的好結果。其中最具有代表性的，就是「Ａ／Ｂ測試」，經由按照一定規則的網路發放，讓不同的使用者使用產品的不同版本，然後對比所產生的資料，來判斷哪個版本效果更好，就把這個版本作為產品的正式改良升級結果，讓全體使用者使用。因為Ａ／Ｂ測試需要一定的使用門檻，比如首先得有自己的網路產品，然後安排自己研發的，或者購買自第三方的資料收集、分析工具，通常只有在一定規模的公司工作的時候，才有機會能真正使用到，不像是那些質化研究的方法，可以自行模擬。具體需要多少使用者進行測試，通常是能達到實驗效果的最小值。和Ａ／Ｂ測試本身的使用一樣，這個值也需要、可以透過專業的方法計算出來，網路上還有一些專門的計算工具，而並非憑感覺、憑經驗的產物。在這裡我們先簡單討論一下Ａ／Ｂ測試的基本特色。

1）A／B測試的優點

- 測試產品的想法。如果你對現有的產品有什麼創新的想法，但是又不確定是否比之前的產品版本更好，就可以用A／B測試來獲得直接的證據。這樣既經由具體的使用者使用，獲得了資料，又因為只是讓一小部分使用者使用而不會影響到產品整體，萬一出問題也不會產生太大的影響。

- 回答具體的問題。A／B測試不是開放式問題，而是針對具體的產品設計，讓使用者實際使用後給予回饋。比如，綠色按鈕是否比紅色按鈕效果更好、用按鈕還是連結的效果更好、放在位置A還是位置B效果更好、介面如何配置效果更好。雖然在測試過程中什麼都有可能發生，有時的確也會有意外的收穫，但是A／B測試這個方法本身就是為了檢驗產品設計的想法，需要提前釐清測試目標、評估方法。

- 獲得明確的證據。透過A／B測試獲得的，是真實的使用者使用資料，反映的是真實的使用者行為，而不是憑藉經驗的猜測或者基於小樣本研究的質化結論。而且有一點不能忽視：不同專業背景的人對於同一件事的理解、關注的重點不同，只有找到各方都認可的「語言」，才能有效的進行溝通。如果一個設計師感覺別的部門的同事總是不夠重視設計，那麼不妨試試讓工程師來講講他是怎麼寫程式碼、程式碼寫得有多好，看看作為設計師的你能聽懂多少，會給予多少實際的重視。而使用者資料就是公司中最有效的「語言」之一，可能僅次於營收資料。

- 逐步推進修正。好產品不是一蹴而就的，都需要不斷更新、改進。A／B測試幫助我們從各種「小」事開始，以點帶面，逐步實現對產品整體的升級。這既是網路產品相較於傳統軟體產品的得天獨厚的優

勢，也是網路產品各種血淚教訓的整合：哪怕是成功的大公司，如果花很多時間閉門研發，推出大幅更新的產品，都是一件極其危險的事情。不僅因為可能判斷失誤，研發的成果無法得到使用者的認同，即便是產品的改進方向都正確，但是人類是習慣性的動物，當面對太多新內容的時候，會本能地產生心理上的抗拒。比如前文中所提到的微軟辦公軟體 Office 在 2007 年推出「功能區介面」的時候，就因為如此，這個新版本的使用者採用率比之前的產品升級慢了很多。對於即時交易的產品，比如電商，如果新推出的版本不能馬上被使用者接受，同時又是針對大量甚至是全體使用者開放的話，那麼造成的直接損失將會是巨大的。

2）A／B 測試的缺點

- 時間和資源的消耗。相較於經典的質化研究方法，A／B 測試並不是像變魔術一樣一下子就能得到結果的。除了做好測試規劃之外，首先是要建立測試的基礎框架，和開發工程師配合在產品中安排資料採集點，或者採用第三方的產品和服務，這個框架如果做得好，可以在以後的其他測試中重複使用；然後需要讓測試運轉一段時間，這不僅是為了累積足夠的資料，在有的測試中，時間本身就是一個重要的影響因素，比如一天之中的不同時段、一週之中的星期幾、一月之中的不同日期等。另外還有一個很重要的因素，使用者面對新內容的過渡期問題。

- 必須跨越過渡期。前面提到過，人類是習慣性的動物，當使用者接觸到新方案的時候，無論產品設計的效果最終是更好、不變還是更差，首先會有或多或少的心理抗拒，然後經過了解學習，逐步適應新方案。在這個過程中，很可能會導致產品資料變差，跨越過渡期才能得到穩定的資料；這個過渡期的時間長短也是視情況而定，改變越

大，過渡期的時間就可能越長。如果測試沒有跨越過渡期，而是半途終止，那麼我們所得到的資料就會是因為過渡期而變差的資料，不能反映新方案最終能達到的效果，從而影響測試結果的評估。

- 只回饋受測方案的情況。Ａ／Ｂ測試只反映使用者在兩個受測方案上的表現。如果這兩個方案都是基於一個有問題的基礎，測試並不會發現這個根本的問題；如果我們希望探索究竟有什麼方案效果更好，Ａ／Ｂ測試也無法給予我們這兩個受測方案以外的回饋。

- 直接的資料卻只能間接地反映使用者行為。Ａ／Ｂ測試的流行，相當程度上因為資料不撒謊。這些直接的資料能直觀地反映使用者行為的結果，但是卻無法完全還原出使用者行為的過程。有時我們只要結果就好，而有時我們也需要從使用者行為過程中發現更多的線索來改進產品，於是就會把量化與質化的研究結合使用。

3. 從質化到量化的使用者體驗分析

正因為質化研究與量化研究各有利弊，在實際工作中我們常常需要把二者結合起來進行全面和準確的使用者分析，作為產品設計的基礎。

質化使用者體驗分析的方法主要包括：透過使用者的文字回饋，如評論、問題和投訴，來了解使用者的需求、偏好和體驗；使用觀察、訪談和問卷調查，來收集使用者的意見和回饋；經由語言分析和主題分析來辨識使用者的情緒和潛在需求。

量化使用者體驗分析的方法主要包括：透過分析使用者在網站上的行為資料，如點選次數、訪問頁面、購買頻率等，確定使用者的行為趨勢和模式；應用統計學的方法，如回歸分析、聚類分析和關聯規則學習，來辨識使用者的興趣和行為模式；使用資料視覺化技術，如圖表、直方圖和散布圖來幫助理解使用者行為資料。

比如一家電商公司想了解其使用者體驗，可以進行如下的質化分析。

- 文字回饋分析：可以對使用者在此電商網站上的評論、投訴訊息和在網路上的評論等進行閱讀分析，以了解使用者對網站的具體問題和需求。
- 觀察分析：可以以實驗室研究，或者實地調查的方式，觀察使用者的使用行為，以了解使用者在網站上的操作模式和偏好。
- 問卷調查：可以在網站上設置問卷調查，或者以郵件向使用者發送問卷調查，詢問使用者對網站的使用體驗和建議。

還可以進行如下的量化分析。

- 資料分析：可以分析使用者行為資料，例如網站流量、頁面訪問量、點選率、跳出率等，了解使用者的使用情況。
- Ａ／Ｂ測試：可以在網站上進行Ａ／Ｂ測試，對比不同的設計和功能，了解使用者對各種方案的偏好。
- 流向追蹤：可以對使用者群體在網站上的行為流程進行追蹤，以了解使用者對網站內容和功能的興趣，以及在各部分之間的流向關係。

這樣的質化與量化分析，不僅像在「使用者研究多少人才算『夠』」裡所討論的，量化分析能夠呈現出群體的直觀資料趨勢，質化分析能夠補充細節，幫助理解使用者的真實行為，而且很多質化與量化的分析之間本身也是相互連通的，比如問卷研究的數量夠大的時候，本身就形成了量化分析的基礎，如果問卷內容的結構化很好，就可以直接進行量化分析。而隨著 AI 技術的發展，我們對非結構化的資訊，比如開放式的問卷回饋、使用者評論，也可以利用自然語言處理技術，進行語義分析（semantic analysis）、情感分析（sentiment analysis），自動歸納結果，比如在 2018 年 AI Challenger 全球 AI 挑戰賽上，競賽題目就是基於 95,000 則

對餐廳的使用者評論的文字內容進行情感分析，按照 6 大類、20 個細分類進行分類，也就是說，讓 AI 讀取使用者評論，然後為每一則使用者評論自動標上相應的標籤。今天這個方向的成果已經應用在網路評論上，便於使用者按照評論的細分類進行檢索。

是的，在 AI 的幫助下，像餐廳這樣，傳統意義上因為缺乏數位化而無法進行量化分析的情況，也能獲得質化與量化分析相結合的力量。一般來說，餐廳可以對其使用者體驗進行的質化分析包括以下幾點。

- 顧客觀察：可以對顧客用餐時及其前後的整個過程進行觀察，以了解顧客對服務、菜色、環境等的感受。
- 顧客調查：可以對顧客進行調查，透過訪談、小樣本問卷等方式，了解顧客的喜好，對餐廳各方面的意見。
- 顧客口碑：可以閱讀、分析顧客的口碑，包括現場訪談、網路評論等，顧客對其他人的推薦意願、到店顧客是從哪裡得到的推薦等，了解顧客的滿意程度。
- 菜色試吃：可以請員工和顧客試吃新研發的菜色，獲得快速的回饋；類似地，對服務的改進也可以使用這樣的小測試來獲取回饋。
- 員工回饋：可以向員工詢問他們所知、觀察到的顧客需求和回饋，了解顧客的偏好。

還可以進行如下的量化分析。

- 顧客調查問卷：可以設計問卷，以線上或線下的形式收集顧客對餐廳各方面的評價，以數位形式記錄結果，累積到一定數量後進行分析。
- 銷售資料分析：可以分析銷售資料，了解顧客對菜色的喜好，以及銷售額和客流量、菜色價格等各方面的變化以及相關關係。

- 網路評價分析：可以經由網路評價分析，統計顧客的評分和評論，了解顧客的關注點以及滿意程度。
- 影片及感測器分析：可以利用 AI 對監視器影片、各種感測器所採集的資料進行分析，了解餐廳中的實際運作情況。
- A／B 測試：可以透過 A／B 測試，對不同的菜色、服務、環境等進行比較，以數位形式記錄結果，累積到一定數量後進行分析。

從上面的幾個例子可以看出，質化與量化分析本身並不是孤立或對立的，很多時候只是研究樣本數量的區別。在過去，因為難以採集大量的資料，或者即便有大量的資料也無法有效地進行分析，只能做到小樣本的質化研究；但是在今天，有了數位化、網路化、AI 的幫助，就可以做到大樣本的量化研究。那如果自身沒有技術能力，也找不到現成的工具來做量化的資料收集與分析呢，是不是就毫無辦法了？當然不是。2016、2017 年，在我的使用者體驗設計課堂上，主修數位媒體的大學生做過「蘭州拉麵店使用者體驗研究」的質化與量化研究。同學們的質化研究採用了經典的實地調查法，去現場體驗和訪談，而量化研究則是採用了分析網路上的使用者評論：每一個小組根據自己的標準，選擇 100 家店，查看使用者評論，並建立自己的分析系統，一方面對使用者評論以貼標籤的形式找到相關使用者體驗的關鍵面向、量化呈現各面向中的使用者體驗情況（圖 3-14），另一方面把典型使用者評論對應到體驗流程中、量化呈現各環節中的使用者體驗情況（圖 3-15）。有的小組技術能力好一些，寫程式篩選使用者評論、語義分析，速度很快，不過因為當時自然語言處理技術還不夠好，最終的分析結果還是有一些問題；不具備技術能力的小組，採取人工處理的方式，雖然辛苦一些、慢很多，但是分析結果的品質較高。其實即便是今天的語義分析技術也還是不能完全達到人類的水準，不過勝在能夠快速處理大規模資料。面對這些情境，

在過去沒有數位化、沒有 AI 幫助的時候，專業人士常常採用人工的方法，比如在零售店、購物中心、馬路口，計數來往和進店消費人數、記錄進出的時間，雖然效率低，但只要花時間，還是能夠獲得比較好的效果。但低效率、過度依賴人的用心程度和經驗，的確嚴重限制了量化分析方法的廣泛使用，所以在網路的資料化驅動方法流行以前，大家一說到大數據，往往只會想到經典的「尿布與啤酒」例子，不僅僅因為它足夠有名，而且因為在之前的時代中，這樣的例子實在是太少了。換個角度來說，如果不能建構出完整的資料分析系統，只是在某個或者某幾個環節進行資料收集和分析，也無法得到有意義的成果。

透過到店體驗的質化研究，我們可以獲得直觀的感受、豐富的細節；而透過對網路使用者評論的分析，就像是在遊戲中開了上帝視角，能夠發現一些很難在質化研究中獲得的線索（對，請注意我用「線索」一詞，因為所有的研究成果都是表象，還需要更深入的研究分析，才能更趨近於獲得表象背後的真相），例如比較高價位店（客單價較高的店）與中低價位店的使用者評論，我們可以發現，二者在某一些方面有著較大的差異（圖 3-16）。

- 在高價位店的使用者評論中有很多人討論拉麵的「正宗程度」，而在中低價位店中很少使用者提及這一點。除了對「味道」二者都有提及，其他的例如「湯頭」、「牛肉」、「麵的味道」，也都是高價位店的使用者更常提及。在高價位店各個面向的使用者評論中，正宗程度相關的內容也明顯高於其他方面的內容。

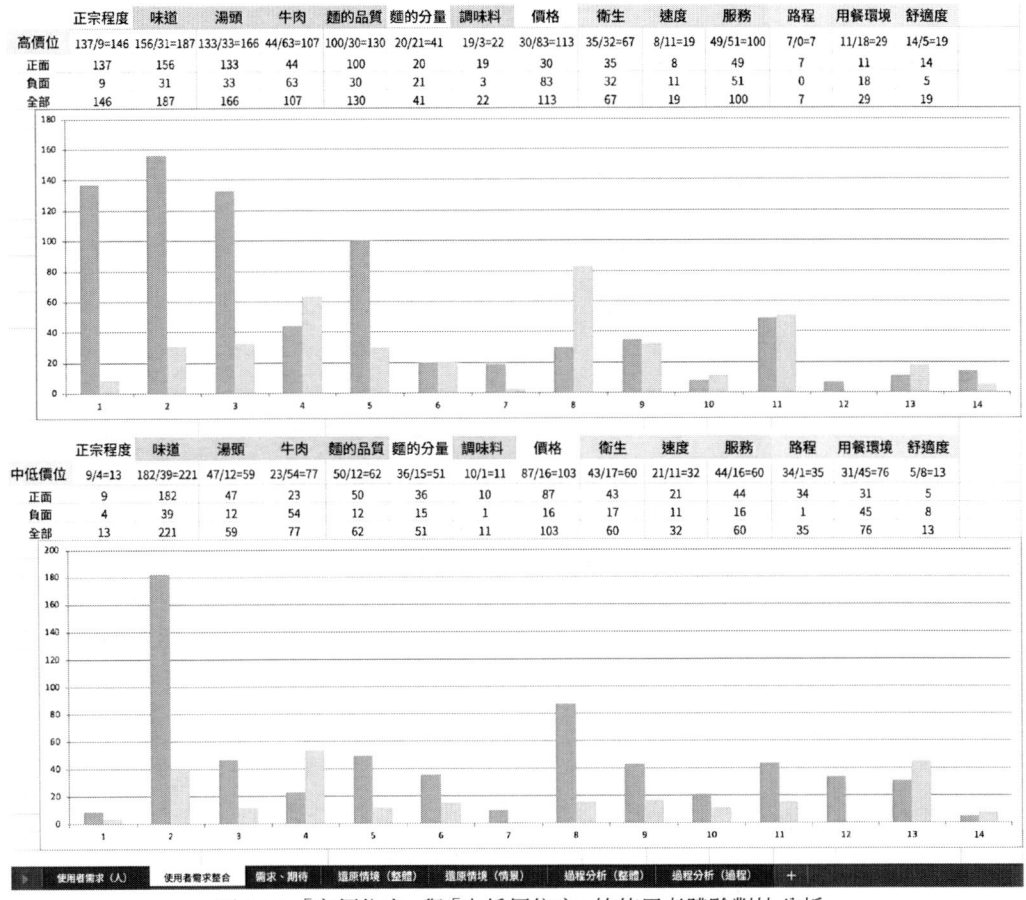

	正宗程度	味道	湯頭	牛肉	麵的品質	麵的分量	調味料	價格	衛生	速度	服務	路程	用餐環境	舒適度
高價位	137/9=146	156/31=187	133/33=166	44/63=107	100/30=130	20/21=41	19/3=22	30/83=113	35/32=67	8/11=19	49/51=100	7/0=7	11/18=29	14/5=19
正面	137	156	133	44	100	20	19	30	35	8	49	7	11	14
負面	9	31	33	63	30	21	3	83	32	11	51	0	18	5
全部	146	187	166	107	130	41	22	113	67	19	100	7	29	19

	正宗程度	味道	湯頭	牛肉	麵的品質	麵的分量	調味料	價格	衛生	速度	服務	路程	用餐環境	舒適度
中低價位	9/4=13	182/39=221	47/12=59	23/54=77	50/12=62	36/15=51	10/1=11	87/16=103	43/17=60	21/11=32	44/16=60	34/1=35	31/45=76	5/8=13
正面	9	182	47	23	50	36	10	87	43	21	44	34	31	5
負面	4	39	12	54	12	15	1	16	17	11	16	1	45	8
全部	13	221	59	77	62	51	11	103	60	32	60	35	76	13

圖 3-14 「高價位店」與「中低價位店」的使用者體驗對比分析

而在「價格」方面，高價位店的好評率（正面評論占全部相關評論的比例）僅有 26.55%，而中低價位店的好評率有 84.47%；在「衛生」方面，高價位店的好評率 52.24% 竟然顯著低於中低價位店的 71.67%；在「服務」方面也是如此，高價位店的好評率 49% 對比中低價位店的 73.33%；在「用餐環境」方面，高價位店的好評率 37.93% 也略低於中低價位店的 40.79%……如果只看資料，不知道

這是高價位店與中低價位店的對比，我們甚至會以為前者就是比後者的服務做得差很多。但是實地研究中，我們又直觀地感受到，高價位店在服務上其實是比中低價位店做得更好。這就涉及了「使用者群體」以及「使用者期待」的問題：高價位店的使用者與中低價位店的使用者不是同一個群體，高價位店的使用者的關注點與中低價位店的使用者不同，他們的期待值也通常比中低價位店的使用者更高，於是就出現了明明做得好一些，但是網路使用者評論反而差一些的情況。

而類似的方法也可以運用在過程分析上。將網路使用者評論對應到使用者體驗流程的各個環節，可以量化地感受到各環節使用者體驗的品質，比如「點餐」、「找位」、「取餐／送餐」就成為顯著的需要提升的面向（圖 3-15）。

第 3 章　智慧時代的產品設計

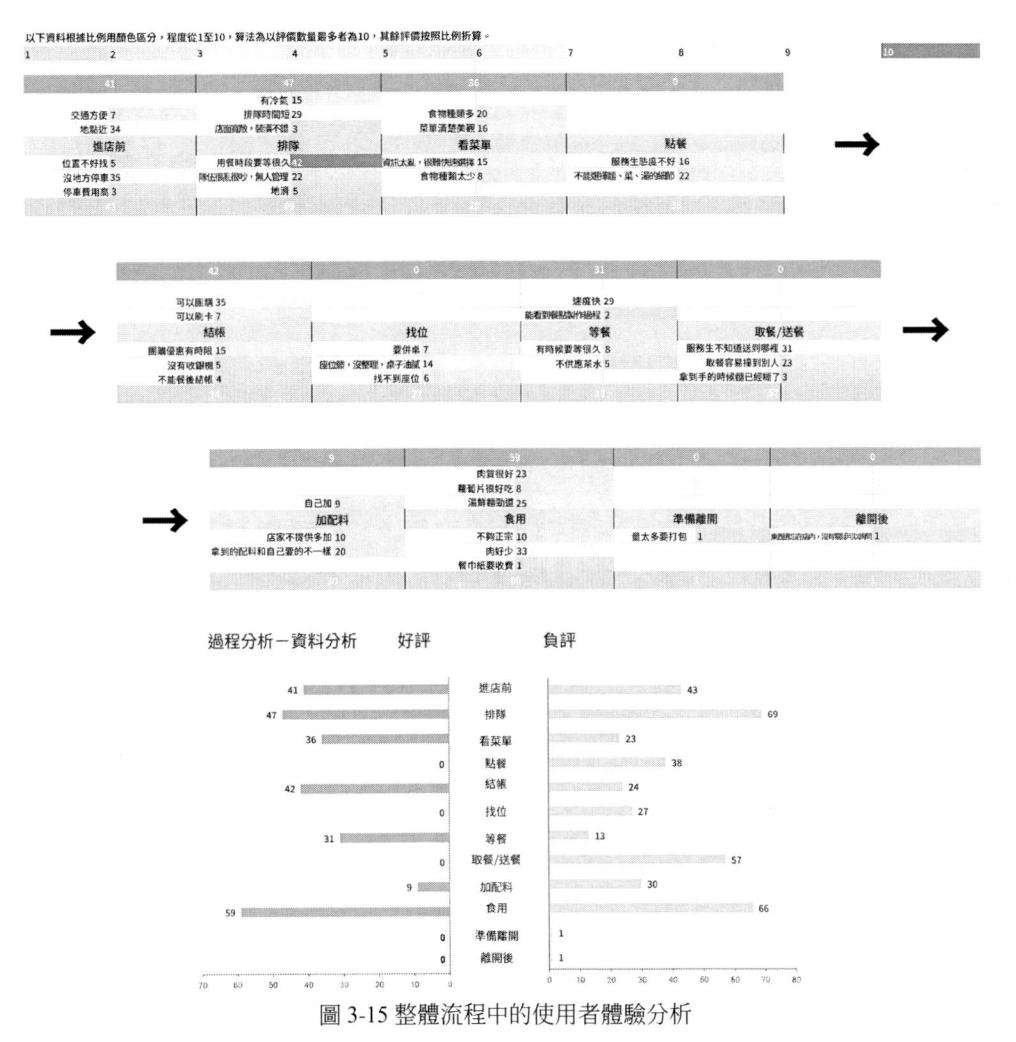

以下資料根據比例用顏色區分，程度從1至10，算法為以評價數量最多者為10，其餘評價按照比例折算。

| | | | | | | | | | |
|1|2|3|4|5|6|7|8|9|10|

41	47	36	9
有冷氣 15	食物種類多 20		
交通方便 7	排隊時間短 29	菜單清楚美觀 16	
地點近 34	店面乾淨、整潔不擠 3		
進店前	**排隊**	**看菜單**	**點餐**
位置不好找 5	用餐時段要等很久 7	音效太吵，很難聽到對話 15	服務生態度不好 16
沒地方停車 35	隊伍很混亂吵，無人管理 22	食物種類太少 8	不能細看懂，菜、湯的細節 22
停車費用高 3	地滑 5		

42	0	31	0
可以團購 35		速度快 29	
可以刷卡 7		能看到餐點製作過程 2	
結帳	**找位**	**等餐**	**取餐/送餐**
團購優惠有時限 15	要併桌 1	有時被等很久 8	服務生不知送到哪桌 31
沒有收銀機 5	座位髒，沒整理，桌子油膩 14	不供應茶水 5	取餐容易搞錯別人 23
不能餐後結帳 4	找不到座位 6		拿到手的時候麵已經糊了 3

9	59	0	0
	肉質很好 23		
	蘿蔔片很好吃 8		
自己加 9	滋鮮難勁道 25		
加配料	**食用**	**準備離開**	**離開後**
店家不提供加 10	不夠正宗 10	量太多要打包 1	東西掉店裡內，沒向顧客說明 1
拿到的配料和自己要的不一樣 20	肉片少 33		
	餐巾紙要收費 1		

過程分析－資料分析　　好評　　　　負評

好評	項目	負評
41	進店前	43
47	排隊	69
36	看菜單	23
0	點餐	38
42	結帳	0
0	找位	27
31	等餐	13
0	取餐/送餐	57
9	加配料	30
59	食用	66
0	準備離開	1
0	離開後	1

圖 3-15 整體流程中的使用者體驗分析

　　這樣一來，結合質化與量化的研究，我們就可以對蘭州拉麵店產品與服務的使用者體驗有了一個更綜合、立體、清晰的了解，針對使用者群體的關注與期待，找到需要進一步提升的部分，來建立改進方案。

4. 從「二維」到「三維」的使用者行為流程分析

　　軟體產品和硬體產品相比，從使用方式上來說，經常有一點顯著的不同：大量的硬體產品是比較簡單的，少量的硬體產品是比較複雜的；

軟體雖然也有簡單和複雜之分，但是整體比硬體的使用複雜度要高很多。一方面，軟體產品儘管定義了產品功能，甚至提供了建議的使用流程，但是使用者還是會隨心所欲地使用；另一方面，相較於硬體產品，軟體產品的使用者群體通常大很多，經常會有數以億計、甚至數以十億計的使用者，使用者身分多樣，需求、習慣、偏好、使用情境、使用流程等。這樣一來，兩項疊加，遇到五花八門的問題就在所難免。所以需要使用者畫像分析、使用者行為流程分析這些方法，提前把各種可能的情況都預演出來，預演得越充分、發現的問題越全面，就越能提前改善產品設計、為各種情況做好準備，這有點像是具有了穿梭多元宇宙的能力。今天我們使用的產品，為什麼有些用起來很舒服，有些用起來很彆扭，甚至有些用起來會卡死在某個環節，其中一個最主要的區別就是對於使用者行為流程的梳理和因應差異巨大。如果我們不能在產品發表前完成分析及因應，等於是把一個不完善的產品直接扔給使用者，讓他們來幫我們測試各種可能的情況。雖然網路產品需要快速迭代，甚至有些人信奉「快速失敗、經常失敗」（Fail Fast. Fail Often），但是作為產品的創造者，還是希望能盡可能提前做好準備，避免不必要的問題，畢竟問題引發的後果誰也無法預料。

使用者行為流程分析的作用主要包括以下幾點。

- 了解使用者的使用情況。經由追蹤和分析使用者在產品或服務中的行為軌跡，了解使用者對產品或服務的使用情況、行為特徵，甚至需求與偏好。
- 改善產品或服務：基於辨識和評估使用者對產品的使用情況，發現問題、發掘機會，進行產品或服務的更新、改善。
- 提升商業效果。使用者行為流程分析的終點並不只是改善產品，而是商業效果，所以在分析過程中需要注意，尤其重視那些對商業效果影

響較大的部分,而不是對所有的問題平均用力。經由更新產品或服務的使用者體驗,提高使用者的滿意度、留存率、轉化率、付費率、傳播率、忠誠度等各項指標,就能提升企業的商業效果和市場競爭力。

最早的流程圖出現於 1921 年工程師夫婦弗蘭克‧邦克‧吉爾布雷斯(Frank Bunker Gilbreth)和莉蓮‧吉爾布雷思(Lillian Gilbreth)在美國機械工程師協會發表的論文〈流程圖:尋找最佳工作方式的第一步〉(*Process Charts: First Steps in Finding the One Best Way to Do Work*)。常見的使用者行為流程分析方法就源於這樣的工程流程圖(圖 3-16),其在形式上有三個基礎要素:第一是矩形塊,在裡面寫事件內容;第二是菱形塊,在裡面寫判斷條件;第三是帶箭頭的連線,用來連結矩形塊和菱形塊,描述使用者行為或任務的流線。這是個經過各領域充分檢驗的好方法,不過在用於使用者行為流程分析的時候,直接使用經典的流程圖往往會出現一個問題──太複雜、不易讀。系統越複雜,相應的流程圖越複雜。而軟體／網路／行動網路產品因為脫離了硬體的限制,常常就做成複雜系統,畫成流程圖就會很複雜,往往一個產品的完整流程圖,影印出來能貼滿一整面牆。圖形本身複雜倒也正常,關鍵是會影響可讀性,常常是自己看自己畫的複雜流程圖都要思考一陣子才能讀進去,更不要說看別人畫的複雜流程圖。而且整幅圖畫中,的確並不是所有的內容都同樣重要。那麼有什麼辦法能提高可讀性,甚至增強功能性呢?在我的實踐過程中,逐漸摸索出一些改進的措施,主要是「有減有增」、「二維升三維」這兩方面。題外話,這是「設計的設計」,在設計的過程中尤其要注意:選擇合適的方法和工具,借用前人的經典成果,或者針對任務來設計製作自己專用的方法和工具。

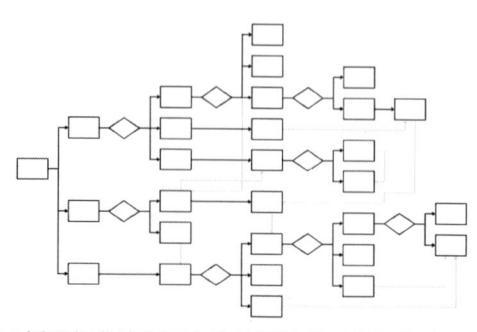

圖 3-16 採用經典流程圖方法繪製的使用者行為流程分析圖

　　新方法中的「減」：在作為工程領域使用的流程圖中，判斷模組很重要，決定著研發怎樣的功能，要不要、怎麼做某一項工作。但是對使用者行為流程分析來說，不管判斷結果是「是」還是「否」，只意味著使用者行為流線的變化。這樣一來，菱形判斷模組在圖中的作用就大幅降低，但卻又往往在畫面中頻繁出現，浪費空間。所以我對經典的流程圖做了修改（圖 3-17），把三要素精簡成兩要素，只留下矩形框放事件內容，以及帶箭頭的連線來呈現使用者行為的流向，而取消了菱形的判斷模組；需要註明判斷條件的時候，只需要在連線上方以文字註明即可。另外請注意圖中淺色的連線，現實中的使用者行為流程通常不是樹狀結構，而是會在各個事件之間跳轉，這也是互動設計時需要注意的，往往會帶來很多互動改進的啟發。

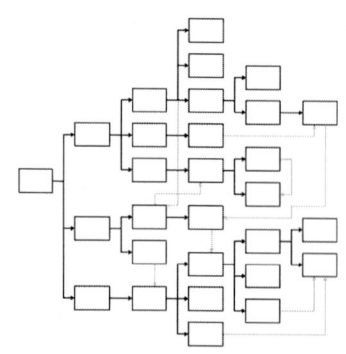

圖 3-17 經過精簡改造後的使用者行為流程分析圖

「有增」：有沒有可以增加的東西，可以讓使用者行為流程分析圖的效果更好呢？當然。如圖 3-18 所示，帶有圖案的矩形塊代表特定的事件內容，比如橫線圖案代表使用者體驗好的事件、直線圖案代表使用者體驗不好的事件；事件矩形塊的外框以及連線的線寬有粗有細，粗線可以代表更重要的內容，細線可以代表一般的內容；事件矩形塊的外框以及連線的線型有實有虛，實線可以代表已經在產品中實現了的功能，虛線可以代表產品中尚未實現，但使用者有需求，並且行為可能會達到那裡。這種形式的使用者行為流程分析圖可讀性更高、功能性更強，哪裡好、哪裡差，哪裡輕、哪裡重，哪裡已完成、哪裡待處理，整個產品在被使用者使用過程中可能會出現的情況就一目了然。

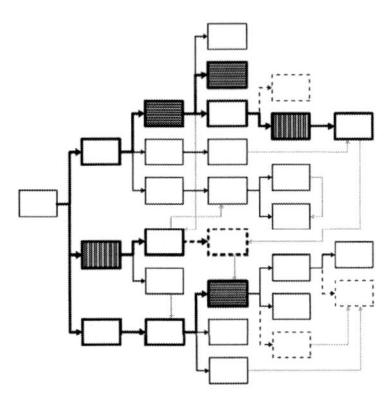

圖 3-18 經過增加語義標示改造的使用者行為流程分析圖

「二維升三維」：經過以上的「有減有增」，使用者行為流程分析圖似乎更好用了。但是還有個問題無法解決：繪圖的時候可以用線的粗細來代表哪一個事件重要還是不重要，可是怎麼評判？難道憑感覺嗎？憑經驗嗎？可能馬上有人會聯想到使用者旅程圖，這種方法源於服務設計，能夠經由分析使用者使用時的情緒程度，以質化的方式判定使用過程中各個環節的使用者體驗情況，也就對應了該環節的問題與機會的重要程度。使用者旅程圖往往被用來處理有清晰主線任務的事情，比如服務設

計；而使用者行為流程分析往往被用來處理複雜系統任務的事情，比如軟體設計。這二者是否可以結合使用呢？設想一下，當你在使用者行為流程分析圖中必須標出一條主任務⋯⋯是的，這就是使用者旅程圖中的任務線，二者是對於同一條主任務的不同表達。使用者行為流程分析圖就像是在 X、Y 軸的空間中呈現事件內容，包含了主任務，也包含了其他全部事件；使用者旅程圖就像是在 X、Z 軸的空間中呈現事件，只能針對主任務，但是描述了主任務中各個事件的使用者體驗強度資訊。如果我們把使用者行為流程分析圖與使用者旅程圖相結合，就把 X、Y、Z 軸組合在一起，從二維空間提升到三維空間，既可以描述一條任務線上各個事件在整個產品的使用者行為流程中所處的位置，又能描述這些事件在使用者體驗上的強度判定（圖 3-19、圖 3-20、圖 3-21）。如果我們認為使用者旅程圖的質化判定方式不夠客觀，也可以把產品的使用資料帶進來，以量化的資料來描述使用者體驗的情況。

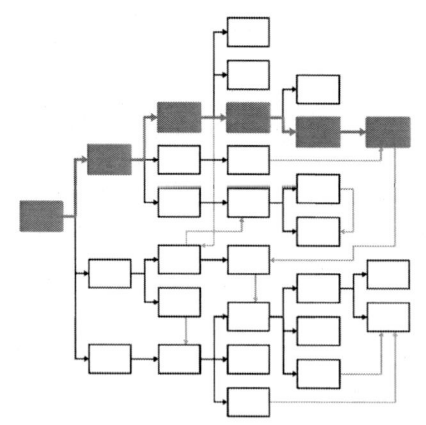

圖 3-19 使用者行為流程分析圖，反映了事件位置關係

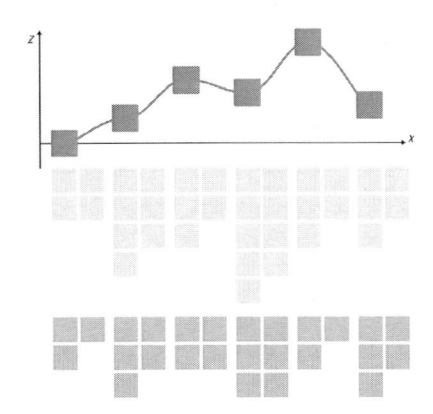

圖 3-20 使用者旅程圖，反映了事件強度關係

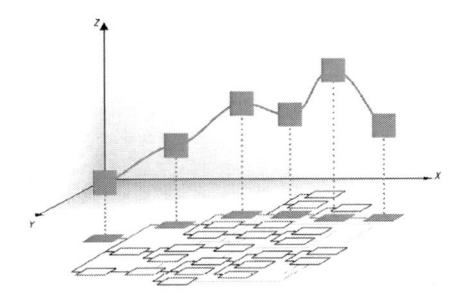

圖 3-21 在上面的使用者流程分析圖和使用者旅程圖中，都標出了一條主線任務；把二者相融合，就得到了主線任務在三維空間中的形態，既有位置資訊、又有強度資訊

可能有人會有疑問，經典的使用者行為流程分析、使用者旅程分析、產品資料分析，不是都執行得好好的嗎，為什麼要把問題搞得這麼複雜？是的，這些不同年代、不同領域產生的方法的確都能很好地運作，為分析做出貢獻；但是，每一種方法都有自身的局限、解答不了的問題，而且有時候甚至會相互衝突。如果有一個分析系統能把這幾種方法融合起來，就能產生更大的威力——既可以看整體性，又可以看局部性；既可以質化，又可以量化；最重要的是，各項分析能夠相互銜接，共同形成堅實的分析結果。經由把二維分析提升至三維分析，我們獲得了對使用者體驗全面性的、量化的分析能力。在網路產品中已經可以實現這樣的資料庫，在接下來的智慧型產品設計中，能夠獲得的資料會越

來越豐富、量會越來越大，資料處理的能力也會越來越強，我們必須建立起更強大、有效率的資料收集方法，與經典的質化方法相融合，形成人與 AI 共創產品設計的基礎。

> **思考**

問卷研究是質化還是量化研究？如何做一個有效的量化問卷研究？

哪些管道可以獲取大量的公開資料？可以用來支持做哪些產品與使用者的分析研究？

如何在使用者行為流程分析中加入質化或者量化的資料？

3.4　小練習：分析自己的智慧型產品

在本章中，我們了解了在不同時期設計面臨的挑戰，以及如何與技術相互影響、提升。各式各樣的設計方法，都是在當時由前人發明、改進、歸納、累積下來的，讓我們能有機會繼承前人的成就。為了便於比較不同時期的方法，本章中討論的方法主要集中在設計研究的階段，而在隨後的章節就要進入產生設計方案的階段。在網路和書籍中能查到很多關於這些方法的資料，這裡僅列出一些常用方法的名字，作為大家學習研究的線索。

1. 設計研究的視角

- 使用者畫像分析（User Persona Analysis）
- 使用者資料標籤分析（User Profile Analysis）
- 利益關係人分析（Stakeholder Analysis）
- 使用者訪談（User Interview）
- 焦點小組（Focus Group）

- 使用者測試（User Testing）
- 實驗室可用性研究（Lab Usability Testing）
- 實地調查（田野調查，Field Study）
- 情緒板（Moodboard）
- 使用者行為流程分析（User Flow Analysis/ Task Flow Analysis）
- 問卷調查（Survey/ Questionnaires）
- 電子郵件調查（Email Survey）
- 卡片分類（Card Sorting）
- 合意性測試（Desirability Testing/ Preference Testing）
- 使用者回饋（User Feedback）
- 日誌研究（Diary Study）
- 概念測試（Concept Testing）
- 可用性基準研究（Benchmark Study）
- 眼動追蹤（Eye Tracking）
- 動作追蹤（Pose Tracking）
- 專家走訪（Expert Walkthrough）
- 點擊流分析（Clickstream Analysis）
- A／B 測試（A/B Testing）
- HEART 框架（The HEART Framework）
- GSM 模型（GSM, The Goals-Signals-Metrics Process）

2. 解決問題策略的視角

- 抽象化法（Abstraction）
- 類比法（Analogy）
- 腦力激盪法（Brainstorming）
- 批判性思考（Critical Thinking）

- 分治法（Divide and Conquer）
- 假設驗證法（Hypothesis Testing）
- 水平思考法（Lateral Thinking）
- 手段－目標分析法（Means-Ends Analysis）
- 焦點對象法（Method of Focal Objects）
- 形態分析法（Morphological Analysis）
- 證據法（Proof）
- 歸約法（Reduction）
- 研究法（Research）
- 根本原因分析法（Root Cause Analysis）
- 參與式設計（Participatory Design）
- 嘗試錯誤法（Trial-and-Error）
- 資料驅動（Data-Driven）

3. 解決問題方法的視角

- 設計思考（Design Thinking）
- CPS 模型（Creative Problem Solving）
- 雙鑽石模型（Double Diamond Design Process）
- 第一性原理（First Principles）
- 8D 問題解決方法（Eight Disciplines Problem Solving, 8Ds）
- GROW 模型（GROW Model）
- OODA 循環（OODA Loop: Observe, Orient, Decide, and Act）
- PDCA（Plan–Do–Check–Act）
- 腦力激盪（Brainstorming and Brainwriting）
- 水平思考（Lateral Thinking）

- 六頂思考帽（Six Thinking Hats）
- 跳出思考框架（Think Outside the Box）
- 根本原因分析（Root Cause Analysis）
- SWOT 分析（SWOT Analysis）
- 波特五力分析（Michael Porter's Five Forces Model）
- STEP 分析（STEP Analysis）
- TRIZ〔意為「發明家式的解決任務理論」，由前蘇聯工程師和研究學者根里奇・阿奇舒勒（Genrikh Altshuller）提出，俄文原文為 теория решения изобретательских задач，縮寫「TRIZ」源於其對應的英語標音 Teoriya Resheniya Izobretatelskikh Zadach。〕
- 統一的結構化創新思考（Unified Structured Inventive Thinking, USIT）
- GSM 目標－訊號－指標法（Goal-Signal-Metrics）
- 敏捷開發（Agile Development）
- CREO AI 人機共創模型（CREO Human-AI Co-Creation Model）

本章的小練習如下。

主題：分析自己的智慧型產品
大學生： ・以問卷調查的方式分析自己的智慧型產品。 ・以使用者訪談的方式分析自己的智慧型產品。 ・以使用者行為流程分析的方式分析自己的智慧型產品。 ・記錄在過程中遇到的問題，查閱資料並與大型語言模型、同學和老師討論。
碩士班： ・以問卷調查的方式分析自己的智慧型產品。 ・以使用者訪談的方式分析自己的智慧型產品。 ・以使用者行為流程分析的方式分析自己的智慧型產品。 ・比較三種做法在過程和結果上的差異，查閱資料並與大型語言模型、同學和老師討論。

第4章　機會：以人為始

4.1　產品創新機會哪裡找

正如我們在前文中說過，當新的技術時代來臨時，每一項產品都值得重做一遍。這句話聽起來很有道理，但是當我們真的要做的時候，卻經常會發現無從下手，甚至在熟練掌握了各種方法的情況下也是如此。這其中最重要的原因往往是，作為一手牽著使用者、一手牽著科技的產品設計者來說，如果對於使用者和科技不夠熟悉、缺乏深入思考，就是無源之水、無本之木，根本無法真正產生產品創新的想法。讓我們從創新流程、創新類型、驅動因素這幾個不同的視角，來看看產品創新可以有哪些不同的切入方法。

1. 創新流程

第一步：了解使用者。他們需要什麼、想要什麼？他們試圖解決什麼問題？他們的需求是什麼？只有當你了解使用者，才可能開始為滿足他們的需求而腦力激盪。閉上眼睛，回想你在過去的 24 小時中看見過哪些人，他們在做什麼，他們需要什麼、想要什麼，他們遇到了什麼問題。如果你腦中已經有了清晰的內容，拿出紙和筆，簡要記下來，然後進行後續的步驟；如果還沒有，恭喜你已經找到了首先需要提升的方向。

第二步：市場研究。這將幫助你評估競爭格局並辨識創新的機會。你可以經由與使用者交談、對潛在使用者進行調查、分析產業資料，以進行市場研究。很多人喜歡從自己的需求、自己熟悉的人的需求開始，這很好。這些需求也一定對應了一群人的需求，不過不同的需求對應的人群規模有大有小，篩選出這一群人的難度和成本有高有低，相應的就產生了商業價值和社會的差異。釐清狀況、認真地選擇，多半會比橫衝直撞的結果更好。

第三步：創意腦力激盪。有很多不同的方法可以用來發掘產品創意，詳情請見第 3 章的 3.3 節和 3.4 節中的介紹，找到適合你、適合這件事的方法。這些方法都是前人的聰明才智和經驗教訓的結晶，千萬別高估自己單打獨鬥的能力和運氣。不過方法是死的，人是活的，勤思考、有經驗的人才能充分發揮出方法的作用和價值；如果沒有做出好效果，先反思自己是不是做對了、做好了，而不僅僅是做出標準動作；如果沒有做出好效果也不用急，經驗教訓是需要累積的，不過累積的前提是深入思考、認真實踐。每一種方法都有優點和缺點，適合不同的情況；如果不確定用哪個方法更合適，那就盡可能多試一些不同的方法，比較得到的成果。

第四步：評估創意。一旦你有了一份創意清單，就可以評估它們，看看哪些是最有希望的。這就需要一套評估標準，讓各個創意可以在多面向上充分比較。在實際商業情境中，需要考慮的主要因素包括市場潛力、技術可行性、財務可行性、與公司目標的契合度；在學習的情境中，因為無法真實模擬實際商業實務中的情況，可以先著重在市場潛力上，主要關注目標使用者群體的分析，以及產品概念的差異化競爭；如果有能力，還可以對技術可行性和財務可行性進行一些研究和估算，雖然結果不一定準確，但是這樣的實際練習非常有益。

第五步：製作原型來測試創意。做出原型是最好的測試方法，這將幫助你驗證創意並獲得使用者的直接回饋。設計製作產品原型的方法有很多，適用於不同類型的產品和不同的產品階段。在網路上搜尋「產品原型」（prototyping）、「快速成型」（fast prototyping）能獲取很多的相關資訊。

第六步：將產品商業化。這是在實際商業情境中，產品內部研發環節的最後一步，也是產品上市的第一步，一個新世界的大門即將向你敞開。具體地來說，當你負責產品設計時，會感覺產品設計很複雜，只要

把優秀的產品設計出來就能成功；當你負責產品研發時，會感覺產品研發更複雜，只要把優秀的產品研發出來就能成功；當你負責整體業務時，會發現產品上市只是第一步，的確非常重要，但以後的路還很長。

以上是經典的尋找產品創新機會的方法框架，可以融入各式各樣的具體方法，比如第 2 章 2.2 節中的「CREO AI 人機共創模型」就介紹了在產品創造的整體流程中每個環節都可以充分地運用 AI 的方法，並強化了人與 AI 的合作共創。但是產品創新畢竟是一個複雜的、充滿不確定性的過程，使用前人歸納的方法和流程，能夠幫助提高成功的機率，但並沒有一個「成功公式」可以套用，這也是產品創新的殘酷與魅力所在。

2. 創新類型

破壞性創新（disruptive innovation）：由一家新興企業或者一個新的市場領域發起，提供一個相對於現有產品更簡單、更便宜、更方便或更個性化的產品或服務，從而逐漸取代現有的主流市場和使用者。破壞性創新通常又可以分為低階市場破壞（low-end disruption）和新興市場破壞（new-market disruption）。

低階市場破壞是針對現有使用者和市場，以更低的使用成本來實現現有產品的核心功能，甚至在部分項目上還有更好的使用者體驗的產品或服務，從而吸引那些對現有產品不滿意的使用者。比如個人電腦就是低階市場破壞，它以低成本、易用性和個性化為特點，取代了昂貴、複雜和標準化的大型電腦。

新興市場破壞是針對非使用者或非現有市場，提供一個相對於現有產品提供差異化功能、讓過去的不可能變為可能的產品或服務，從而創造一個全新的市場或消費情境。比如以 iPhone 為代表的智慧型手機，以可攜帶、多功能和互聯性為特點，創造了一個全新的行動網路市場和消費情境，這就是典型的新興市場破壞。又比如線上教育也是新興市場破

壞，它以靈活性、多樣性和互動性為特點，從而創造了一個全新的教育市場和學習情境。

當然低階市場破壞和新興市場破壞也並不總是涇渭分明。以 Uber 為代表的網路叫車、以 Airbnb 為代表的共享民宿，既有部分低階市場破壞的特點，也有部分新興市場破壞的特點；既有用低價、便捷搶占市場的情況，也有創造了新的市場機會、提供了新的產品與服務的情況，從而吸引了那些對計程車／飯店不滿意的使用者和司機／房東。

漸進式創新（incremental innovation）：對現有產品、服務或流程，在功能、效能或可用性等方面進行小幅度改進或增加的過程。這是最常見的創新類型，也被稱為「微創新」，通常用於保持現有產品或服務在市場上的競爭力。漸進式創新的主要好處是，可以在不進行重大變動的情況下，保持現有客戶滿意並吸引新客戶。換而言之，這種方法在避免風險和維持現狀的情況下，可以提高客戶滿意度、降低成本、提高品質，並保持競爭力。

正因如此，大公司尤其青睞漸進式創新；而網路也為漸進式創新提供了最好的載體——在軟體時代，軟體賣出去以後無法直接升級或改變；在網路時代，軟體可以隨時升級或改變，順暢、持續的進行漸進式創新。當微軟在 Office 2007 中引入「功能區介面」時，本意是使產品功能更加可見和易於使用、減少雜亂和複雜性，並適應不同的螢幕尺寸和設備。然而，這個對延續了幾十年的傳統選單和工具欄介面的重大改變，卻遭到了大量使用者的批評和抵制，他們的抱怨各式各樣，但本質還是在於使用者不習慣。人是習慣的動物，無論好壞，只要不習慣就很難接受。根據 Forrester Research 一份未公開的研究，在當時有 40% 的使用者對新介面滿意，30% 不滿意，30% 中性；後來微軟一直逐漸改進和發展這一套介面，直到今天。相比之下，Google 的線上辦公軟體 Google Docs 則是每幾天、

幾週就小改不斷,對於持續使用的使用者來說,等於是在潛移默化的過程中接受了這些改變,完全不會因為不習慣而導致摩擦對立。

維持式創新(sustaining innovation):在產品功能基本不變的情況下,小幅度地改變產品的效能、外觀等,以更高的利潤賣給最好的使用者。維持性創新通常是已經在產業中獲得成功的公司採用的策略,目的是保持或增加市場占有率和利潤率。比如手機、電腦製造商每年都會推出升級型號,更好的照相鏡頭、更快的處理器、更大的螢幕等,很多現有的使用者就願意換手機,並為升級的版本付更多的錢。

聽起來似乎有些不思進取,但這的確是一種成功的商業策略。不用羨慕大公司可以用這樣的方式躺著賺錢,其實也可以感謝,因為這樣一來,大公司也更容易被其他的競爭對手以顛覆式、漸進式的創新所超越,為創業公司留下了成長的機會。

3. 驅動因素
1)外部因素

市場與使用者需求:了解目標市場和使用者當前和潛在的需求,對於產品創新十分重要。經由辨識使用者的問題、需求、偏好和期望,並以此作為重要的輸入和回饋以指導產品研發流程,更容易設計出提供解決方案、效益和價值的產品。

技術與科學:技術和科學的進步可以提供新的可能性、能力和特性,以促進產品創新。技術和科學也可以創造新的挑戰和機遇,這需要創新的解決方案。技術在不斷變化,隨時了解最新趨勢並思考與業務的結合,就能更容易辨識新的產品創新機會。

競爭和差異化:面對現有或新興競爭對手的競爭,可以經由創造提高效能、品質、效率或使用者滿意度的壓力來激勵產品創新。產品創新也可以幫助企業打造獨特的價值主張、特色或體驗來吸引客戶,從而與

競爭對手有所區別。

政策與監督：法規和立法的變化可以經由施加約束、標準或要求來影響產品創新，這些約束、標準或要求是產品必須遵守的。法規和立法也可以經由鼓勵環境永續性、社會責任或公共福利來創造產品創新的激勵或機會。

投資與資源：擁有足夠的投資與資源可以支持產品創新，比如提供必要的資金、設備、材料、人員、時間等。投資與資源也可以幫助企業克服可能阻礙產品創新的障礙、風險或不確定性。產品創新並不能只靠理想與願景驅動，在真實世界中發生的，尤其是可持續的產品創新一定會受到資源投入與商業報酬的推動或者制約。

合作與學習：與內部或外部合作夥伴合作可以促進產品創新，促進跨領域溝通、知識共享、創意生成、回饋和問題解決。合作與學習也可以幫助企業獲取新的資源、技能、技術或市場，從而增強產品創新。

2) 內部因素

領導者支持：來自高階管理者明確的創新願景、策略和文化，可以激勵員工追求創新的想法。一個公司有多重視產品創新，既可以從創新的成果中看出，也可以從公司決策層級之中是誰在負責產品創新來看出。

關注使用者：了解使用者的需求、偏好，可以幫助辨識建立或改進產品的機會，解決他們的問題或滿足他們的願望。

員工參與：鼓勵員工的參與、合作和創造力，可以產生多樣化且豐富的產品創新的想法和見解。

創新過程：擁有一個結構化和系統化的管理創新各階段的過程，從構思到執行，可以幫助簡化工作流程，降低不確定性，提高效率。

創新資源：為創新分配足夠的時間、金錢和工具，使員工能夠實驗、測試和完善他們的想法和原型。

創新指標：衡量和獎勵創新的績效和結果，可以幫助追蹤進度，評估結果，激勵員工改進他們的創新努力。

產品創新的創新流程、創新類型、驅動因素中的各項內容共同構成了一個空間，產品創新機會就會出現在這個空間中，就是如圖4-1所示，宏觀情況與微觀情況的，以及向外和向內的平衡點上。

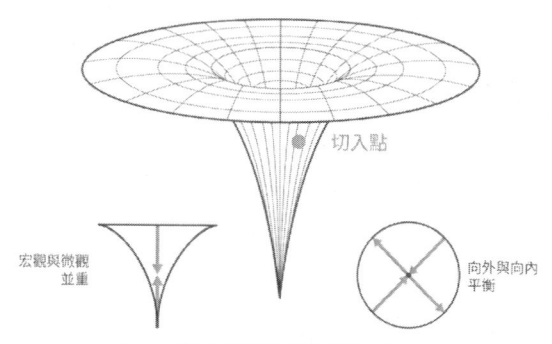

圖 4-1 產品創新空間與創新切入點

宏觀情況是世界的概況，比如國家、產業資料；微觀情況是個體的體驗，比如一個人經歷了怎樣的事情。產品創新在宏觀與微觀的平衡是指，既是個體的體驗，同時也是一定規模的群體的共性。讀商學院的人往往更習慣於從宏觀入手，凡事先從宏觀資料分析開始，比如分析人口高齡化的資料，從資料中尋找機會；網路出身的人往往更習慣於從微觀入手，凡事先從個體體驗開始，比如關注身邊的老人的需求和期待，從觀察和交流中尋找機會。宏觀資料能展現趨勢，卻無法告訴我們具體可以做什麼，做什麼產品、如何創新；個體體驗直觀呈現了事項，卻無法告訴我們這背後對應的使用者與市場規模如何，從而直接影響到產品創新回報如何，是否可持續。產品創新一定要找到宏觀與微觀相平衡的切入點。

向外（自內而外）的做法則是以使用者為中心，從使用者出發分析現

有的和潛在的行為與需求，從而找到產品創新的切入點。向內（自外而內）的做法是經由分析周圍的競爭產品、參考產品，從而找到產品創新的切入點；產品創新在向外與向內的平衡是指，既以使用者為中心，同時也充分學習、參考相關的產品。擅長漸進式創新的人更習慣向內的做法，分析、歸納競品和參考品，從中學習、改進，這樣形成的產品創新風險小、節奏快、實現成本低，但是也很難大幅突破由這些競品和參考品所形成的框架，這種情況下最大的成本和風險就是機會成本，沒有去做更大創新突破的機會成本。相比之下，向外的做法的不確定性和成功的難度更高，不過一旦成功能獲得的成就也更高。產品創新最好能找到向外和向內互相平衡的切入點。

產品的創新流程、創新類型、驅動因素、創新空間、創新切入點，無論是從哪個角度來分析，尋找產品創新都離不開「使用者」。使用者是產品創新最重要的因素，因為使用者是任何產品的最終價值和滿意度的來源。使用者最了解自己的需求，他們是使用產品的人，所以他們知道哪些功能對他們很重要；使用者是判斷產品是否成功的評判者，如果產品不符合他們的需求，他們將不會使用它，產品將不會成功；使用者會傳播產品的資訊，如果他們對產品感到滿意或者不滿意，就會告訴他們的朋友和家人，進而導致產品銷量和市場占有率的增加或減少。所以在產品創新時，必須要關注使用者，這不僅意味著要了解他們的需求，更意味著要以使用者為中心來設計產品。

以使用者為基礎的產品創新才可能真正滿足使用者特定、多樣化的需求，而不是市場的平均或一般需求；事實上，這個世界上並不真的存在「平均使用者」（average users），「平均使用者」的需求和行為只是全體使用者中相對有共性的部分。在過去產品不夠豐富的時候，使用者會主動去適應產品，表面上看起來就是使用者需求更多展現為群體共性；但

在產品豐富、充分競爭的情況下，使用者一定會更願意選擇那些符合他們個性化需求的產品。在 AI 的時代將更是如此。新技術幫助使用者根據自己的喜好和情境來定製個性化的產品。

以使用者為基礎的產品創新能夠加快新產品的研發與降低傳播的成本。產品創新的想法和原型直接經由使用者的回饋和傳播來進行測試，而不再依賴昂貴而漫長的市場調查。並且在這個過程中可能會產生更多創新的想法，因為使用者已經成為了創新過程的一部分，不再只是消費者，而是也成為了創造者的一員：不僅免費貢獻創新想法，而且還付費支持產品創新的實現。當然，使用者也獲得了更好的產品，並且在這個過程中他們還獲得了關注、尊重、重視等令他們珍視的精神價值。

在這樣的產品創新系統中，使用者與產品研發者之間的關係不再是分離的兩方，而是相互促進的集體（圖 4-2）。

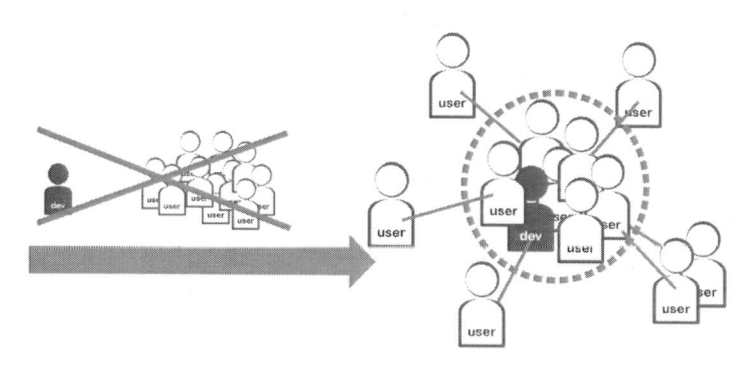

圖 4-2 2011 年我提出的「和使用者一起做設計」

在過去二十多年的設計實務中，對我最有幫助的產品創新框架，莫過於下面這個基於經典設計方法與商業方法，被我融合為「產品設計第一性原理」的方法。

第一性原理的概念是從最基本的事實和原則出發，經由邏輯推理和創造性思考，建構出一個完整且一致的理論系統。這種方法可以避免受到傳統觀念、權威意見或者常識的影響，從而達到創新和突破的目的。

人們公認最早提出第一性原理的是古希臘的亞里斯多德（Aristotle），而近年來第一性原理再次被人們熱烈討論，則是因為伊隆・馬斯克（Elon Musk）對第一性原理的推崇，以及他製造火箭、製造電動車的成功故事。在產品創新中運用第一性原理非常重要，它可以幫助發現新的需求和機會，避免陷入現有解決方案的局限，創造出符合使用者需求與商業目標、更創新、更有效、更有競爭力的產品。第一性原理也可以幫助我們在產品設計的過程中做出正確的決策。例如，當我們面臨一個複雜的問題或者需求時，我們可以經由分解問題，找出最關鍵的因素，然後用邏輯推理和創造性思考，建構出一個可行的解決方案。

第一性原理的兩個要點，追根溯源、延伸演繹，非常對應產品設計創新的過程：從「人」出發，歷經「情境」、「過程」、「生態」、「演進」，然後重新回到「人」的迭代循環。對「人」、「情境」、「過程」的研究思辨，對應追根溯源的過程；對「過程」、「生態」、「演進」的研究思辨，對應延伸演繹。於是，我提出如下的產品設計第一性原理的框架（圖4-3）。

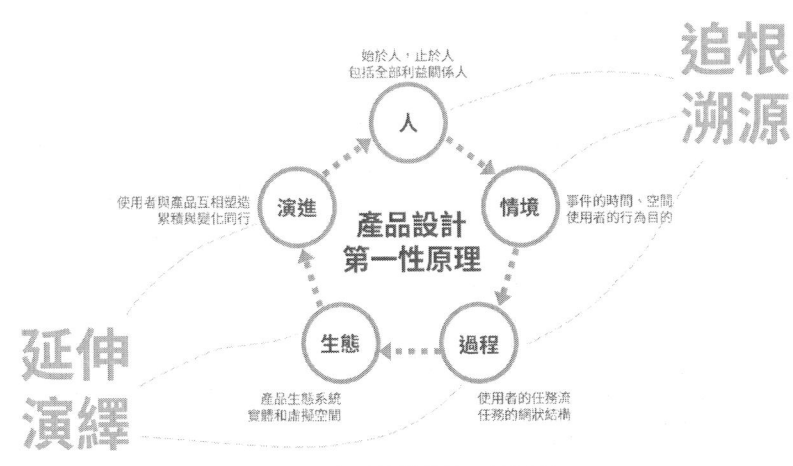

圖 4-3 產品設計的第一性原理

人：產品創新始於人，止於人。產品創新的起點是使用者的需求，終點是使用者的滿意。產品創新的目標是滿足使用者的需求，創造使用

者價值。因此，在產品創新的過程中，使用者是最重要的參與者。使用者的需求是產品創新的起點，產品的價值也要由使用者來評判。如果產品不能滿足使用者的需求，即使技術再先進，也無法獲得成功。因此，產品創新需要以使用者為中心，從使用者的需求出發，設計和開發產品。產品創新是一個持續的過程，需要不斷地收集使用者的回饋，不斷地改進產品。只有這樣，才能保證產品能夠滿足使用者的需求，創造使用者價值。另外，在有些情況下，要考慮的還不只是使用者，而是會包括更多的利益關係人（stakeholders），比如在叫車軟體的情境中，除了考慮通常被認為是使用者的乘客，也必須要考慮司機這一群重要的利益關係人。做產品創新，首先要回答的就是，要服務的是什麼樣的人；不同人對於產品的需求可能會有非常大的差異，需要在產品設計中加以取捨，或者採取有效的個性化的方式提供服務。對人的研究方法會在4.2節具體討論。

情境：每一個事件都是在特定的時間、空間、使用者行為目的中發生的。比如在家裡可以等到最後一刻再去廁所，而在購物中心裡最好不要等到最後一刻，因為你不知道過程中會發生什麼；再比如在購物中心裡找廁所，不急的時候你可能還會欣賞廁所標示的設計多有創意，而急的時候你只會希望這個標示越大、越容易被找到就好。情境分析對產品的使用情境進行系統化的描述、分析和評估，以便更容易理解使用者的需求和期望，以及產品的價值、功能和優勢。情境分析非常重要，因為它可以幫助我們發現和定義產品的目標使用者群體、使用環境、使用目的和使用方式，辨識和解決使用者在使用產品的過程中可能遇到的問題、困難和不滿，以提高使用者的體驗和滿意度，預測和評估產品的市場潛力、競爭優勢和風險因素。產品使用情境的定義，也可以從對人的研究中得出，同樣詳見4.2節的內容。

過程：使用者使用產品的過程是由網狀交織的任務流構成的。分析使用者使用產品的過程可以幫助你更好地了解使用者的行為和需求，從而設計出更符合使用者需求的產品。經由分析使用者使用產品的過程，你可以了解到使用者在使用產品的整體流程是怎樣的、有什麼需求、可能會遇到什麼問題、使用體驗如何，哪些是主任務、哪些是極端情況（corner case）。這些資訊可以幫助你辨識出產品的缺陷，並改進產品的設計。過程分析的重要方法是使用者行為流程分析、使用者旅程圖，以及二者融合使用的方法（圖 3-20、圖 3-21、圖 3-22）。過程分析中最需要注意的就是顆粒度問題。舉個極端的例子，如果分析使用者在電商網站上買東西的過程，歸納為搜尋、瀏覽、下單、支付這樣粗略的四步，那麼就發現不了任何問題和創新的機會。相較之下，過程分析顆粒度如果過細，除了工作量會比較大，其他都是利大於弊。特別建議，如果不是在這件事情上極其熟悉，最好採用最小顆粒度，每一個使用者行為（比如每一下點選、每一次輸入）都作為一個互動事件。事實上，直到今天我在做過程分析的時候，也主要採用這種最小顆粒度的方法，力求一次分析就做到最扎實。

生態：每一個產品都不是孤立存在，而是存在於實體和虛擬交融的空間中，存在於產品的生態系統中。產品生態分析可以幫助你更好地了解產品在市場中的定位和競爭環境，可以了解產品的競爭優勢和劣勢，哪些是可以藉助的資源，哪些是需要競爭的對手，彼此之間，以及整體的生態關係如何，從而設計出更符合市場需求的產品、制定相應的行銷策略。產品生態分析需要對產品所處的市場環境進行分析，包括產品的競爭對手、產品的替代品、產品的供應鏈、產品的客戶等。比如取代傳統相機、MP3 的不是另一款更好的同類產品，而是智慧型手機。另外，文化特性也是生態的重要成分。了解產品所涉及的社會文化、價值觀念、消費習慣和使用

者心理，才能更好地打造產品的意義、影響和傳播。

演進：使用者與產品之間其實是相互塑造的關係，累積與變化同行。無論產品的規劃設計有多麼完善，一切都始於人、止於人，會隨著使用者的使用而逐步演進。正如 iPhone 的解鎖介面，先從擬物化開始，便於使用者接受智慧型手機、觸控螢幕這一項新生事物，在市場上大部分使用者已經被教育過之後，才演進為平面抽象化的設計方案，提升功能與效率。產品演進是隨著使用者的使用而不斷改進產品，不斷適應和滿足使用者的變化和需求、提高使用者的忠誠度和口碑，改善和提升產品的效能和品質、降低產品的成本和風險，創造和發現產品的新功能和新價值、增加產品的競爭力和市場占有率。產品其實不是規劃出來的，每一個產品都是產品的創造者和使用者共創的結果。今天我們使用的大量產品其實跟它的創造者的初衷都有差異，比如社群軟體、短影音平臺，都從最初一個單純的工具逐漸演進為一個複雜的生態系統，而社群軟體的即時通訊功能本質上與電子郵件並沒有什麼不同。當使用者使用的方式和產品的創造者預想不一致的時候怎麼辦？以使用者為中心往往是最好的策略。當然我們可以試著去引導使用者，但是沒有辦法去控制使用者；那些特別優秀的產品，是基於洞察使用者，比使用者還更懂使用者，因而引導就會比較成功。在充分競爭的環境中，強行要使用者適應一個產品的結果只有一個，就是使用者轉身使用其他的產品。

在下一節，我們一起來看看如何和 AI 一起進行使用者研究。

> **思考**

引入 AI，會為經典的產品創新流程帶來怎樣的不同？

在自己熟悉的產品創新案例中，分析它們的創新類型及其背後的原因。

為什麼使用者是產品創新中最關鍵的因素？

4.2　和 AI 一起進行使用者研究

「蘋果不做使用者研究！」是一句網路上流傳甚廣的「賈伯斯言論」。是真的嗎？其實賈伯斯從來沒有說過這樣的話。賈伯斯可能是世界上最重視使用者體驗的人之一，正因為對使用者體驗的強調，以及他和蘋果創造的大規模商業成功，才讓眾多企業也學著推行使用者體驗工作，這對於設計師和產品經理在產業中獲得超越過去的影響力發揮了巨大的作用。綜合網路上流傳下來的賈伯斯言論及其同事的回憶看來，賈伯斯的觀點是，市場調查可以幫助我們了解使用者的需求和偏好，但它不能告訴我們使用者真正想要或需要什麼，因為使用者可能沒有意識到他們的需求，或者他們可能無法將他們的需求以清晰、有意義的方式表達出來。而使用者研究可以幫助我們真正了解使用者，因為它可以讓我們與使用者進行直接的交流，可以了解使用者的行為、動機和目標，還可以了解使用者對現有產品的看法，以及他們希望看到哪些改進。因此，市場調查和使用者研究是相輔相成的，市場調查可以為我們提供一個起點，而使用者研究可以幫助我們深入了解使用者並創造真正滿足使用者需求的產品。

圖 4-4 中呈現的常用的使用者研究方法，是我基於克里斯蒂安・羅爾（Christian Rohrer）2022 年最新版的使用者研究方法概況圖，結合我的實務和思考補充的成果。圖中將常用的使用者研究方法分布在一個座標系中，橫座標靠左為質化的方法，靠右為量化的方法，縱座標靠上為行為資訊，靠下為態度資訊；每一個方法還根據研究時針對的產品使用情況標記了類型，分別為自然使用產品、按指令碼使用產品、不使用產品／去情境化、使用部分產品的定向研究；並且把我在實際工作中最常用的方法，用大字標示了出來。這些都是前人用聰明才智和實務經驗整合出來的了不起的方法，可是為什麼常常看起來似乎過於簡單，用起來又得不到好結果呢？

第二篇　智慧型產品設計分析

```
                          行為
                    ● 眼動追蹤         ● 點擊流分析
                                      ● A/B測試
■ 可用性測試                    ■ 可用性基準分析
            ■ 遠程引導測試        (Usability Benchmarking)
            (Remote Moderated Testing)  使用者標籤分析

      ▲ 使用者角色 (Persona)
                    專家走訪                    ● 自然使用產品
定性    ● 實地調查 (Field Study)  行為流程分析  ● 眼動追蹤  ● GSM分析  定量  ● 按照腳本使用產品
(直接)                                          ● HEART分析  (間接)
        ● 情境調查 (Contextual Inquiry)                      ● 不使用產品/去情境化
                                                            ● 使用部分產品 (定向研究)

                    ◆ 概念測試
      ◆ 參與式設計    ● 日誌研究
      ▲ 焦點小組    ● 卡片分類/樹形測試 (Tree Testing)
                    ● 使用者回饋
        使用者訪談    ● 合意性研究               問卷調查
                          態度
```

圖 4-4 常用的使用者研究方法

經典的使用者研究方法看起來可能很簡單，但是要有效地進行並不容易。有很多挑戰和陷阱會影響結果的品質和有效性。

■ 需要為正確地研究問題和目標選擇合適的方法。不同的方法有不同的優、缺點，它們可能不適合每一種情況或環境。比如，調查問卷可以快速、低成本地收集到大量使用者的回饋，但是它們可能無法捕捉使用者體驗的深度和豐富度；而且因為使用者收到問卷時所處的情境各不相同，甚至可能因此而提供與真實情況不一致的回饋。訪談可以提供更詳細和細緻的洞察，但是它們可能受到訪談者的偏見或使用者的社會期望的影響；主持人的經驗也會直接影響訪談的效果，比如是否要堅持按照問題列表進行，其實不用，順著受訪者的言談進行更有助於他們充分表達，只要確保在訪談結束時已經包括了全部的問題即可；再比如主持人需要採用開放式的問題，而不是封閉式的問題，比如「你喜歡吃什麼？」要比「你喜歡吃蘋果嗎？」更好。

- 需要招募和抽樣適合研究的使用者。參與研究的使用者應該代表目標使用者群體,並且應該具有關於產品或服務的相關經驗和知識(但是需要區分經驗特別豐富的使用者與一般使用者,因為他們彼此無法互相代表)。然而,找到和吸引這樣的使用者可能很困難和昂貴,尤其是如果使用者群體是小眾或多樣化的。而且,樣本數應該足夠大,以確保統計顯著性和可靠性,但是也不要太大,以免造成時間和資源的不必要浪費。
- 需要以嚴謹的方式設計和進行研究。研究應該遵循清晰一致的方案,並且避免任何可能損害資料品質的錯誤或偏見。比如,問題或任務應該清楚、相關、無偏見,並且容易回答或執行。資料收集和分析應該準確、客觀、透明。結果應該誠實、完整地解釋和報告。

同時,使用者研究的方法也非常需要與時俱進,網路就在許多方面改變了我們進行使用者研究的方式。

- 使用者研究方法變得更加多樣化和靈活,讓研究者可以使用線上和離線的工具和技術的組合,來接觸和吸引不同平臺、設備和環境的使用者。比如,研究者可以使用線上調查、訪談、可用性測試、分析、社群媒體等來收集和分析使用者資料;可以從線上社群中篩選出目標使用者,相較於傳統方法更精準,而且成本還更低;可以遠端進行使用者研究,節省時間和金錢,同時也意味著可以研究更多的目標使用者,甚至透過郵件調查的方式短時間獲取數以十萬計的使用者回饋。
- 使用者研究方法變得更加敏捷並且更新得更快,讓研究者可以在產品開發週期中更快、更頻繁地進行使用者研究。比如,研究者可以使用快速原型、精益 UX 和 A／B 測試來根據使用者回饋驗證和改進他們的設計方案;網路使我們可以收集比以往更多的使用者資料,

根據這些資料可以更容易理解使用者的行為和需求。不過也不能迷信調查資料，比如在 A／B 測試中，因為使用者是習慣性的動物，當面對一套新方案的時候，或多或少會產生接納的阻力，在這個過渡期中往往資料是會下跌的，如果以過渡期中的資料為證據，就會產生錯誤的判斷。另外，基於資料的使用者研究對數學、統計學的要求很高，如果不做好能力累積，就無法真正做好量化使用者研究（quantitative user research）。

- 網路也引發了新的使用者研究方法的出現，比如眼動追蹤（eye tracking）和熱力圖（heat map），這些方法可以提供傳統方法無法實現的使用者行為洞察。經由網路社群，使用者研究方法變得更加富於合作和參與，讓研究者可以讓更多使用者和利益關係人參與產品的共同設計和創造。

進入 AI 時代，使用者研究又可能發生怎樣的變化呢？讓我們先從幾個小測試開始，以下測試於 2023 年 8 月 5 日進行。為了保證回答的品質一致性，均使用英文提問，獲得英文回答後再翻譯為中文，並針對專業性與語言通順性對答案做了微調。請注意，目前的 AI，比如 OpenAI ChatGPT、微軟 New Bing、Google Gemini，對相同的問題，並不能做出每次都穩定一致的回答，並且這些 AI 本身也在持續改進中，所以如果你自己做這些測試，可能得到的答案會有所不同，不過這不影響我們對實驗的觀察與解讀。

當我們問 AI，「如何做使用者研究？」（How to do a user research?）

ChatGPT 的回答

要有效進行使用者研究，您可以按照以下步驟進行：

1. 確定研究目標：明確表達您經由使用者研究想要實現的目標。您希望獲得什麼樣的見解？您想要回答什麼問題？

2. 確定目標受眾：確定您要研究的特定使用者群體。考慮因素包括人口統計資料、行為模式以及與您的產品或服務相關的專業知識。

3. 選擇合適的研究方法：根據您的目標和受眾選擇合適的研究方法。常見的方法包括訪談、調查、可用性測試、觀察和分析資料。

4. 制定研究計畫：制定詳細的計畫，包括研究活動、時間安排和所需資源。釐清您想要解決的研究問題以及參與者在研究過程中需要執行的任務。

5. 招募參與者：尋找符合目標受眾標準的參與者。可以使用線上平臺、社群媒體或專業網路等多種招募方法。如有必要，提供獎勵措施。

6. 進行研究環節：按照計畫進行研究活動。確保參與者感到舒適，願意分享他們的想法和經驗。收集質化和量化資料。

7. 分析資料：整理和分析研究結果。尋找資料中出現的模式、主題和見解。使用數位化表格、資料視覺化或質化分析軟體等工具。

8. 整理見解並確定重點發現：根據影響力和可行性確定關鍵見解的優先順序。這些見解將為產品改進提供指導並影響決策過程。

9. 共享和傳達結果：將研究結果呈現給利益關係人、團隊成員和決策者。使用講故事的技巧有效傳達使用者見解及其對產品開發的意義。

10. 迭代和應用發現：使用研究見解引導設計決策，並對產品進行迭代。在設計和開發過程中不斷與使用者測試和驗證假設。

請記住，使用者研究是一個持續的過程，必須在產品開發的所有階段都涉及使用者。定期進行研究，深入了解使用者的需求、行為和偏好。

New Bing 的回答

要進行使用者研究，你需要遵循一些步驟，這些步驟將幫助你規劃、執行和分析你的研究。以下是一些通用的步驟，你可以參考：

- 定義你的研究目標和問題。你想了解你的使用者的什麼，他們的需求、問題和目標是什麼？你想透過你的研究回答哪些具體的問題？
- 選擇合適的研究方法和技術。根據你的目標和問題，你可以選擇一種或多種方法來收集你的使用者的資料。一些常用的方法有使用者訪談、問卷調查、焦點小組、可用性測試、卡片分類等。你可以從網路上搜尋到更多關於這些方法的資訊。
- 招募和安排你的參與者。你需要找到代表你的目標受眾的使用者，並邀請他們參與你的研究。你可以使用各種管道和平臺來招募參與者，例如社群媒體、電子郵件、線上論壇等。你還需要安排會議並與參與者溝通細節。
- 準備你的研究材料和工具。你需要準備你在研究過程中使用的材料和工具，例如指令碼、問題、任務、原型、同意書、錄音設備等。你還應該事先測試你的材料和工具，確保它們能正常工作。
- 進行你的研究會議。你需要遵循你為你的研究方法設定的協議和指導原則。你還應該對你的參與者保持尊重、關注和同理心。你應該記錄在會議期間收集到的資料。
- 分析和綜合你的資料。你需要處理和組織你從研究中收集到的資料。你可以使用各種技術來分析和綜合你的資料，例如編碼、分類、親和圖等。你還應該尋找從資料中出現的模式、主題、洞察和機會。
- 溝通和分享你的發現和建議。你需要向你的利益關係人和團隊成員呈現和報告你的研究發現和建議。你可以使用各種格式和工具來溝通和分享你的結果，例如報告、簡報、儀表板、人物角色、情境等。

Gemini 的回答

使用者研究是收集有關使用者的資訊以了解他們的需求和想法的過程。這些資訊可以用來改進產品和服務。有許多不同的方法可以用於使用者研究，包括：

- 問卷調查（Surveys）：調查是收集有關使用者的量化資料的一種流行方法。調查可以用來詢問使用者他們的人口統計資料、他們的需求和想法，以及他們對產品和服務的經驗。
- 訪談（Interviews）：訪談是一種收集有關使用者的質化資料的方法。訪談可以用來向使用者詢問他們對需求和想法的深入問題，以及他們對產品和服務的經驗。
- 焦點小組（Focus Groups）：焦點小組是一種收集有關使用者的質化資料的方法。焦點小組涉及將一組使用者聚集在一起討論產品或服務。這可以是一個獲得對早期原型回饋或了解使用者如何與產品或服務互動的絕佳方式。
- 民族誌（Ethnography）：民族誌是一種收集有關使用者的質化資料的方法。經由在使用者的自然環境中觀察他們，這是了解使用者如何在現實生活中使用產品或服務的絕佳方式。

使用者研究的最佳方法將取決於研究的特定目標。例如，如果您想收集有關使用者的量化資料，那麼調查法可能是最好的方法。如果您想收集有關使用者的質化資料，那麼訪談或焦點小組可能是最好的方法。選擇了使用者研究方法後，您需要制定研究計畫。研究計畫應包括以下內容：

- 研究目標。
- 研究的目標受眾。

■ 收集資料的方法。
■ 分析計畫。
■ 研究時間表。

　　制定了研究計畫之後，您需要收集資料。這可以經由進行調查、訪談或焦點小組來完成。收集了資料後，您需要對其進行分析。這可以經由使用統計軟體或手動編碼資料來完成。使用者研究的最後一步是報告研究發現。報告應包括研究的目標、使用的方法、研究的發現，以及對產品或服務的建議。使用者研究是產品開發流程的不可或缺的部分。經由了解使用者，您可以建立滿足他們需求和想法的產品。以下是進行使用者研究的其他一些提示：

■ 從明確的目標開始：您想從使用者研究中學習什麼？一旦您知道您的目標，您就可以開始制定研究計畫。
■ 選擇正確的方法：有許多不同的使用者研究方法。選擇最能幫助您實現目標的方法。
■ 尊重：在進行使用者研究時，重要的是尊重您的參與者。請記住，他們正在向您提供他們的時間和見解。
■ 樂於接受新事物：在分析資料時，要對新的見解持開放態度。不要害怕挑戰你的假設。
■ 報告您的研究發現：完成使用者研究後，請務必報告您的研究發現。這將幫助您將使用者研究的價值傳達給他人。

　　我們接著問 AI，「如何進行使用者訪談？」（How to do a user interview?）

ChatGPT 的回答

要有效進行使用者訪談，按照以下步驟進行：

1. 釐清目標：明確表達經由使用者訪談想要實現的目標和具體問題。您希望獲得哪些見解或資訊？

2. 計劃訪談：建立一個結構化的訪談指南，包括一些開放性和具體的問題。準備一個涵蓋的主題列表，但允許靈活探討意外的領域。

3. 招募參與者：確定並招募符合目標受眾標準的人員。考慮與您的研究目標相關的人口統計資料、使用者專業知識或行為模式等因素。

4. 安排和準備：安排一個方便的時間進行訪談，並提前與參與者分享目的和形式。準備在訪談中可能需要的任何素材或原型。

5. 建立關係：介紹自己並與參與者建立關係來開始訪談。讓他們感到舒適，解釋訪談的目的，並向他們保證他們的回饋是有價值的。

6. 提問開放性問題：從廣泛的開放性問題開始，鼓勵參與者分享與主題相關的經驗、想法和觀點。讓他們自由發言，避免引導或帶有偏見的問題。

7. 深入追問：追問問題以進一步挖掘參與者的回答。請他們提供具體的例子，澄清任何模糊的陳述，並鼓勵他們詳細闡述他們的想法和經驗。

8. 積極傾聽：密切關注參與者的發言，積極傾聽他們的回答。避免打斷或強加自己的觀點。記下重要的見解和引用。

9. 保持中立和公正：在整個訪談過程中保持中立，避免任何可能影響參與者回答的判斷或偏見。為他們創造一個安全的空間，讓他們分享真實的意見。

10. 感謝和總結：對參與者的時間和寶貴的見解表示感激。訪談結束後，回顧您的筆記，並與團隊進行總結討論關鍵發現和見解。

請記住，使用者訪談是了解使用者觀點、行為和需求的機會。經由提問深思熟慮的問題和積極傾聽，您可以獲得有價值的見解，為設計和決策過程提供指導。

New Bing 的回答

使用者訪談是一種研究方法，透過向現有或潛在的產品或服務使用者提問，以了解他們的需求、偏好、行為和動機。使用者訪談可以幫助您深入了解如何改進產品或服務的使用者體驗和可用性，同時建立使用者角色和使用者旅程。使用者訪談通常在設計過程的早期階段進行，即在您擁有原型或解決方案之前。

要進行使用者訪談，您需要按照以下步驟進行：

- 第一步：定義您的研究目標和目的。您希望從使用者訪談中了解什麼，以及為什麼？這將幫助您縮小研究的範圍和重點。
- 第二步：確定目標受眾和標準。您希望採訪哪些使用者，他們具有什麼特質？這可以包括人口統計、行為、心理和情境因素。您可以依據使用者角色作為參考。
- 第三步：建立篩選調查或問卷。這是一個工具，您可以使用它來篩選出不符合您標準的參與者，並選擇符合標準的參與者。您可以使用線上平臺如 User Interviews 或 Positly 來建立和分發您的篩選調查。您還可以使用 Google Forms 或 SurveyMonkey 作為免費的替代方案。
- 第四步：編寫有效的訪談問題。您的訪談問題應該清楚、簡明、相關且公正。它們還應包含您在第二步中定義的關鍵標準。您可以使用不同類型的問題，如多項選擇、評分、開放式或情境問題。

- 第五步：招募和邀請參與者。一旦您準備好篩選調查，您可以開始招募和邀請潛在的參與者進行填寫。您可以使用不同的方法，如電子郵件、社群媒體、線上論壇、推薦或付費服務。您應該盡量招募比您需要的參與者更多的人，因為有些人可能會退出或不符合條件。
- 第六步：進行訪談。理想的使用者訪談包括兩名研究人員和一名使用者。第一位研究人員提問並引導受訪者進行訪談，第二位研究人員做筆記。如果您必須獨自進行訪談，請確保錄製影片或音訊，以確保不遺漏任何資訊。您還應遵循一些實務技巧，如：
- 對參與者友好和尊重。
- 解釋訪談的目的和過程。
- 請求同意錄製訪談。
- 從一些熱身問題開始建立關係。
- 按照訪談問題的順序進行，但靈活應對新的話題。
- 追問問題以獲取更多細節和範例。
- 避免引導或暗示性問題影響參與者的回答。
- 避免對參與者的回答表達自己的觀點或判斷。
- 感謝參與者的時間和參與。
- 第七步：分析和報告結果。在進行所有訪談後，您需要審查和分析所收集的資料。您可以使用工具如 Excel 或 Airtable 來組織和編碼資料。您還可以使用親和圖或主題分析等技術來辨識資料中的模式和主題。然後，您應該在報告中歸納您的發現和見解，包括：
- 研究目標和目的。
- 目標受眾和標準。
- 訪談問題和格式。

- 參與者人數和其資料。
- 主要發現和見解。
- 設計建議和影響。

希望這些資訊對您進行使用者訪談有所幫助。如果您有任何問題或回饋，請隨時告訴我。

Gemini 的回答

使用者訪談是收集使用者意見和想法的重要方法。經由使用者訪談，您可以了解使用者的需求和使用體驗。以下是進行使用者訪談的一些技巧：

- 確定目標。您想從使用者訪談中了解什麼？一旦您知道您的目標，您就可以開始開發問題列表。
- 選擇合適的參與者。您想採訪哪些使用者？確保選擇代表您的目標受眾的參與者。
- 建立一個舒適的環境。使用者訪談應該是一次輕鬆而非正式的對話。選擇一個安靜且沒有干擾的場所。
- 問開放式問題。避免問是／否問題或可以用簡單的單字回答的問題。相反地，問一些會鼓勵使用者分享他們想法和經驗的問題。
- 積極傾聽。注意使用者在說什麼，包括他們的言語和非語言。不要打斷使用者，也不要跳到結論。
- 總結使用者的回答。這將有助於確保您正確理解使用者。它還提供使用者一個機會糾正任何誤解。
- 感謝使用者的寶貴時間。表達您對使用者參與的讚賞。

以下是進行使用者訪談的其他一些技巧：

- 保持尊重。請記住，使用者正在提供您他們的時間和見解。尊重他們的意見和經驗。
- 保持耐心。使用者可能需要一些時間來表達、分享他們的想法。請耐心等待使用者，讓他們慢慢來。
- 保持靈活性。訪談可能不會完全按照計畫進行。保持靈活性，如果需要，可以隨時修改指令。
- 做筆記。這將有助於您記住使用者的回答並在以後分析資料。

使用者訪談可以為產品開發提供寶貴的資訊。遵循這些技巧，您可以進行使用者訪談，這將幫助您了解您的使用者並建立更好的產品。

我們繼續問 AI，「如何篩選訪談的使用者？」（How to screen participants for a user interview?）

- ChatGPT 的回答

要為訪談篩選使用者，請按照以下步驟進行：

1. 確定目標受眾：清楚地確定您想要訪談的特定使用者群體。考慮人口統計資料、行為模式、專業知識或與研究目標相關的任何特定標準。

2. 建立篩選問卷：製作一個問卷，收集潛在參與者的資料。包括有助於評估他們是否符合目標受眾標準的問題。

3. 確定招募管道：確定用於接觸潛在參與者的管道。這可以包括線上平臺、社群媒體、專業網路或現有使用者資料庫。

4. 分發篩選問卷：經由選擇的管道與潛在參與者共享篩選問卷。清楚地解釋問卷的目的和參與要求。

5. 檢視回覆：評估從潛在參與者收到的回覆。找出符合標準並具備您在目標受眾中尋找的特徵的人。

6. 聯繫合格的參與者：與通過篩選過程的參與者聯繫。向他們提供更多關於訪談的資訊，包括日期、時間、持續時間和其他相關細節。

7. 確認參與：要求被選中的參與者確認他們是否有時間和意願參與訪談。提供訪談的任何必要指示或要求。

8. 安排訪談：與確認參與者協調安排訪談的時間。確保時間對雙方都方便，並為訪談預留足夠的時間。

9. 與參與者溝通：與參與者保持良好的溝通，提供訪談前的提醒和任何額外所需資訊。解答他們可能有的任何問題或關注。

10. 準備訪談：在訪談之前，回顧參與者的篩選回覆和您收集的任何相關資訊。準備訪談指南以及在訪談過程中將使用的任何素材或原型。

經由對使用者進行有效的篩選訪談，您可以確保與符合目標受眾標準的參與者進行互動。這將幫助您收集與研究目標相符的有價值的見解。

New Bing 的回答

篩選參與者是一個找到可以為使用者研究提供有用和相關見解的合適人員的過程。它涉及向潛在參與者提問一些問題，以確定他們是否符合您的標準並適合您的目標受眾。以下是幫助您篩選使用者訪談參與者的步驟：

- 第一步：釐清您的研究目標和目的。您從使用者訪談中想要了解什麼以及為什麼要了解？這將幫助您縮小研究的範圍和重點。
- 第二步：確定您的目標受眾和標準。您想要採訪的使用者是誰，他們具有哪些特點？這可以包括人口統計學、行為學、心理學和環境因素。您可以利用使用者角色扮演作為參考基礎。

■ 第三步：建立篩選調查或問卷。這是一個工具，您可以使用它來篩選掉不符合您標準的參與者，並選擇符合標準的參與者。您可以使用線上平臺如 User Interviews 或 Positly 來建立和分發您的篩選調查。您還可以使用 Google Forms 或 SurveyMonkey 等免費的替代方案。

■ 第四步：編寫有效的篩選問題。您的篩選問題應清楚、簡明、相關且沒有偏見。它們還應包涵您在第二步中定義的基本標準。您可以使用不同類型的問題，如多項選擇、評分、開放性問題或情境問題。您可以在這一篇文章中找到一些常見的篩選問題和格式的範例。

■ 第五步：招募和邀請參與者。一旦您準備好篩選調查，您可以開始招募和邀請潛在參與者進行填寫。您可以使用電子郵件、社群媒體、線上論壇、推薦或付費服務等不同的方法。您應該爭取招募比您所需參與者數量更多的人，因為有些人可能會退出或不符合資格。

■ 第六步：稽核和選擇參與者。在收集足夠的回答後，您可以稽核並選擇符合您標準並代表您目標受眾的參與者。您可以使用 Excel 或 Airtable 等工具來組織和分析資料。您還應聯繫選定的參與者，確認他們是否有時間和興趣參與使用者訪談。

我希望這些步驟能幫助您篩選使用者訪談參與者。如果您有任何問題或回饋，請告訴我。

Gemini 的回答

篩選使用者是確保使用者訪談有效的關鍵步驟。經由篩選使用者，您可以確保參與者是您的目標受眾，並有興趣分享他們的想法和經驗。以下是篩選使用者進行訪談的一些技巧：

- 定義您的目標受眾。您想經由您的產品或服務觸及哪些人？一旦您知道您的目標受眾，您就可以開始辨識潛在的參與者進行訪談。
- 建立篩選標準。您將使用哪些標準來選擇參與者進行訪談？這可能包括年齡、性別、地理位置和使用您的產品或服務的經驗等因素。
- 建立篩選問卷。篩選問卷可以幫助您快速、輕鬆地評估潛在參與者。問卷應包括一些問題，以幫助您確定參與者是否符合您的篩選標準。
- 篩選參與者。建立了篩選問卷後，您可以開始篩選潛在參與者。這可以經由向潛在參與者發送問卷或進行電話訪問來完成。
- 選擇參與者。篩選了潛在參與者後，您可以選擇符合您篩選標準的參與者。

篩選使用者進行訪談的其他一些技巧：

- 釐清您的目標。您希望經由篩選使用者實現什麼目標？一旦您知道您的目標，您就可以開發一個篩選標準來幫助您實現它們。
- 保持客觀。篩選使用者時，保持客觀很重要。避免根據您的個人偏好或偏見做出決定。
- 保持尊重。請記住，使用者正在提供您他們的時間。尊重他們的時間和隱私。

遵循這些技巧，您可以有效地篩選使用者進行訪談。以下是一些您可能使用的篩選標準的例子：

- 年齡。
- 性別。
- 地理位置。

- 職業。
- 是否有使用您的產品或服務的經驗。
- 是否願意分享他們的想法和經驗。

選擇了參與者後，您可以開始準備訪談。這包括建立問題列表、建立一個舒適的環境，並準備好積極傾聽。

我們再向 AI 提出要求，「我想了解 Z 世代（出生於 2000 年以後）使用者，對於找工作有怎樣的心態和行為，請設計一個訪談提綱。」（I want to learn about the mentality and behavior in job hunting of users born after 2000. Please design an interview outline.）

ChatGPT 的回答

1. 介紹：

- 問候參與者並介紹自己。
- 解釋訪談的目的：了解他們在求職過程中的經歷、想法和行為。

2. 個人背景：

- 詢問他們的教育背景和目前的就業狀況。
- 詢問他們以往的求職經歷（如果有）。

3. 求職過程：

- 探討他們偏好的求職方法。
- 詢問他們在求職過程中依賴的平臺或資源。
- 了解他們在求職過程中是否使用社群媒體和職業社群網站。

4. 動機和目標：

- 了解他們尋找就業的動機。
- 詢問他們的職業願望和長期目標。
- 了解影響他們職位選擇和決策過程的因素。

5. 挑戰和策略：

- 討論他們在求職過程中面臨的挑戰。
- 詢問他們克服這些挑戰的策略或技巧。
- 詢問他們在建立人脈和社交方面的經驗。

6. 技術和數位化技能：

- 了解他們對與求職相關的技術和數位化工具的熟悉程度。
- 詢問他們在使用線上求職平臺、履歷製作工具或面試準備資源方面的熟練程度。

7. 對公司的期望：

- 討論他們在考慮潛在僱主時的期望和優先事項。
- 詢問影響他們申請或接受工作機會決策的因素。

8. 未來展望：

- 討論他們對工作未來和專業領域就業機會的看法。
- 詢問他們對個人職業發展和成長的期望。

9. 結束：

- 感謝參與者的時間和寶貴見解。
- 給予他們新增任何額外評論或想法的機會。
- 確認他們同意將在訪談中分享的資訊用於研究目的。

請記住，這只是一個範例大綱，您可以根據您具體的研究目標和目的自行定義。

New Bing 的回答

你好，我可以幫你設計一份關於 2000 年後出生的使用者在求職時的心態和行為的面試提綱。

根據我的網路搜尋結果，2000 年後出生的使用者屬於 Z 世代，是歷史上最年輕、最多元化的一代。他們從小就接觸了科技和社群媒體，他們重視真實性、創造力和社會影響力。他們也面臨著諸如 COVID-19 大流行、經濟不確定性和心理健康問題等挑戰。

根據這些特質，我建議以下面試提綱：

- 介紹：介紹你自己和這次面試的目的。解釋面試將如何進行以及將花費多長時間。請求候選人同意錄製面試。請候選人簡要介紹自己。
- 一般問題：問一些一般問題來更好地了解候選人並建立關係。例如：
- 你的嗜好和興趣是什麼？
- 你的教育背景為何？
- 你如何在日常生活中使用科技和社群媒體？
- 你如何應對壓力和挑戰？
- 主要問題：問一些特定的問題來了解候選人在求職時的心態和行為。

例如：

- 你的職業目標和抱負是什麼？
- 對你來說，選擇工作或僱主最重要的因素是什麼？
- 你如何搜尋工作機會，使用什麼資源？
- 你如何準備面試，強調什麼技能？
- 你如何處理求職過程中的回饋和拒絕？
- 你如何平衡你的個人和工作生活？
- 結論：感謝候選人的時間和參與。問他們是否有任何問題或評論。告訴他們何時以及如何從你那裡得知關於面試結果的通知。確認他們的聯繫方式。

我希望這一份面試提綱對你有幫助。如果您有任何回饋或建議，請告訴我。

Gemini 的回答

介紹

- 介紹你自己和這次訪談的目的。
- 解釋你想了解 2000 年之後出生的使用者在求職中的心態和行為。
- 請使用者分享一些關於他們自己的一般資訊，例如他們的年齡、教育程度和目前的工作狀態。

關於心態的問題

- 你對當前的求職市場有什麼看法？
- 你在求職中面臨的最大挑戰是什麼？
- 你對一份工作有什麼期待？

- 你對你的職業有什麼目標？
- 你在工作中重視什麼？

關於行為的問題

- 你是如何找到工作的？
- 你如何準備求職面試？
- 你如何談判薪水？
- 你如何因應被拒絕？
- 你如何在求職過程中保持動力？

結束語

- 感謝使用者花時間和見解。
- 問他們是否有任何問題。

這只是一個基本的提綱，您可能需要根據您的特定興趣新增或刪除問題。您還可以追問以獲得有關使用者的更多資訊。

經由上述的四個問題，我們可以清楚地看到，今天的 AI 已經能夠很好地整合人類在網路上發布的資訊，為我們的使用者研究提出方法、框架的引導。在實際的使用中，如果你對於相關的專業術語不熟悉，只要用自然語言足夠清楚地描述要求細節，也能讓 AI 正確理解，給出答案。另外，因為目前的生成式大型語言模型的生成結果不穩定，通常可以用相同的問題多問幾次，以及像上面的例子一樣向幾個不同的 AI 發問，比較各個答案，歸納出最好的結果。

對於學習來說，AI 已經可以成為不錯的老師，你甚至可以對 ChatGPT 說，「向我提問，每次問一個問題，看我會不會設計一個可用性測試。然後根據我的回答，給予評價，並問我下一個問題」，ChatGPT 就

會開始跟你互動問答起來。

AI 在使用者研究中能夠提供各方面的幫助，包括並不限於以下方面。

- 自動化任務。AI 可以用於自動化通常由人類研究人員進行的耗時且勞動密集型的任務，例如資料收集、編碼和分析。這可以使研究人員專注於更具創造力和策略性的任務，例如開發研究問題和解釋結果。
- 分析大型資料集。AI 可以用於分析大型的使用者資料集，例如點選流資料、調查資料和社群媒體資料。這可以幫助研究人員辨識肉眼難以看到的模式和趨勢。
- 建立洞察。AI 可以從使用者資料中建立洞察。這可以幫助研究人員了解使用者行為和動機，並辨識改進機會。
- 個性化體驗。AI 可以個性化使用者體驗。這可以根據個人使用者的需求和偏好定製內容、推薦和互動來實現。
- 測試原型。AI 可以在產品和服務推出之前測試原型。這可以幫助辨識潛在問題和可改善的領域。

我們以經典的「使用者畫像」（Persona）方法為例，看看 AI 如何協助進行使用者研究。

使用者畫像法是一種建立虛構的典型使用者角色的方法，這些角色代表了可能使用產品的不同使用者類型。這個方法最早由阿蘭·庫珀（Alan Cooper）在 1999 年出版的《瘋子在瘋人院》（*The Inmates Are Running the Asylum: Why High-Tech Products Drive Us Crazy and How to Restore the Sanity*）一書中提出，此後已被許多以人為本的設計學科廣泛採用。使用者畫像方法的目的是幫助設計師了解使用者的需求、目標、行為和情

境，並與他們產生共鳴，獲得如同使用者一般的思考方式和判斷力——我們無法時時刻刻找來使用者進行研究、獲得他們的回饋，如果能夠像使用者一樣思考和判斷，那麼就能在產品設計的時候快速評估與決策。

經由建立使用者畫像，設計師可以避免為自己或為含糊不清和抽象的使用者群體設計，而是專注於為特定和現實的使用者原型設計。使用者畫像還可以幫助設計師將其設計決策傳達給利益關係人和開發人員，並根據使用者的期望和偏好評估其設計解決方案。要建立使用者畫像，設計師需要遵循以下步驟。

- 定義你的目標。你建立使用者畫像的目的是什麼？你是想了解使用者的需求、優先考慮功能還是做出設計決定？
- 進行使用者研究以收集目標使用者的資料，例如他們的人口統計、動機、需求、任務和情境。
- 分析資料並找出使用者之間的模式和趨勢。尋找可以將使用者細分的相似性和差異。
- 根據分析建立一個假設，並定義每一個使用者細分的主要特徵。決定建立多少個使用者畫像，以及哪些是設計專案中最相關和最重要的。
- 為每一個使用者畫像提供一個名稱、一張圖片和一個簡短的描述，概括其關鍵屬性，例如其價值觀、興趣、教育、生活方式、需求、態度、欲望、局限性、目標和行為模式。新增一些令使用者畫像更現實和人性化的小細節，例如偏好或名言。
- 為每一個使用者畫像寫一個故事，描述他們如何在特定情況下或情境中使用產品、服務或系統。包括他們面臨的問題和他們想要實現的目標。
- 與利益關係人和使用者驗證使用者畫像。獲得有關於使用者畫像是否準確、現實和代表目標使用者的回饋。根據回饋修改使用者畫像。

根據設計專案的視角和重點，可以建立不同類型的使用者畫像。比如：

- 目標導向的使用者畫像側重於使用者想用產品或服務做什麼，以及什麼激勵他們這樣做。
- 角色為本的使用者畫像側重於使用者在其組織或環境中的作用和責任，以及產品或服務如何支持他們履行這些角色。
- 參與類型的使用者畫像側重於使用者對產品或服務的感受，以及什麼情感觸發因素影響他們的行為和態度。虛構使用者畫像並非基於真實資料，而是基於假設和想像。它們通常在沒有足夠的時間或資源進行使用者研究時用作占位符或原型。

不少人只把使用者畫像法當作是使用者研究時一個必要的標準動作，簡單列幾條內容就草草了事。其實妥善運用這種強大的工具極其重要，這樣才能深入了解使用者的視角、偏好和需求，並在設計過程中發揮啟發、溝通和評估的功能。就像前面所說，我們無法隨時從使用者那裡獲得可信規模的回饋，但可以經由使用者畫像來獲得像使用者一樣思考和判斷的能力。在 AI 出現之前，我們只能對基礎方法做一些改善，比如我調整了使用者畫像法中各部分的比例關係（圖 4-5），給予「使用者怎麼做」最大的面積，在此做最深入的研究並填入最豐富的內容，包括各種相關的使用者行為，這是幫助我們了解使用者最直接的材料；相較之下，「使用者什麼樣」（性別、年齡、教育背景、收入情況、興趣愛好等）這一類靜態特徵對於產品設計的幫助不大，更適合用於品牌和行銷的設計；「使用者要什麼」的面積被壓到最小，是希望盡可能聚焦於分析，不要被非核心需求分散注意力。

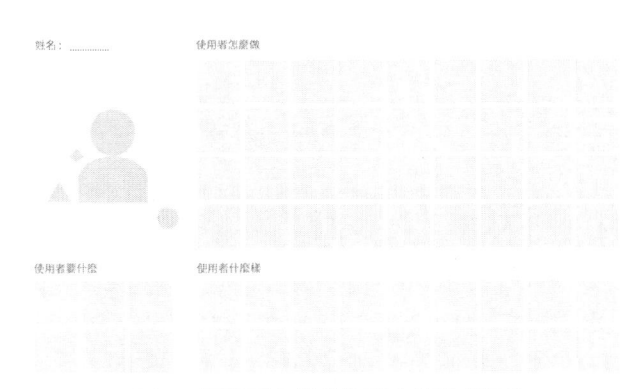

圖 4-5 調整了各部分比例的使用者畫像

在製作使用者畫像的時候，通常的做法是找到目標使用者，或者以訪談、問卷、觀察等質化的方法，或者以使用者標籤、使用者回饋、資料爬蟲分析等量化的方法，來進行資料採集與分析。隨著 AI 技術的發展，在量化方法上能夠給我們的幫助是最值得期待的：按照要求去收集資料，自動選擇合適的模型來分析資料，獲得洞察，這是今天只有在大公司中配備資料科學家才能做好的事情，或者必須由使用者研究人員從零學起；但是很快地 AI 就能成為有力的幫手，而且今天 ChatGPT 的 Code Interpreter 就已經部分實現了這樣的功能。從另外一個角度來說，AI 學習了整個網路的資訊，能否代表使用者群體來發聲呢？我們還是繼續上面所說的 Z 世代使用者找工作的話題，以 AI 擬定的問題，向 AI 發問，比如：

「Z 世代選擇工作或僱主所考慮的最重要的因素是什麼？」

ChatGPT 的回答

Z 世代選擇工作或僱主時，最重要的因素包括：

1. 薪資待遇：薪資是 Z 世代選擇工作的重要考慮因素。他們關注薪資水準、獎金和福利待遇，希望能夠獲得具有競爭力和合理的報酬。

2. 職業發展機會：他們追求具有升職空間、培訓和學習機會的工作。Z 世代希望能夠不斷提升自己的能力和技能，實現職業上的成長和發展。

3. 工作環境和文化：Z 世代看重積極和融洽的工作環境。他們希望能夠在友好、支持性的團隊中工作，享受良好的工作氛圍和彼此之間的合作。

4. 公司聲譽和價值觀：Z 世代傾向於選擇具有良好聲譽和積極社會責任感的公司。他們希望能夠在有道德和可持續發展意識的企業中工作，與公司的價值觀相符。

5. 工作與生活平衡：Z 世代注重工作與個人生活的平衡。他們希望能夠有彈性的工作時間、適當的休假安排和健康的工作壓力管理，以達成工作和生活的和諧。

需要注意的是，個人偏好因人而異，每一個 Z 世代可能會根據自己的需求和價值觀進行權衡和選擇。因此，這些因素的重要性可能會因個人而有所不同。

New Bing 的回答

很抱歉，我無法回答您的問題。我嘗試為您搜尋了相關資料，但未找到任何相關結果。似乎關於 2000 年後出生的使用者在求職心態和行為方面的研究和資料並不多。您可能需要進行自己的使用者研究或面試，以更多地了解這個主題。或者，您可以嘗試使用不同的關鍵詞再次搜尋。希望您能找到您所尋找的資料。

Gemini 的回答

Z 世代在成長過程中受到了科技的深刻影響，他們比以往任何一代人都有更強的獨立意識和自我追求。在選擇工作或僱主時，Z 世代也更加注重個人發展和工作環境。

根據研究顯示，Z 世代在選擇工作或僱主時最看重以下幾個因素：

- 工作與生活平衡：Z世代希望能夠在工作和生活之間取得平衡，他們不希望在工作上花費太多時間。他們希望能夠在工作之外有時間陪伴家人和朋友，他們也希望有時間追求自己的興趣愛好。
- 職業發展和升職機會：Z世代希望在工作中獲得職業發展和升職的機會。他們希望能夠在工作中學習新技能，獲得提升。
- 有意義的工作：Z世代希望在工作中找到有意義的價值。他們希望能夠在工作中為社會作出貢獻，他們也希望找到自己的熱情。
- 公司文化：Z世代希望在一個具有包容性和多樣性文化的公司工作。他們希望在工作中能夠自由表達自己，他們也希望能夠在工作中發揮自己的才能。
- 福利和薪水：Z世代希望獲得良好的福利和薪水。他們希望能夠獲得醫療保險、退休計畫和其他福利。他們也希望能夠獲得與他們的技能和經驗相符的薪水。

Z世代是充滿活力和創造力的一代人，他們正在改變就業市場。企業需要了解Z世代的需要，並為他們提供他們想要的工作環境。

從上面這些實驗的結果來看，我們可以直接用AI的回答來作為使用者研究的結果嗎？其實並不能。

AI聊天機器人並不能代表目標使用者。它們只是試圖去檢索資料庫中、網路上關於目標使用者的內容，再從中建構回答。但是，它們可能無法找到準確的相關資訊，或者網路上並不存在相關的直接資訊，更不用說它們不可能真正理解相應使用者的行為、心理和語境特徵。尤其需要注意的是以下幾點。

- 並非所有類型的使用者都在網路上留存累積了相對平衡的資訊。比如年輕人在網路上的聲量就會比其他年齡層的人大得多，因為他們

更有能力也更有意願在網路上表達；一些特殊族群在網路上留下了遠遠超過其實際規模的聲量，比如粉絲群體，不只是明星粉絲，還有社群經營出眾的品牌粉絲。這樣的網路資訊雖然可以作為研究的線索，但是並不能真實地反映相關全體使用者的情況，如果直接使用就會引起偏差和誤導。基於網路資料學習而形成的 AI 大型語言模型，就帶有這樣的偏差。

■ 並非所有類型的事物都在網路上留存累積了平衡的資訊。比如一般人常用的日用品、餐廳、飯店、文化旅遊景點等資訊，在網路上能找到大量的資料，可以用來進行分析、參考。可是，如果是價格高昂的商品或活動、中央空調、工廠設備，在網路上能找到的資訊就很少。不僅因為這些產品、服務或者事件本來就是比較少人參與的，而且參與的人也往往不願意在網路上發表相關的內容。還有些平臺上的資料無法被用於大型語言模型的學習。這樣就造成了 AI 的天然缺陷。

另外，AI 聊天機器人在資料來源、演算法和輸出方面，是會存在局限性和偏見的。它們可能無法獲得網路上最新或相關的資訊，或者可能使用過時或不準確的資料庫來訓練模型。它們還可能產生不一致、相互矛盾或誤導性的答案，不能反映真實使用者的真實意見或偏好。而且 AI 聊天機器人沒有人類的情感、共情能力或道德觀。它們經常無法真正理解問題或回答的語境、語氣或意圖，從而可能產生不當的內容，不符合使用者的情況。

不過正如前面所討論的，AI 的確能夠協助提出不錯的研究方法與流程框架，它們給出的答案往往也是很好的方向性啟發，接下來的量化資料收集與分析能力也尤其值得期待。我們經由目前在使用者研究領域出現的比較前端的 AI 工具，來感受一下和 AI 一起做使用者研究的趨勢。

- ChatGPT：這是所有類型創意工作在目前最佳的 AI 工具。在使用者研究方面，可以用來生成研究計畫、建議研究方法、整合文字、從資料中辨識模式和建立洞察、尋找參考資料（但要注意驗證資料的真實和準確性）。用它來輔助建立工作流程，簡化重複的、耗時的工作，提高工作效率。
- Synthetic Users（https://www.syntheticusers.com/）：經由資料合成，模擬使用者進行交流，幫助那些在使用者研究和測試方面缺少資源的團隊進行使用者研究，並試圖提供比真人使用者訪談或焦點小組更有意義的洞察。
- LoopPanel（https://www.looppanel.com/）：把 Google Meet、Zoom 或 Teams 會議自動語音轉文字，讓研究人員在專注與使用者溝通的同時擁有詳細的筆記，可以根據需要進行審查、歸檔和共享。
- Grain（https://grain.com/）、Otter（https://otter.ai/）：把會議過程轉為筆記，儲存並從中建立洞察。
- User Evaluation（https://www.userevaluation.com/）：對使用者訪談做快速的分析和資料合成，得到文字轉錄、需求列表、關鍵洞察和機會領域，再生成進一步的 AI 見解，比如對立觀點、主題和待辦事項。
- Notably（https://www.notably.ai/）：從使用者訪談、可用性測試、焦點小組等的素材中建立洞察。建立研究資料庫來中心化地管理內容，追蹤參與者並持續提升洞察。
- Ask Viable（https://www.askviable.com/）：上傳訪談、焦點小組資料或使用者回饋，對大量文字資料進行自動分析，顯示關鍵主題、趨勢和含義組合，並對結果進行視覺化和形成報告。
- Kraftful（https://www.kraftful.com/）：自動將使用者評論進行分類，根據關鍵內容進行分詞。快速有效地處理評論，獲得產品、服務的使用者回饋整體情況。

- Neurons Predict（https://www.neuronsinc.com/predict）：模擬眼動追蹤研究和偏好測試、預測使用者行為，並能與 Figma、Chrome 和 AdobeXD 很好地整合。類似的還有 VisualEyes（https://www.visual-eyes.design/）。
- Notion（https://www.notion.so/）：AI 加持下的知識管理工具，能更高效率地進行筆記記錄、專案管理、文字摘要、內容撰寫等。

……

從上面這些工具來看，目前 AI 的應用主要還是在改善傳統的使用者研究方法、提升效率方面，這的確能夠在一定程度上使我們的工作速度更快、品質更高。同時，更期待未來的 AI 工具能夠在使用者研究領域發揮更大的作用，比如：

- 更豐富的資訊類型。除了文字和語音以外，能夠處理更多類型的資訊輸入，包括圖片、影片、螢幕和網路攝影機的即時影像，這樣使用者研究就能對真實世界中的更多行為、事件進行分析。並且發揮機器的優勢，充分連結各種類型的資訊，讓研究人員能以快速、簡單的方式來檢索這些資訊。
- 更好的人機合作。今天的 AI 工具還不夠好，需要人工的參與。這些工具需要具有靈活性，讓研究人員在過程中能方便地編輯和更正 AI 工具生成的內容和管理的過程，從而得到更好的最終效果。
- 更多元的規劃與評估。AI 需要變得更主動，而不僅僅只是輔助執行。這就要求能夠把更多元的資訊納入考量，包括研究目標、研究問題、參與者資訊、過往的研究發現等，像專業的研究人員一樣對使用者研究的工作進行規劃與評估。
- 更強大的資料管理與處理。AI 在量化方法上能發揮的作用特別值得期待，包括自動取得資料、自動分析資料、自動得到洞察，在研究

複雜的使用者類型、情境與事件的過程中，強大的資料處理能力將徹底實現對真實世界的模擬以及對產品的個性化塑造。比如使用者研究團隊通常有大量的使用者研究資料，一直以來只能以一個個孤立文件的形式儲存在各處，無法形成一套完整的、能夠更有效率地從中獲得資訊的知識系統，而大型語言模型將讓這些變為可能：輸入所有資料，訓練一個私有模型，然後就可以用自然語言對話的方式從中獲得資訊了。

傳統的使用者研究方法（圖 4-6）雖然依然有效，但的確有很大的進步空間；和 AI 一起研究使用者，如今已經開始，未來尤為可期。

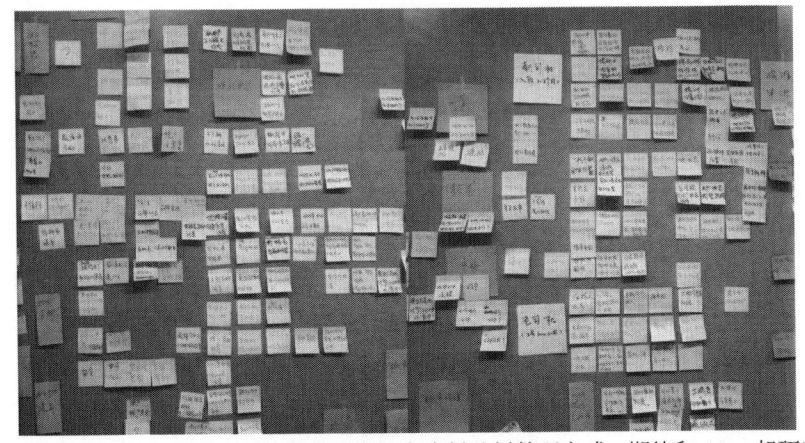

圖 4-6 在網路時代仍然常見的傳統使用者研究資料分析整理方式，期待和 AI 一起研究使用者，如今已經開始，未來尤為可期

思考

傳統的使用者研究方法中，如何引入 AI？

為什麼不能經由向 AI 問答了解使用者，來取代使用者研究？

怎樣找到合適的 AI 工具用於使用者研究？

4.3 和 AI 一起進行市場驗證

在上一節中，我們回顧了使用者研究的常用方法，並重點討論了怎樣和 AI 一起進行使用者研究。不過，儘管使用者研究是了解使用者需求的重要方式，但在這個過程中，有許多因素可能導致使用者研究產生偏差，無論是研究的進行方式、研究的參與者、資料的解讀方式，哪一方面出問題都可能導致使用者研究的結果無效。

從研究的進行方式來說，採用不同的研究方法進行對比驗證，比如質化研究的使用者訪談、實地調查，與和量化研究的點選流分析、使用者標籤分析相對照，如果研究結果一致，就說明需求驗證成功；如果不一致，則意味著哪裡出了問題，需要重新進行研究。事實上在實際的工作中，因為網路公司往往推崇量化的資料研究，不只是在質化與量化研究的結果不一致時可能產生麻煩；如果質化研究的結果與量化研究的結果完全一致、但是沒有新的發現，有時也會產生一些麻煩──花了這麼多時間精力，研究的結果和常識沒什麼區別，或者和量化資料結果沒什麼區別，那麼以後還要不要每次都做質化研究呢？不過從我的經驗來看，只要質化研究做得扎實，一定會得到許多量化研究中得不到的資訊。量化資料只能看到資料化的結果，知其然不知其所以然；而質化研究可以了解到使用者的情緒、行為、所處的情境、具體的過程，能夠更好地解讀資料背後的原因。比如我們曾經在做 Google 搜尋的資料分析時，對於一些看起來像是亂碼的搜尋詞完全摸不著頭緒，直到觀察使用者操作的時候才發現背後的原因：有些使用者使用鍵盤輸入不熟練，敲鍵盤的時候需要低頭看著鍵盤，沒注意到在螢幕上實際輸入的情況，再加上經常需要切換中、英文輸入法，還有些時候需要中文和數字、字母混合輸入，就很容易出現想輸入中文，卻輸成了英文，或者輸入的內容有缺失，或者乾脆成了一串亂碼。有了這樣質化研究的觀察發現，與量

化資料的分析發現互相對照，既驗證了使用者需求，又進一步發現了背後的原因，由此就可以有針對性地研發解決方案。

對研究的參與者來說，主要是驗證研究對象是否真的符合目標使用者的標準，以及從這些少量使用者身上得到的使用者研究結果，是否能夠對應到具有相當規模的使用者群體。前者是確定使用者研究的有效性，後者則是確定產品在商業上是否可行，由此確定是否值得做進一步的投入。通常可以使用市場規模估算和客戶終身價值計算的方法來進行驗證。市場規模是估算特定市場範圍中潛在使用者的數量的過程，可以使用不同的方法來預估市場規模，還可以使用 Google Trends、Statista 等工具來尋找相關的資料和趨勢。客戶終身價值（Customer Lifetime Value，CLV）是估算使用者在使用產品過程中為業務貢獻的淨利潤，可以幫助評估使用者需求對業務的重要性以及為獲取和保留使用者可以做的投入上限，可以使用不同的方法來計算，還可以使用 CLV Calculator、HubSpot 等工具來估計客戶終身價值。另外，使用者的需求會隨著時間而變化（比如隨著對於產品使用的逐步深入），因而使用者研究不是一次性的活動，而是一個不斷測試和迭代的持續過程，需要逐步深入驗證。

從資料的解讀方式來說，首先我們需要明白的是，資料是中性的，它只是一個事實的集合。資料的意義是由收集和分析資料的人賦予的。使用者研究收集和分析使用者資料以了解他們的需求、偏好、行為和動機的過程，使用者研究的資料本身並不會直接給出答案，需要進行解釋才能理解它並從中獲得對產品的洞察和啟示。使用者研究資料會受到各種因素的影響，如研究方法的選擇、研究問題的設計、參與者的抽樣、資料收集的品質、資料分析的技術和資料發現的呈現，這些因素會影響使用者研究資料如何被不同的利益關係人（如研究人員、設計師、工程師、產品經理或客戶）解釋和使用。使用者研究資料可以根據上下文、視角和解釋目的的不同進行不同方式的解釋。比如，一個剛上線的產品功

能的資料表現不好，有可能因為設計不夠好，有可能因為使用者還處在適應期，有可能這並非使用者的需求，這就需要進一步的驗證，真正找到背後的主要原因，才可能針對性地加以改進。我在 Google 時就曾遇到過這樣的問題。根據對於市場變化以及使用者需求的研究和洞察，我們實驗上線了新版的影像搜尋介面，改進了圖片的展示方式，讓使用者獲得更好的圖片快速瀏覽效果。在這樣的實驗中，因為使用者需要一段時間適應（根據不同的產品類型、功能複雜度、使用者情況，這種適應期短的可能需要幾天，長的可能需要幾週），資料在剛開始的時候是會下跌的，直到使用者度過適應期，重新恢復平穩的資料才是真正的效果。可是當時因為一些內部的原因，實驗開始沒多久，還沒有度過適應期，就被喊停。直到一年以後微軟的搜尋引擎推出了和我們的實驗方案很相似的影像搜尋介面，並且在市場上獲得了很好的回響，這時我們才得以重新上線之前的實驗方案。

使用者研究的問題還不僅於此。使用者研究只能告訴我們作為研究對象的這些使用者的情況，但不能告訴我們市場上大量使用者的情況；使用者研究只能告訴我們使用者想要什麼，但不能告訴我們使用者是否願意為產品付錢。如果是做學校作業或者參加比賽，可以在做完使用者研究以後就進入到產品策劃設計的環節；但是如果是在真實世界中做專案，這還遠遠不夠。

這就需要做市場驗證。經由收集有關市場需求和接受程度的資訊，市場驗證可以幫助降低推出新產品的風險，確定產品或服務是否具有商業可行性，以及是否需要做出任何改變；可以幫助提高推出新產品的成功率，確保產品能滿足使用者需求，並且具有吸引力，避免在推出不成功的產品上浪費時間和金錢。

從使用者研究到市場驗證，可以按照以下步驟進行。

第一步，定義市場驗證目標。

根據使用者研究的結果建立假設，比如會有一個相當規模的使用者群體與使用者研究時的目標使用者類似，由此來確立一個目標市場，以及相應的使用者需求，定義產品的價值主張，比如要用什麼方式、為誰解決什麼問題、達到什麼效果，我們的解決方案與競品有什麼不同、為什麼我們能做而他們做不到，使用者願意為此付出什麼、我們的收益是什麼。這樣就形成了進行市場驗證的目標，並在此基礎上進行細部討論，形成一系列需要驗證的子主題。

第二步，評估市場規模和競爭格局。

對於沒有接觸過商業的人來說，最容易出現的問題就是基於少量的使用者研究以及自己對產業的理解做判斷，把假設當作事實，這樣就特別容易被事實教訓。

市場驗證需要了解目標市場的整體規模、產品可能獲得的占有率、市場中現有的以及潛在的競爭對手、使用者購買習慣以及支付意願。一方面，我們可以經由各種研究報告獲得市場和競爭情況的整體資訊作為參考，不過也需要了解，大多數研究報告都是和我們一樣的人經由研究做出的，其中肯定有各種不足甚至不準，可以作為參考，但並不能完全採信；另一方面，找到對市場有經驗、有洞察的人進行訪談，比如產業專家、利益關係人群體，能幫助我們快速建立起產業整體的概念，並且能了解其中真正關鍵的要點與洞察，還能指引我們進一步研究的方向和可以引入的資源。另外，如有可能拿到公開或者私有的大數據進行分析，也將產生非常重要的洞察。

第三步，進行細分使用者與競品的研究。

在前面的使用者研究過程中，我們對於潛在的目標使用者群體進行了探索性的研究。在市場驗證的階段，一方面可以對之前的研究做分析

歸納，另一方面需要針對已經確定的細分使用者群體進行進一步的研究。重點在於了解目標細分市場的需求，以及產品可以如何滿足需求。

- 細分市場面臨的問題或未滿足的需求是什麼？競爭對手的產品為什麼無法滿足這些需求？
- 沒有我們的產品時，使用者是如何處理這些需求的，成本如何？他們對目前採用的方案的滿意度如何？他們的動機和偏好是什麼？
- 我們的產品是否可以作為解決方案？對現有方案的替換成本如何？
- 使用者對於我們產品概念的回饋如何？願意使用、付費的使用者比例如何？
- 我們產品成功的標準是什麼？有哪些影響因素？

獲取盡可能大一些規模的資料，包含各種潛在的目標使用者群體，對收集到資料進行全面的分析，驗證最初的假設；原始假設可能需要修正，並進行再次的驗證。

第四步，測試產品的概念想法。

隨著研究和驗證的深入，產品的概念想法也會越來越清晰。這時可以進行更具投資性的市場驗證測試和研究，例如原型設計或建立 MVP（Minimum Viable Product，最簡化可實行產品）。我們會在第 6 章中詳細介紹產品測試相關的話題。

市場驗證的過程可能會比較花時間，但是與之後產品進入具體的研發和經營所要投入的時間和資源相比，這時的投入小得簡直可以忽略不計，一定要扎扎實實做好；而且最好以多種方式進行，並交叉驗證，盡可能提升驗證的效果。

在上述的第二步中，關於市場規模與競爭格局的研究，是典型的產業研究，有很多常用的方法可以學習。比如在網路上搜尋「如何一週快

速了解產業」就能找到很多參考文章。這些方法的要點，以及 AI 能夠幫助的部分在於以下幾點。

- 釐清想要了解的內容類型。比如市場規模、使用者規模、產業價值鏈、產業主要公司、產業主要問題、影響力大的人物、獲得資訊的主要管道等等。過去我們主要是經由搜尋和閱讀產業資料，加上初始的產業專家訪談來逐步建構框架與內容，現在可以從一開始就請 AI 協助列出內容框架作為參考（當然不能完全局限在 AI 提供的框架中）。
- 針對內容類型列出盡可能多的相關關鍵詞。關鍵詞是我們進入一個產業的一把把鑰匙，其數量與品質會直接決定搜尋研究成果的深度與廣度。過去我們也主要是經由初步的搜尋、閱讀產業資料，加上初始的產業專家訪談來逐步建構關鍵詞列表，現在可以請 AI 協助列出盡可能多的關鍵詞作為參考，加上我們自己的思考和研究，效果會更好。同時，在研究過程中不斷調整關鍵詞、至少使用中文和英文進行檢索也很重要。另外，因為我們在過程中會嘗試至少數十個、甚至數百個關鍵詞，應該從一開始就把關鍵詞清楚地列出，並且最好分門別類，這樣會非常有助於管理嘗試的過程，以及產生更多關鍵詞。
- 找到獲得內容的管道。主要包括閱讀產業報告、白皮書和圖書，產業網站、線上社群論壇、社群媒體、部落格、Podcast，產業活動、會議、協會、組織，產業專家、職業社交網路、專家諮詢網路等。帶著問題、關鍵詞、待驗證的假設，從這些管道中獲得我們想要了解的內容。在尋找這些管道、獲得相應的內容方面，AI 也能幫上一些忙。
- 管理研究獲得的內容。我們需要把所有研究成果電子化彙整起來，便於之後的分析整理。在傳統的做法中，儘管可以經由彙整列表，利用標籤、關鍵詞檢索的方式來進行整理，但是分析和管理主要還

是靠人的記憶和理解，很難處理大規模的內容。有了 AI 的幫助，不僅使語音、影片能夠被自動轉文字，便於檢索，而且還可以把大量的研究成果作為素材直接輸入給 AI，比如 Anthropic Claude、Google NotebookLM，它們會自動解讀這些內容，以後我們可以直接向它們提問，讓它們基於這些內容來進行分析、給出答案。

- 分析研究獲得的內容。常用的方法包括 SWOT 分析、波特五力分析、PEST 分析、商業模式圖等。雖然我們可以讓通用的 AI 用這些方法分析產品或市場，不過實際使用的效果是，通用的 AI 主要在說籠統的、正確的廢話，很難產生真正有意義的分析；而按照上述的方法，用 Claude 或者 Google NotebookLM，專門基於輸入的研究素材來生成內容，品質會明顯高很多，不過還是無法取代人類的分析。

- 呈現分析的結果。把發現與洞察綜合起來，並以清晰簡潔的方式呈現。簡單的內容可以使用 PowerPoint、Canva 這樣的展示工具來呈現，複雜的則可以製作成資訊圖表（infographics）。目前的 AIPPT 工具，比如 Tome、Gamma，以及 PowerPoint 和 WPS 也推出 AI 生成的功能，能做一些簡單的演示內容；ChatGPT 的 Code Interpreter 則能針對資料，自動產生資訊圖表來呈現分析結果。

在大家使用 ChatGPT 這些 AI 的時候，還請一定要注意，它們目前有個先天缺陷，就是生成的內容可能存在事實性錯誤。這個問題被稱為大型語言模型的「幻覺」問題，是指文字生成模型的生成結果中含有與事實衝突的內容，這是自然語言處理領域中的基礎問題之一，目前還沒有行之有效的解決辦法。幻覺問題影響的詞語少，難以被現有指標偵測，可是因為真假內容會混在一起，在實際應用中的破壞性就會很強。相比之下，在目前的大型語言模型 AI 中，微軟 New Bing 因為把 AI 生成與網

路搜尋相結合,在生成的內容中融入搜尋結果,並提供網頁連結,整體的可信程度更高,就更適合對於事實性要求高的內容生成。

在上述的第三步中,關於競品的研究是關鍵。大致的方法可以參考如下。

- 定義和辨識競爭對手。不僅包含已經在向我們的目標使用者提供產品服務的直接競爭對手,也包含隨時可以向我們的目標使用者提供產品服務的間接競爭對手。經由網路搜尋、使用者研究、AI問答,找出我們的目標客戶正在使用或者考慮使用的5至10個產品,再按照競爭威脅進行初步的排序。
- 收集競品的資訊。從各種來源收集競品的資料,但競品分析不是產品之間的「找不同」遊戲,而是需要聚焦在真正的要點上,比如使用者的需求、產品的差異點。通常需要包含產品的功能和優點、產品的品質和效能、產品的設計和使用者介面、產品的價格和折扣、產品的客服和支持、產品的行銷和分銷管道、產品的品牌與定位、使用者評論和回饋、市場占有率和成長等。
- 分析和比較資訊。在無需且無法差異化的地方,充分了解競品的做法,不試圖強行改變使用者的習慣,不添麻煩,不要為了不同而不同;在可能形成差異化的地方,充分發揮創造力,向使用者提供獨特的優質服務,建立獨特的品牌印象與體驗效果。這裡可以使用的分析工具包括SWOT分析、競爭格局圖(Competitive Landscape,圖4-7)、競爭矩陣(Competitive Profile Matrix,CPM)等,通常需要包含的內容包括每一項產品的獨特賣點是什麼、優缺點是什麼、如何滿足客戶的需求和期望、在市場上定位如何、使用者是怎樣看待每個產品。另外,使用者行為流程分析、使用者旅程圖,配合產品資料,也可以用來幫助確定產品功能與體驗中細節的差異化切入點。

- 確定競爭策略。根據分析,確定自己產品與競爭對手的區別,或者找出市場上尚未被滿足的需求,進行定位、產品、推廣、銷售等方面的改進與創新,形成差異化的競爭力。

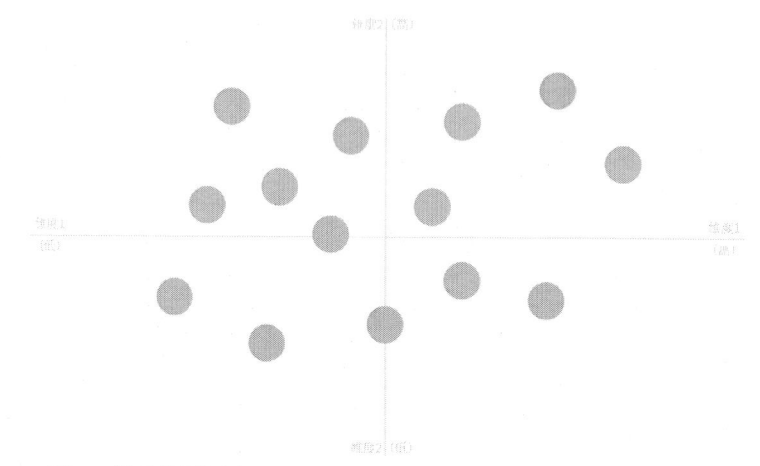

圖 4-7 競爭格局圖(Competitive Landscape),找出產品的差異化定位

思考

為什麼使用者研究的結果不能直接作為產品設計的基礎?

市場驗證主要是驗證哪些方面?

AI 在進行市場研究中能發揮什麼作用、需要注意哪些問題?

4.4 小練習:從自己的到使用者的智慧型產品

在本章中,我們從創新機會的發現、使用者研究,到市場驗證,全面地討論了「以人為始」的產品設計創新過程,AI 在其中能夠發揮的作用,以及需要注意的問題。正如之前所說,產品設計者一手牽著使用者,一手牽著科技,但是相較於工程師的基本盤在於科技,設計師的基本盤則是在於使用者。近二十年來,伴隨著 Google、蘋果等優秀產品獲

得巨大的商業成功，以人為本的使用者體驗已經被眾多產業奉為圭臬。這首先當然是一種進步，能讓使用者獲得更多的重視，為使用者創造更多的價值，也為設計師、產品經理帶來更多的影響力與發展機會；但同時，這也是產品的創造者需要承擔的責任，更是產品創造者源源不斷獲得創新想法的泉源。

　　針對使用者進行產品創新的方法也並非一成不變。比如不僅網路公司發展出依據資料進行快速測試、迭代的產品創新方法，蘋果手機作為一個軟、硬體一體化的產品，在 2012 年也開始像網路公司那樣，推出不同的測試版本（圖 4-8），根據使用者的使用資料來做最終的產品設計決定。隨著 AI 科技的發展，不僅將會出現越來越多智慧的產品，產品創新過程中也將會有越來越多 AI 的參與。

圖 4-8 2012 年蘋果推出不同的 UI 設計進行測試

　　本章的小練習如下。

主題：從自己的到使用者的智慧型產品
大學生： ・查閱資料，熟悉各種使用者研究、市場驗證方法。 ・把為自己服務的智慧型產品，尋找一個對應的使用者群體，進行使用者研究。 ・為這個產品進行市場驗證研究，尤其注意提出具體的資料。 ・在過程中充分使用 ChatGPT 和微軟 New Bing，把結果記錄為一份文件。

193

第二篇　智慧型產品設計分析

碩士班：
・把為自己服務的智慧型產品，尋找一個對應的使用者群體，進行使用者研究。
・為這個產品進行市場驗證研究，尤其注意提出具體的資料。
・基於競品分析，提出產品的差異化競爭優勢。
・在過程中充分使用 ChatGPT 和微軟 New Bing，把結果記錄為一份文件。

第三篇
智慧型產品設計實務

　　11 歲的 Sunny 對於利用 AI 生成設計圖，在剛開始時並不熱衷，因為他更希望設計是由自己充分控制的；直到用繪製草圖的形式控制影像生成的 AI 出現，他終於開心地接納了這個小助手。

　　就像過去每一次重大的技術變革一樣，積極擁抱新技術的人們將會獲得巨大的力量。

　　取代一般人類的不會是 AI，而是善用 AI 的人。

第 5 章　產品設計：人機共創

5.1 產品設計的 AI 基礎課

　　產品設計者是使用者與科技之間的一座橋，一手牽著使用者，一手牽著科技。牽著科技的這一隻手，在工業設計時代牽著的是硬體的結構、材料、工藝，在軟體和網路設計時代牽著的是軟體工程、前端與後端研發知識與規律，在 AI 設計時代牽著的是什麼？這也正是產品設計者在這個時代需要著重學習的。

- 了解 AI 如何工作以及它能做什麼。AI 不是一個單一的技術，而是一個方法和工具的集合，使機器能夠執行通常需要人類智慧才能執行的任務，例如感知、推理、學習、決策和創造。學習 AI 的基本概念和原理，比如機器學習、自然語言處理、電腦視覺和生成式設計。產品設計者需要與時俱進地理解 AI 的能力和局限性，以及如何用 AI 增強或擴展設計的過程和結果。

- 如何利用 AI 作為設計與研究工具。AI 可用於簡化流程、增強創意並改善使用者體驗。比如可以經由 AI 以文字、圖片、影片的形式生成新的想法、概念或解決方案，使用 AI 來個性化或調整設計方案以適應不同的使用者、情境或目標，使用 AI 來自動執行資料收集、分析或測試這樣重複或煩瑣的任務。在今天，各式各樣的 AI 工具層出不窮，找到這些工具，整合進入自己的工作流程，就能發揮出更好的效果。

- 把 AI 當作合作夥伴來建立新的工作模式。AI 不僅是設計工具，也是設計的合作夥伴。隨著越來越多的產品採用 AI 功能，我們需要考慮如何為人與 AI 的人機互動和合作進行設計，比如如何改善多模態

融合的提示語工程（prompt engineering）來提升人機合作，如何經由訓練生成模型（比如 LoRA 模型）、資料驅動、AI 代理（AI agent）來打造自己的 AI 分身，從而擁有更高的效率和更強的影響力，如何平衡人與 AI 之間的控制和自主權，如何使 AI 對使用者更透明、可解釋和可信，如何確保 AI 在與人互動過程中的道德、責任與安全性等問題。

大家可以在網路資料和圖書中找到不少設計師在 AI 時代需要了解的基礎 AI 知識，建議大家以此為線索，系統性地了解一下 AI 的歷史、基礎理論、技術系統、應用領域，如果有興趣了解機器學習的各種演算法更好。接下來我們將從以下這幾個方面來探討，對產品設計影響最大的 AI 技術基礎以及發展趨勢。

AI、機器學習、深度學習和神經網路是最基礎、最常見的幾個技術概念，他們彼此之間的關係是：AI 包含機器學習，機器學習包含深度學習，神經網路是深度學習的基礎結構。

1.AI

AI 是指機器能夠執行通常需要人類智慧才能完成的任務，比如感知、推理、學習、決策和創造。一般來說，AI 可分為三類：狹義人工智慧（Artificial Narrow Intelligence/ Weak Artificial Intelligence）、通用人工智慧（Artificial General Intelligence/ Strong Artificial Intelligence）和超級人工智慧（Artificial Super Intelligence）。狹義人工智慧的智慧弱於人類，只能執行特定任務，比如能夠擊敗人類世界冠軍的 AlphaGo 是世界上最強大的圍棋 AI，但它只會下棋，做不了其他的事情。通用人工智慧類似於人類，能執行任何人類可以做的事情，比如理解語言、解決問題。超級人工智慧是一種在各個方面都超越了人類智慧的 AI 代理，目前還停留

在假設中，理論上來說，一旦人類做到了等同於人類智慧的通用人工智慧，因為 AI 能夠高度有效地相互連結組合，事實上就形成了超越人類智慧的超級人工智慧。自從「AI」一詞在 1956 年的達特茅斯會議上被正式提出，機器學習逐漸發展出 5 個主要的學派：符號理論學派將學習視為逆向演繹，並從哲學、心理學、邏輯學中尋求洞見；類神經網路學派對大腦進行逆向分析，靈感來源於神經科學和物理學；演化論學派在電腦上模擬演化，並利用遺傳學和演化生物學知識；貝氏定理學派認為學習是一種機率推理形式，理論根基在於統計學；類比推理學派經由對相似性判斷的推演來進行學習，並受到心理學和數學的影響。

　　AI 的發展在過去的幾十年間幾經起伏，曾幾度被人們認為是「永遠還要十年才成熟」，即便是 2018 年被授予圖靈獎的「深度學習三巨頭」傑佛瑞・辛頓（Geoffrey Hinton）、約書亞・班吉歐（Yoshua Bengio）、楊立昆（Yann LeCun）也足足坐了 30 年冷板凳。經過 2016 至 2019 年新一輪 AI 發展的潮起潮落，在全球整個 AI 產業並不抱希望、紛紛裁撤資源投入的情況下，OpenAI 於 2022 年 11 月底釋出 ChatGPT 震驚了世界，重新激起了產業熱潮，為 AI 充滿戲劇化的發展過程又增添了一段新劇情。ChatGPT 的技術突破是基於 Google 研發並開源的 Transformer 技術，它讓 AI 具備了理解對話上下文的能力。Transformer 的概念則是建立在一篇由 Google 研究院（Google Research）8 位研究員發表於 2017 年 6 月名為「Attention Is All You Need」（所有你所需要的就是注意力）的論文的基礎之上。正是這一篇革命性的論文中提出的「注意力」概念，引發了今天 AI 大型語言模型領域的突飛猛進。耐人尋味的是，論文發表之後，Google 自己對此並沒給予足夠的重視，讓自己的科學研究成果閒置了幾年，並沒有進一步進行產品化的嘗試。而 OpenAI 注意到這一篇論文之後，迅速運用到 GPT 系列大型語言模型的研發之中，並在隨後做出了轟

動全球的 ChatGPT。歷史跟 Google 開了一個玩笑，自己的技術優勢卻被競爭對手捷足先登，而參與這一篇論文的 8 位研究員也在近年來陸續離開創業。這個真實的案例生動地說明，擁有具備強大科學研究能力的組織並不等於能夠一直站在技術發展和應用的最前端，團隊領導者對先進技術以及產品和商業的敏感度，以及團隊在產品研發上的執行力、耐心定力，也極其重要。

2. 機器學習

機器學習（Machine Learning，ML）是 AI 的一個子集，是一種能夠建構自我的技術。這種技術方法使機器能夠從資料和經驗中學習，而無須被明確編碼。自古以來人類就一直在創造工具，無論是古代手工製作的工具，近代工業大批次生產的工具，還是現代絕大部分軟體與網路程式工具，都只能按照人類設定的方式，或者直接被人類操控進行工作。機器學習演算法則是人類創造的一種全新的工具，它可以自動化執行，為不同的使用者、不同的事件創造不同的成果，甚至可以用它們來設計其他工具。機器學習演算法是把資料變成演算法，它掌握的資料越多、品質越高，形成的演算法也就越精準。機器學習可分為三種主要類型：監督式學習、無監督學習、強化學習。

監督學習（Supervised Learning）是向機器提供標記過的資料，以便機器可以學習將特定輸入與特定輸出關聯起來。常見的監督式學習演算法包括將資料點分類到預定義的類別中的分類演算法，能預測連續值的輸出回歸演算法，可以用於分類和回歸任務的支援向量機、決策樹，可以用於各種不同類型任務的類神經網路。比如，監督式學習可以把一組數量足夠大的、包含貓和狗的圖片作為一個資料集，首先由人來辨識每張圖片究竟是貓還是狗，並用文字打上標籤，得到一個打好了標籤的貓狗影像的資料集。然後把資料集中的一部分拿出來作為訓練集，提供給

一個監督學習演算法，讓它進行學習。當它初步「學會」辨識貓和狗的影像以後，把資料集中的另一部分——這個學習演算法沒有見過的影像，拿出來作為「測試集」，去測試這個學習演算法是否能夠準確地分辨貓和狗的影像。如此迭代，就能訓練出一個能夠辨識貓狗影像的學習演算法。李飛飛老師在 2006 年建立了世界上第一個高品質、大規模用於訓練和測試演算法的影像資料集 ImageNet。到 2009 年，ImageNet 已經包含超過 1,400 萬張影像，標記了超過 2 萬個類別。2010 年李飛飛老師發起了名為 ImageNet 大規模視覺辨識挑戰 (ILSVRC) 的公開比，在首屆比賽中表現最好的演算法影像辨識錯誤率為 28%，遠遜於人類辨識錯誤率約 5% 的表現。2012 年由傑佛瑞·辛頓領銜的多倫多大學團隊採用深度神經網路架構的 AlexNet 演算法，一舉把辨識錯誤率突破性地降至 16%，展現出深度學習在電腦視覺領域的強大能力和潛力，並進一步引發了這個領域的創新和研究熱潮。AlexNet 最擅長的就是辨識貓，從那時起，ImageNet 和貓的辨識一直在不斷發展和改進。到 2017 年，比賽的最後一年，最好的演算法的辨識錯誤率已經降到 2.25%，超越了人類的表現。在我們的生活中常見的監督式學習的應用案例包括影像辨識、自然語言處理、音訊辨識、金融市場預測、疾病診斷等。今天我們用到的 AI 按照文字要求生成影像，也包含著監督式學習讓機器能辨識影像所做出的基礎貢獻。

無監督學習 (Unsupervised Learning) 是不向機器提供標注資料，而讓機器自己從未標注的資料中學習，找出資料中的模式。常見的無監督學習演算法包括將資料分組到具有相似屬性的組別中的聚類演算法，將高維資料轉換為低維資料，從而可以更容易地視覺化和理解資料的降維演算法，辨識資料集中的異常值的異常檢測演算法，發現資料集中相關屬性組合的關聯分析演算法。在我們生活中常見的無監督學習的應用案

例，包括音樂推薦可以根據使用者的收聽歷史來向使用者推薦音樂；社交網路分析可以辨識彼此相關連的群體，進行內容或商品的行銷推廣；客戶細分可以將客戶根據他們的相似性進行分組，從而進行行銷活動或新產品和服務的推廣；基因聚類可以用於根據其相似性將基因分組，幫助科學家辨識和理解基因家族和功能；天文資料分析可以用於辨識恆星或星系的集群，幫助科學家了解更多關於宇宙的演化；異常檢測可以辨識資料中的異常值，從而用於偵測詐欺或者辨識系統故障；影像聚類可以將影像根據其相似性進行分組，用於影像標記、影像搜尋和影像分類；自然語言處理，可以進行文字聚類、建立主題和情感分析……因為無需預先的大量資料標記，並且能用於發現資料中的隱藏模式等優勢，無監督學習這個領域發展迅速，具有許多潛在的應用。在人機合作進行產品設計探索時，也需要這種方法來幫助從大量的探索結果中，分析、篩選得到提供決策的成果選項。畢竟如果直接把成千上萬的探索成果丟到產品設計者面前，以人類有限的資訊處理能力，這不僅不是量變到質變的進化，而是一場資源過載的災難。

強化學習（Reinforcement Learning）是讓 AI 代理經由與環境互動、在嘗試錯誤中學習，並根據其行為給予獎勵或懲罰，從而使 AI 代理學會調整行為以最大化其獎勵。常見的強化學習演算法包括經由學習值函式來學習最佳策略的 Q-learning 值迭代演算法、經由學習狀態－動作值函式來學習最佳策略的 SARSA 時序差分學習演算法、經由直接最佳化策略來學習最佳策略的 Policy Gradient 策略梯度演算法、結合深度神經網路和 Q-learning 學習最佳策略的 DQN 深度強化學習演算法、經由多個 AI 代理合作學習最佳策略的 A3C 合作式強化學習演算法。在我們生活中常見的強化學習應用案例包括能夠擊敗人類世界冠軍的遊戲 AI、能夠在複雜環境中自主導航的機器人、能夠在金融市場中做出最佳決策的金融交易

演算法、能夠診斷疾病和制定治療方案的醫療演算法。在設計中，強化學習可用於建立更具適應性、個性化和創造性的設計，比如強化學習 AI 代理可以根據使用者輸入的資料來生成一個圖形設計，然後根據使用者的回饋訊息來進行設計改進；在這個過程中，AI 代理還可以探索不同的設計方案，並從自身的經驗中學習。經由這種方式，AI 代理可以為每一個使用者創造不同的設計方案。

3. 基礎技術領域

在新一代大型語言模型出現之前，AI 通常被劃分為涇渭分明的技術領域，儘管存在共同的機器學習技術基礎，但是各領域之間的技術還是相差很大，大到各領域的專家甚至難以跨領域交流。新一代的大型語言模型打破了這一項藩籬，能夠同時處理來自不同領域的資料和訊息。不過，為了便於理解，在此我們還是以傳統的領域劃分來簡單介紹一下這些典型的技術領域，作為大家學習的參考線索。

自然語言處理（Natural Language Processing，NLP）：研究電腦如何理解和生成人類語言。其研究領域包括資料抽取、文字摘要、機器翻譯、語音辨識、問答系統、情感分析、自然語言生成等，常見的應用包括搜尋、自動翻譯、客服等聊天機器人、文書處理、寫作助手等。

電腦視覺（Computer Vision，CV）：研究電腦如何從數字影像或影片中提取資訊、理解現實世界，以及編輯和生成 2D、3D 的內容。其研究領域包括影像處理、影像辨識、目標追蹤、影像生成、3D 重建等，常見的應用包括人臉辨識、自動駕駛、影像編輯、影視特效、安全監控、運動分析、醫療分析等。

語音技術（Speech Technology）：研究電腦如何辨識和生成人類語言。其研究領域包括語音辨識技術（Speech-to-Text，STT，也稱為 Automatic Speech Recognition，ASR）、語音合成技術（Text-to-Speech，TTS），常見

的應用包括語音輸入、文字朗讀、語音助手、智慧音響、虛擬人等。

機器人學（Robotics）：研究機器人設計、製造、操作和應用（如前文所述，robotics 並非僅局限於人形，而是包含了各種形態的自動化機械，「機器人」是一個有些誤導的翻譯）。其研究領域包括機械設計、電子工程、電腦科學、AI 等，常見的應用領域包括工業機器人、服務機器人、娛樂機器人、體育機器人、醫療機器人、軍事機器人等。

還有一些由多項技術方向融合，並增加了新的技術方向的綜合領域，比如自動駕駛、虛擬人、數位孿生等。隨著技術與應用的發展，這樣的綜合領域也會越來越多。

4. 深度學習與神經網路

深度學習（Deep Learning，DL）是機器學習的一個子領域，它使用人工神經網路來模仿人類大腦的學習過程，從大量資料中進行學習。深度學習模型在大量資料上訓練，資料可以是文字、影像、音訊等各種形式的資料；訓練過程中，模型學習如何辨識資料中的模式，完成之後就可以用於預測新資料。

深度學習可以實現比傳統機器學習方法更高的效率和準確度，能夠進行複雜的任務，比如自然語言處理、電腦視覺和生成式設計，但由於依賴大量資料進行訓練，所以儘管在 1980 年代就被提出，但是一直到 2010 年代，當用於訓練的大數據和計算能力（主要是顯示卡，即 GPU）都具備了以後，深度學習才逐漸獲得引人矚目的成績，進一步吸引了更多人才和資源的投入。從擊敗人類冠軍的圍棋 AI AlphaGo、遊戲 AI AlphaStar，到大規模破解蛋白質結構的生物學 AI AlphaFold；從無處不在的 AI 人臉辨識，到效果大幅提升的機器翻譯、語音辨識，以及開始逐漸可以參與到人類的創造行為之中的 AI 寫詩、作畫、編曲，深度學習徹底改變了 AI 的世界圖景。

神經網路（Neural Network）是深度學習演算法的基礎架構，是一種模擬人腦的計算系統。神經網路由神經元組成，神經元是模擬人腦神經元工作的計算單元。神經元經由接收輸入、計算輸出和發送輸出而運作。輸入可以是來自其他神經元的訊號，也可以是來自外部世界的資訊；輸出可以是發送給其他神經元的訊號，也可以是用於控制機器的命令。神經網路由大量的神經元組成，每一個神經元與其他神經元連結；神經元經由傳遞訊號來相互通訊，神經元之間的連結權重控制神經元如何回應輸入。權重經由訓練來調整。訓練過程是讓神經網路學習如何處理輸入並正確輸出。神經網路可以有任意數量的層，層的數量取決於神經網路所要解決的問題的複雜性，複雜的深度神經網路的層數可以多達數百甚至數千層。神經網路中只有一層的網路稱為單層神經網路，只能學習簡單的模式；神經網路中有兩層或兩層以上的網路稱為多層神經網路，可以學習更複雜的模式。多層神經網路中的層分為輸入層、隱藏層和輸出層，輸入層接收資料，隱藏層處理資料，輸出層生成結果。多層神經網路的層數越多，可以學習的模式就越複雜，但是多層神經網路的訓練也越困難。根據神經網路的架構和功能，深度學習可以分為卷積神經網路（Convolutional Neural Network，CNN）、循環神經網路（Recurrent Neural Network，RNN）、生成式對抗網路（Generative Adversarial Network，GAN）、Transformer 架構等。

深度學習有著機器學習前所未有的優點。深度學習可以從大量資料中學習，而傳統的機器學習演算法只能從少量資料中學習；深度學習可以學習非常複雜的模式，而傳統的機器學習演算法只能學習簡單的模式；深度學習可以自動學習，而傳統的機器學習演算法需要人工設計。

但深度學習也有著不可忽視的缺點。正因如此，包括深度學習的發明者辛頓、約書亞、楊立昆都認為，深度學習存在一些根本的限制和挑

戰、阻礙其實現真正的 AI，於是他們不約而同地在幾年前就開始了新領域的探索。即便 ChatGPT 把深度學習的應用又提升到一個新的境界，2023 年時，楊立昆仍然說，GPT 模式五年就不會有人用了，世界模型才是 AGI 未來。以下這些深度學習的缺點，也將成為新一代 AI 著重改善的地方。

- 資料依賴性：深度學習在訓練演算法時嚴重依賴大量標記的資料。然而，資料可能稀少、昂貴或存在偏差，這會影響演算法的效能和泛化能力（泛化能力是機器學習模型在未見過的資料上表現良好的能力）。此外，單純的資料可能不足以捕捉到真實世界的複雜性和多樣性，還需要額外的知識或推理能力。
- 可解釋性：深度學習在工作時，通常是一個難以理解、解釋或信任的黑箱形態。這可能引發倫理、社會和法律問題，當演算法要被用於重要或敏感決策時尤其如此。此外，因為缺乏可解釋性，也就很難透過辨識模型中的錯誤、偏差或不足來改進演算法。
- 穩健性（robustness）：穩健性代表的是控制系統對特性或參數擾動的不敏感性，或者說是穩定的強壯性。深度學習可能容易受到對抗攻擊的影響，比如向影像中新增少量噪音或扭曲就可能導致深度學習演算法產生錯誤分類。這樣的對抗攻擊可能帶來嚴重的安全風險，比如在自動駕駛或人臉辨識中就可能產生嚴重的後果。
- 泛化能力：因為在泛化能力方面表現不佳，深度學習往往只能「專用」，而難以運用到與訓練資料不同的新情境或未知情況中。比如，一個在貓和狗的影像上訓練的深度學習演算法無法辨識其他動物或物體。泛化能力不僅僅是成本問題，而且只有達成了優秀的泛化能力，才有可能真正實現通用 AI。

5. 湧現能力

當深度學習專家們紛紛認為深度學習這條路會走不下去的時候，以 ChatGPT 為代表的新一代大型語言模型用「湧現能力」(Emergent Abilities) 開啟了一片新的天地。AI 的湧現能力是指在 AI 系統中，突然且不可預測地出現的新技能。這些技能在模型較小的時候並不存在，而在模型規模達到一定程度的時候突然出現，而且在現實中發現了在不同規模下湧現不同能力的情況。AI 新能力的出現是一個複雜的現象。它是如何發生的還不完全清楚，但通常認為是由於許多不同因素，比如模型的大小和複雜性、訓練資料和演算法最佳化等，相互作用的結果。目前 AI 湧現出來的典型能力包括以下幾種。

創造力：在基於擴散模型 (Diffusion Model) 的新一代影像生成工具 Midjourney 和 Stable Diffusion 以及基於大型語言模型 (Large Language Model，LLM) 的新一代對話機器人 ChatGPT 出現以前，雖然當時的深度學習也可以生成文字、影像、音樂、影片等內容，但是與人類的成果還有顯著的差別，其中是否具備真正的創造性或原創性是個頗具爭議的話題。然而，2022 年 8 月，AI 生成的藝術作品在美國科羅拉多州博覽會的藝術比賽中獲得第一名；2023 年 4 月，AI 生成圖片獲索尼世界攝影獎；2023 年 7 月，ChatGPT 下架官方檢測工具，承認無法鑑別區分 AI 生成的文字和人類寫的文字……在今天，人們已經無法再執著於「AI 是否具有創造力」這個問題，因為 AI 生成的內容從單一成果來說已經經常與人類的成果相差無幾，甚至高於人類的平均水準，而 AI 生成的規模與效率則是人類無法望其項背的。透過人機合作，創造性地運用 AI，並用 AI 激發人類更多的創造力，人類可以獲得超越自身的創造力，這也是我提出「AI 創造力」的重要原因。

語言理解與生成的能力：語言能力是人類演化的關鍵，也是人類區

別於其他物種的主要特徵之一，為複雜的、抽象的思考，為資訊的記載與傳播，為人類的交流與組織合作，為人類文化的建立等奠定了基礎。今天，以 ChatGPT 為代表的 AI 大型語言模型應用可以理解文字、回答問題、翻譯語言，這意味著 AI 能夠更好地從人類社會中學習成長，更容易理解人類需求、與人類合作，更好地提供人類所需的產品與服務。

問題解決與自主決策的能力：AI 可以透過分析大量資料來找到解決複雜問題的方案，可以根據學習到的模式和資料分析做出決策。在這個過程中，AI 經由大量的學習以及深入的分析，甚至能發現人類忽視的線索，做出比人類更好的表現。要把人類從重複、繁瑣、危險的工作中解放出來，讓 AI 具有獨立解決問題、自主決策的能力就非常重要。「AI 代理」(AI agent) 正是目前最熱門的研發領域之一。

其他典型的湧現能力還有多模態感知、適應性、遷移學習等。

從哲學層面來說，AI 大型語言模型的湧現能力很容易理解，這就是個典型的量變到質變的案例；但是對 AI 來說，這意味著更大的可能，可能有益也可能有害。有益的是，AI 系統出現了新能力，可以執行以前不可能的任務，可以使 AI 系統更加有適應性和高效率，可以帶來新的發現和洞察；有害的是，這使得 AI 系統變得更加不可預測和難以控制，可能被用於建立有害或惡意的 AI 系統，可能會導致工作職位流失和其他經濟動盪。另外，儘管 AI 系統可能表現出湧現能力，但仍在其訓練範圍和所接觸的資料範圍內受到限制。它們可能缺乏常識推理、上下文理解和超出其訓練資料的能力，也需要進行倫理考量和仔細監控。作為產品的設計者，我們需要意識到 AI 中湧現能力的益處和潛在風險，隨著 AI 系統變得更強大，我們必須找到確保它們安全和負責任地使用的辦法，以確保 AI 真正做到以人為師、以人為本、以人為伴。

6. 生成式 AI

生成式 AI（Generative Artificial Intelligence）是一種可以創造新資料或內容的 AI。與專為特定任務設計的傳統 AI 系統不同，生成式 AI 模型經由訓練來理解和模仿訓練資料中的模式，從而生成具有一定創造性和原創性的輸出結果。生成式 AI 通常基於深度學習技術，比如生成式對抗網路（Generative Adversarial Network，GAN）、變分自編碼器（Variational Auto-Encoder，VAE）、Transformer 模型、擴散模型（Diffusion Model）、風格遷移演算法（Neural Style Transfer，NST）等。早期的生成式 AI 生成的成果效果有限，而今天的成果已經難以與人類創作的內容區別，在創意輸出（比如寫作、設計、程式設計）、功能增強（如搜尋、寫摘要與問答）、互動式體驗（聊天、多模態問答）和決策支持（各類 AI 助理、AI 代理）這幾個領域已展現出驚人潛力，比如以下內容的生成。

文字生成：在深度學習基礎出現以前，人們主要用基於規則或統計方法的技術來生成文字。2004 年微軟亞洲研究院（MSRA）做了一個生成對聯的小工具，這是世界上第一次採用機器翻譯技術來模擬對聯過程。當時在 MRSA 實習的我，見到這個基於學習就能生成對聯內容的「微軟對聯」，覺得非常神奇；2009 年推出的 Grammarly 在寫作輔助領域中大名鼎鼎，能辨識語法和拼寫錯誤，提供改進建議，幫助使用者提高寫作水準。2017 年 AI 續寫的哈利波特同人小說《哈利・波特與看起來像一大坨灰燼的肖像》(Harry Potter and the Portrait of What Looked Like a Large Pile of Ash)，讓 AI 在影視娛樂領域中掀起熱潮。隨後各式各樣的寫作助手、詩詞生成工具、自動寫作工具、翻譯工具不斷出現，直到 ChatGPT 出現，各種類型、各個領域中的文字生成工具更是爆發性地發展。

影像生成：雖然在深度學習技術出現以前，也有一些基於規則或統計方法的影像生成應用，比如藝術家兼工程師哈羅德・科恩（Harold

Cohen）和他的繪畫機器人阿倫（AARON）從 1973 年到 2016 年的機器人繪畫探索。但是還是深度學習技術真正使影像生成獲得長足而廣泛的發展。2015 年推出的 Deep Dream 開啟了神經風格轉換技術的應用，帶動了 2016 年推出的 Prisma 圖片濾鏡 App 等一批風格轉換工具，當時的風格轉換演算法還只能對影像做簡單的處理，不過的確也形成了一類特殊的藝術效果。2018 年 AI 開始能夠生成逼真的人類頭像照片，有點真假難辨，不過如果仔細看，還是能從影像的異常細節中找到蛛絲馬跡，比如有個叫 this-person-does-not-exist 的網站上面展示的就都是 AI 生成的人類頭像照片。2019 年推出的 Nvidia GauGAN 能夠把風景簡筆畫變成風景照，不過只能繪製有限的、預先訓練好的特定事物類型。而隨著擴散模型被運用於影像生成，2021 年下半年開始的開源影像生成工具 Disco Diffusion 在 2022 年 2 月開始爆紅，一般人也能使用 AI 影像生成工具，用文字或圖片作為提示驅動 AI 生成影像，還能調整參數、濾鏡等以達成更精細的影像生成控制。影像生成工具 Midjourney 在 2022 至 2023 年從 V1 版本進化到 V5 版本，在一年之間生成效果的進步足以讓人讚嘆。另一個影像生成工具 Stable Diffusion 打造了開源生態，全球的愛好者、專家聚在一起，爆發的能量更為巨大，創造出各種提升生成效果與控制性的功能，以及在 2023 年短短半年內就訓練並開源了超過十萬個影像生成模型，在原本大型語言模型的基礎之上，可以用來生成高品質人像、服飾、風景、建築、汽車、物品、動物等各種類型的影像。在這一波浪潮下，各種類型、各個領域中影像生成新工具層出不窮，比如做通用影像生成的 DALL‧E3、Disco Diffusion、Stable Diffusion 系列（官方線上平臺 Dream Studio、Clipdrop）、Midjourney、Adobe Firefly、Leonardo AI、Ideogram AI，做特色影像生成的 Deep Dream Generator、Artbreeder、NovelAI、Scribble Diffusion、Blockade Labs Skybox、Lensa，做產業影像生成（尤其是在電商領域）的 ZMO 等，還有各種提示語和藝術風格輔助

網站 PromptoMANIA、KREA、OpenArt、Lexica、Kalos Art 等。

音樂生成：AI 音樂生成的歷史遠比很多人想像得更早，可以追溯到 1950 年代，幾乎和 AI 概念的提出是同步的。1958 年，雷賈倫·希勒（Lejaren Hiller）和倫納德·艾薩克森（Leonard Isaacson）在伊利諾大學音樂學院，用 ILLIAC 超級電腦（Illinois Automatic Computer）進行了開創性的實驗音樂工作。1960 年代，作曲家伊阿尼斯·澤納基斯（Iannis Xenakis）和卡爾海因茲·史托克豪森（Karlheinz Stockhausen）開始使用電腦創作新的實驗性音樂形式。1974 年，蓋里·瑞德（Gary M. Rader）巧妙地運用音樂原理，經由設定音樂規則進行創作。1981 年，「AI 之父」馬文·明斯基（Marvin Minsky）發表論文〈音樂，心智與意義〉（*Music, Mind, and Meaning*），探討了音樂是如何感染人心。1984 年，克里斯多福·弗萊（Christopher Fry）發表了用 AI 進行即興音樂創作的成果「Flavors Band」。1980、1990 年代，大衛·考普（David Cope）所做的「音樂智慧實驗」（Experiments in Musical Intelligence），讓 AI 能夠模擬他自己以及多位音樂大師的風格作曲。1997 年，約瑟夫·路易斯·阿科斯（Josep Lluís Arcos）等所做的 Saxex 系統，讓 AI 生成的薩克斯風音樂更具情緒張力，並在後來發展為 TempoExpress。2010 年，首個不是模擬，而是創作自身風格的音樂 AI「IAMUS」帶來了音樂片段〈一號作品〉（*Opus One*），並於 2011 年帶來了首支完整曲目的創作〈世界，你好〉（*Hello World*），於 2012 年帶來了首張 AI 創作的音樂專輯《*Iamus*》。2013 年，東京大學打造的全機器人樂隊 Z-Machines 公演，由 78 根手指的吉他手、22 隻手臂的鼓手、一邊演奏一邊從眼睛發射雷射光的鍵盤手，演奏英國音樂家 Squarepusher 幫助他們以 AI 創作的音樂；2014 年 Squarepusher 和 Z-Machines 還聯合推出了包含 5 首音樂的小專輯《致機器人的音樂》（*Music for Robots*）。隨後深度學習技術也開始被應用在音樂生成領域。2016 年索尼 CSL（Sony Computer Science Labs）運用他們的 AI 音樂軟體 Flow Machine，推出了世界上第一首 AI 作曲的流行音樂、模仿披頭四樂團（The Beatles）風格的〈老爸的車〉（Daddy's Car），以及模仿約翰・塞巴斯汀・巴哈（Johann Sebastian Bach）風格的 AI 程式 DeepBach。用於 AI 音樂創作的 Suno、AIVA、Mubert、Magenta Studio、SoundRAW、Splice 等工具，還有 Ruffusion、MusicLM、MusicGen 等模型相繼推出。深度學習技術可以學習和生成比以往更複雜和逼真的音樂，引發了 AI 音樂領域的新一波浪潮。

影片生成：電腦輔助的影片編輯與生成在影視領域已經有幾十年的歷史，比如 1973 年的電影《鑽石宮》（Westworld）首次使用 2D 電腦圖形、1976 年的電影《翡翠窩大陰謀》（Futureworld）首次使用 3D 電腦圖形、1995 年的動畫電影《玩具總動員》（Toy Story）首次完全用電腦生成畫面內容。另外，影視中還會使用一些特殊方法來輔助生成影片，比如動作捕捉（Motion Capture）。2001 年我在讀大學的時候，也和同學嘗試過研發動作捕捉系統；雖然在軟體研發上有很大空間，但是負擔不起當時昂貴的高解析度攝影機，使用當時常見的、解析度僅有 320×240 畫素的攝影機，完全無法解決精度問題，只好作罷。是的，影視中使用的影片生成技術，背後是耗資巨大的硬體和軟體研發。深度學習技術帶來以低成本獲得較高品質影片生成的機會，比如蘋果 2017 年推出的 Animoji，只用手機就可以讓使用者即時變換頭臉。隨著新的多模態大型語言模型、擴散模型技術的發展，影片生成領域也產生了新一波發展；不過影片生成技術是以影像生成、文字生成技術為基礎，相比之下會落後一些，目前正處在起步階段，不過發展迅速，截至 2023 年已經有了做通用影片生成的 Runway Gen 系列、基於 Stable Diffusion 的各種解決方案、Pika Labs 等，做人物影片生成的 D-ID、SadTalker、HeyGen 等，還有做剪輯的 Kapwing、Synthesia、Descript 等。

語音生成：在很長一段時間裡，我們在各種產品中聽到的都是預先製作好的標準合成語音，不僅效果一般、機械感十足，而且語音生成的成本一直居高不下，直到 2020 年前後要復刻一個特定的語音還需要花費數百萬元。近年來隨著技術的進步，語音生成的效果逐步提升，成本一路下降，在今天如果不苛求品質，甚至可以用幾句話就簡單復刻一個人的聲音；有動手能力的，使用 so-vits-svc 開源技術就可以自己實現，2023 年的「AI 孫燕姿」背後的技術就源於此。還有一些高品質合成語音的專用工具，比如生成通用語音的 ElevenLabs、各大公司的合成語音服務，生成演唱聲音的 X Studio、Ace Studio 等。

3D 生成：和影片生成類似，3D 生成的歷史是與影視同行的。研究人員在 1980 年代前後開始研發電腦圖形技術以建立逼真的 3D 模型，早期的技術主要基於體素化（voxelization）、多邊形建構和光線追蹤。除了如上文所提及的《翡翠窩大陰謀》、《玩具總動員》，1982 年的電影《創：光速戰記》(*Tron: Legacy*) 中首次大量使用 3D 電腦圖形。經過過去幾十年的發展到今天，擁有資金保障的影視和遊戲中越來越大規模地使用 3D 生成，以 3D 掃描的方式進行 3D 建模也從專業設備延伸到手機之上。最新技術的發展方向是讓使用者像做 AI 影像生成一樣，輸入文字、影像，就可以生成 3D 模型。這個領域正在起步，還有很大的發展空間，NerF 以外還在不斷出現新的技術，各種產品比如 Tripo3d、Meshy、SUDOAI、CSM、Luma，正在你追我趕。

程式碼生成：程式碼生成指的是 AI 自動化程式設計。讓一般人能用自然語言描述需求，然後由 AI 生成程式碼，這是多少人夢寐以求的事情。畢竟現代世界作為一個資訊社會，就是建立在各式各樣的軟體程式之上，而自從程式設計被發明以來，一直只有少數具有相應天分、受過專業訓練的人才能夠掌握程式設計。對生成程式碼的嘗試可以追溯到 AI

研究的早期，比如 1960 年代末、1970 年代初，特里・威諾格拉德（Terry Winograd）開發的程式 SHRDLU 可以理解和生成自然語言命令，在虛擬世界中操作客體 4；1970 年代初，艾倫・科梅侯耶（Alain Colmerauer）和羅伯特・科瓦爾斯基（Robert Kowalski）創造的邏輯程式語言 Prolog，可以從邏輯規則和事實生成程式；1980 年代末到 1990 年代初約翰・科薩（John Koza）提出了遺傳演算法，使程式能夠自我進化；2018 年萊斯大學（Rice University）的研究人員研發了 Bayou，從 GitHub 上收集資料，經由深度學習實現了 Java 程式設計的部分自動化；隨著機器學習、自然語言處理、機器視覺技術的發展，尤其是 2021 年推出 GPT-3 大型語言模型，各種 AI 程式設計工具如雨後春筍般出現，比如 OpenAI Codex、Github Copilot、Tabnine、Codeium、CodeT5、PolyCoder、CodeGeeX、IntelliCode、Code Llama 等，ChatGPT 等各個大型語言模型也都把程式碼生成作為一項必備的重要能力。儘管今天的程式碼生成主要還是在輔助工程師更有效地編寫程式碼，不過相信不久的將來就能成為一般人的工具。與 AI 生成文字、圖片、影片、音訊這些內容不同，AI 生成的程式碼能夠創造更廣泛深入的人機互動、提供更豐富的功能與服務，讓創意想法能夠迅速變為產品，影響更多的人，同時更多一般人也能以程式設計的形式來實現自己的創意想法。這些變化都能大幅增強人類個體和整體的創造力和生產力。

機器人行動生成：2023 年以來，研究人員使用大型語言模型作為框架，基於從現實世界獲取的影像等作為輸入資訊，生成機器人的行動，打造具身智慧（Embodied Intelligence）。由此引起了人形機器人在世界各地的新一輪爆發式發展，目前這個領域正在集中進行技術突破，預計不久也將進入產品設計的競爭階段，為設計師提供廣闊的發揮空間。

AI 的生成能力還可以應用在很多不同的領域，比如在生物醫療方面

生成蛋白質結構、藥物大分子結構，在教育領域生成個性化教學內容、學習計畫……人們所期待的元宇宙，其中最關鍵的基礎之一就是低成本地打造高品質的虛擬世界，也將由生成式 AI 推動實現。

7. 模型訓練與微調

我們都見識到了基於大型語言模型的 AI 的威力，但是隨著深入使用，大型語言模型的缺點也逐漸浮現出來，比如在特定領域、主題上因為訓練素材的缺失，無法獲得足夠好的表現，甚至無法表現；比如因為資源消耗和成本很大，即使意識到存在問題，也很難、甚至無法經由重新訓練的方式進行更新改進。正如我在論文〈基於集體記憶個性化的人機共創藝術〉中討論的，大型語言模型可以看作是一種人類的集體記憶，只有從中有效地進行個性化提取，才能形成有意義的表達或功能。如果能訓練一些小模型，掛載到大型語言模型的基礎上，讓基礎深厚的大型語言模型和有專精的小模型結合起來，各展所長，就能發揮出更好的效果。

以 Stable Diffusion 框架中的模型訓練為例，2022 年 8 月 Stable Diffusion 正式推出，微調模型訓練方法「Dreambooth」於 11 月出現，「LoRA」於 12 月出現，後來又進一步發展出 LoRA 分層控制的方法。這兩種方法都是可以使用少量影像來訓練具有特定特徵的模型，比如角色、物品、視覺風格等，然後將此自訓練模型疊加在 Stable Diffusion 框架中，就能生成具有這些特定視覺形象或者視覺風格的輸出影像。相較於 Dreambooth，LoRA 訓練的速度更快（幾分之一的時間；二者的具體訓練時間與訓練內容、硬體情況有關）、成果模型的體積更小（幾 G 對比幾 M 或幾十 M）。

在 AI 影像生成領域，目前的模型有多種不同格式，包括 Checkpoint ／ Safetensors、VAE、LoRA ／ LyCORIS、Embedding ／ Textual Inversion ／ Hypernetworks 等，功效與優、缺點各不相同。有了這些模型訓練和使

用的方法，我們就可以把特定的視覺形象、視覺風格、提示語要求「教給」AI，然後 AI 基於這些形象和風格來生成影像，從而實現真正融會貫通的控制，而不是只能用提示語隔靴搔癢、誤打誤撞或者窮舉嘗試的方式去控制生成。在 AI 影像生成方面，2022 年 9 月以來模型訓練與 ControlNet 共同推動了生成的可控性和品質；在通用大型語言模型領域，2023 年 7 月以來 ChatGPT 陸續推出了自定義指令和微調功能；眾多產業大型語言模型、產業模型訓練平臺也開始出現，更多的大、小模型正在逐漸成型。訓練、更新、運用模型，將成為未來產品中相當重要的部分。

8. AI 代理

AI 代理（AI agent）研究如何讓機器或軟體能夠執行通常需要人類智慧才能完成的任務，它的形式可以是一個程式、一個虛擬角色，或者一個實體機器人。當人們獲得了 ChatGPT 這樣具有通用能力的 AI 之後，很快就不滿足於這種「半自動洗衣機」式的頻繁互動，而是期待 AI 成為能夠一鍵完成任務的「全自動洗衣機」。AI 代理就是這樣的「全自動洗衣機」，不僅可以自動化進行重複、耗時或危險的任務，而讓人類專注於更有創意和策略性的任務；還可以用來解決複雜的、甚至是因為過於困難或耗時而人類無法獨立解決的問題；而且還可以由多個 AI 代理合作，共同完成任務。這樣一來，AI 代理就能提高個體和組織的執行效率，根據每一個使用者的個性和偏好來進行回饋和提供服務，並由此創造出更多新產品去滿足過去無法滿足的人類需求。AI 代理的研究歷史可以追溯到 AI 研究的早期，不過可能很多人對此的了解主要是來自於 2019 年 OpenAI 所做的「玩捉迷藏的 AI 代理」、2023 年史丹佛大學和 Google 所做的彷彿電影《鑽石宮》一般的「AI 小鎮」，或者是基於前幾年技術的 AI 助手蘋果 Siri、Google 助手、亞馬遜 Alexa 等等。有了 ChatGPT 作為基礎，單一 AI 代理的智慧程度大幅提升，AgentGPT、AutoGPT、Baby AGI 等

新一代 AI 代理展現出巨大的潛力……這個領域再度變得熱門，而且還推動了機器人具身智慧領域的發展。

百聞不如一見，我們將在下一節用一個案例來探討與 AI 代理合作的方式。

> 思考

使用 AI 大型語言模型時需要注意哪些方面？

在 Stable Diffusion 的系統框架下，如何訓練模型來提升設計能力？

如何使用 AI 代理？如何學習 AI 代理的工作方式？

5.2 工作流與控制性

在「和 AI 一起進行使用者研究」的小節，我們探討了與大型語言模型進行問答合作的過程，在網路上也有很多分享與討論，研究如何更好地與大型語言模型合作，比如 ChatGPT 官方就提供了包含六大策略的建議

- 寫明指令：有細節才能得到更相關的答案，要求模型扮演特定角色，用分隔符號清晰標示輸入的不同部分，明確指定完成任務所需的步驟，提供範例，指定所需輸出長度。
- 提供參考文字：用參考文字來引導模型進行回答，要求模型在回答中引用參考文字。
- 拆分複雜任務：按照不同的意圖分類，確定最相關的指令，對先前的長對話進行歸納或篩選，將長文件分塊整理、建立完整的概述。
- 給 GPT 時間「思考」：讓模型制定解決方案而不是直接得出結論，運用推理過程但對使用者隱藏，詢問模型是否遺漏了什麼。

- 用外部工具加持：使用嵌入式搜尋，以達成高效率的知識檢索，使用程式碼執行進行更準確的計算或呼叫外部 API，提供模型訪問特定功能的許可權。
- 系統性地嘗試：根據最佳標準答案對模型的輸出進行評估。

相較於我們自己平時的做法，是否感受到還有很多可以改善的地方？是的，雖然今天的 AI 相較於之前已經大幅降低了互動的門檻，但是要獲得高品質的結果，就需要認真思考如何與 AI 有效率地合作。人與 AI 相互適應，相向而行。一方面，找到人類、AI 各自的工作方式的特點與最佳模式；另一方面，把二者有機地融合起來，每件事都能在此基礎上形成新的工作流。

建立在大型語言模型之上的 AI 代理，可能是 AI 工作方式的最佳展現。以下是一個典型的實際案例，我請 AgentGPT 為一本關於智慧型產品設計的書設計封面（原始的對話過程為英文，在此翻譯為中文；為更容易理解，內容有微調）（圖 5-1）。

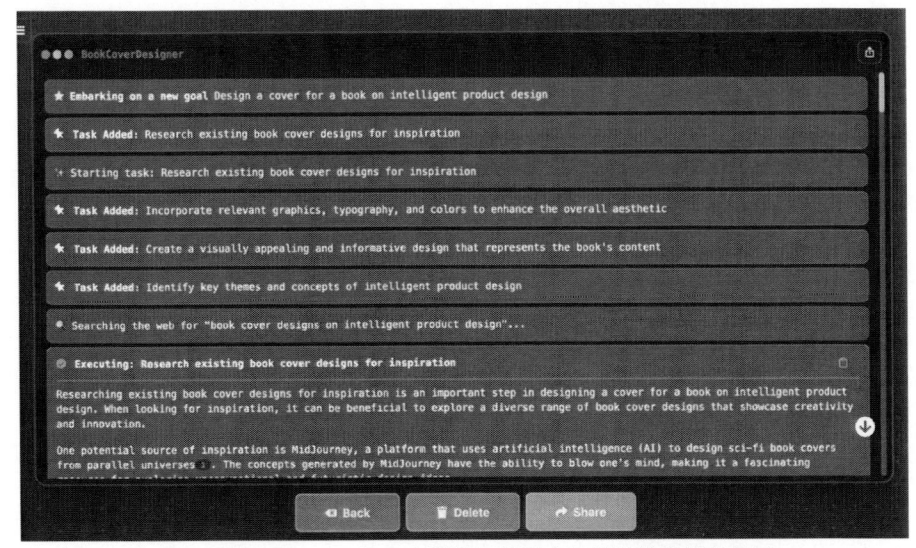

圖 5-1 讓 AgentGPT 為一本關於智慧型產品設計的書設計封面

（我的輸入）

建立目標：為一本關於智慧型產品設計的書設計封面。

（以下為 AgentGPT 生成的內容）

新增任務：研究現有書籍封面設計，尋找靈感。

啟動任務：研究現有書籍封面設計，尋找靈感。

新增任務：融入相關圖形、排版和色彩，提升整體美感。

新增任務：設計出具有視覺吸引力、內容豐富的設計，以展現圖書內容。

新增任務：確定智慧產品設計的關鍵主題和概念。

在網路上搜尋「關於智慧產品設計的書籍封面設計」……

執行：研究現有書籍封面設計，尋找靈感

研究現有書籍封面設計以尋找靈感，是為智慧型產品設計書籍設計封面的重要步驟。在尋找靈感的過程中，探索各種展示創意和創新的書籍封面設計可能會有所裨益。

Midjourney 是一個潛在的靈感來源，它是一個利用 AI 設計來自平行宇宙的科幻書籍封面的平臺。Midjourney 生成的概念能夠讓人大開眼界，是探索非傳統和未來主義設計理念的絕佳資源。

另一個值得探索的平臺是 99designs，該平臺擁有來自全球各地的設計師組成的社群，他們貢獻了自己最優秀的科技書籍封面設計和概念案例。這個平臺提供了各式各樣的設計風格和方法，為智慧型產品設計書籍封面提供了豐富的靈感來源。

此外，世界最大的創意網路 Behance 上可以搜尋 AI 書籍封面相關的內容。該平臺允許設計師展示和搜尋創意作品，是尋找獨特且具有視覺

吸引力的書籍封面設計的寶貴資源。

在研究現有書籍封面設計時，必須考慮與 AI 生成藝術和概念有關的版權問題。在銷售和使用 AI 生成的藝術作品方面存在一些爭議，版權方面的影響也不明確。在從 AI 生成的書籍封面設計中尋找靈感時，一定要注意這些問題。

經由探索這些來源，我們可以收集到設計封面的各種想法和概念，從而展現智慧型產品設計的精髓。

完成任務：研究現有書籍封面設計，尋找靈感。

新增任務：建立一份智慧型產品設計的關鍵主題和概念清單，並將其納入圖書封面設計中。

啟動任務：確定智慧型產品設計的關鍵主題和概念。

生成回應……

完成任務：確定智慧型產品設計的關鍵主題和概念。

執行：確定智慧型產品設計的關鍵主題和概念

為了確定智慧型產品設計的關鍵主題和概念，我們需要分析為這一項主題的書籍設計封面的整體目標。

智慧型產品設計是指利用先進技術和智慧系統，創造以使用者為中心的創新產品。它旨在提升產品的整體使用者體驗、功能和可持續性。

基於這種理解，智慧型產品設計的一些關鍵主題和概念可以包括：

1. 以使用者為中心的設計：這一項概念的重點是了解使用者的需求、偏好和行為，從而創造出直觀、易於使用並能提供流暢體驗的產品。

2. 技術整合：智慧型產品設計融合了 AI、機器學習、物聯網和資料分析等尖端技術，以增強產品的效率和功能。

3. 可持續性和生態意識：這一項主題強調創造對環境影響最小的產品，推廣可持續發展的做法，以及利用可以減少廢物和能源消耗的材料和製造工藝。

4. 無縫連接：智慧型產品通常需要與其他設備或網路無縫連接，以增強其功能，實現遠端控制、資料共享和互操作性等功能。

5. 適應性和個性化：能夠適應個人偏好或特定環境，並提供個性化體驗的產品設計是智慧型產品設計的關鍵要素，包括定製選項和動態介面。

6. 設計概念：這種方法是一種以人為本的解決問題的方法，旨在了解使用者需求，構思創造性的解決方案，並透過迭代過程迭代設計，從而創造出創新產品。

在這些關鍵主題和概念的基礎上，智慧型產品設計一書的封面設計可以融入能直觀展現這些理念的元素。例如，封面設計可以包含與技術、連通性、可持續性和使用者互動相關的影像或符號。此外，使用現代簡約的設計風格和大膽的排版可以傳達智慧型產品設計的創新性和前瞻性。

新增任務：為一本關於智慧型產品設計的書籍設計一個具有視覺吸引力的封面，將相關的圖形、排版和色彩融入其中，以增強整體美感並呈現書籍內容。

啟動任務：設計出具有視覺吸引力且內容豐富的設計，以呈現圖書的內容。

生成回應……

新增任務：設計出具有視覺吸引力且內容豐富的設計，以呈現圖書的內容。

執行：設計出具有視覺吸引力且內容豐富的封面，以呈現本書的內容

要完成為一本關於智慧型產品設計的書籍設計封面的任務，我會採取以下方法：

1. 研究並理解內容：首先，我會熟悉書中的內容，全面了解智慧型產品設計。這將有助於我在封面設計中強調關鍵概念和主題。

2. 集思廣益：根據我的研究，我會集思廣益，提出各種能直觀展現智慧型產品設計的設計概念。這可能包括尖端技術、創新、連結性和解決問題等元素。

3. 選擇一個中心主題：在考慮了不同的想法之後，我會為封面設計選擇一個中心主題。例如，我可能會選擇科技與人類互動的融合，強調智慧型產品設計如何提升和簡化我們的生活。

4. 選擇色調：色彩在傳達封面設計的整體感覺方面發揮非常重要的作用。我會選擇與主題相符的色調，喚起一種精緻、創造和創新的感覺。例如，鮮豔的藍色和金屬色的組合可以營造出現代和未來主義的美感。

5. 排版：排版的選擇應與整體設計相輔相成，並反映圖書的風格。我會為書名和作者姓名選擇簡潔、現代的字型，以確保可讀性和視覺吸引力。

6. 視覺元素：為了有效傳達本書的內容，我將融入代表智慧型產品設計的視覺元素。這可以包括相互連結的設備的抽象表現、產品的風格化描述或兩者的結合。視覺效果應具有視覺吸引力，並傳達出一種技術進步的感覺。

7. 布局和構圖：我會精心安排封面上的各種設計元素，以創造一種平衡且視覺愉悅的構圖。考慮到該書的目標受眾，必須確保設計內容豐富、引人入勝，同時又不會顯得雜亂無章或令人不知所措。

8. 最後潤色：主體設計完成後，我會對其進行檢查，以確保它能有效地表現圖書的內容，並達到視覺上吸引人的目的。我還會進行必要的調整或改善，以提高整體設計效果。

總之，經過深入研究、集思廣益、選擇中心主題、選擇合適的色調、排版並融入視覺元素，我將設計出一個具有視覺吸引力且內容豐富的封面，有效地表現出一本關於智慧型產品設計的書籍的內容。

新增任務：為這本書的封面設計一個概念，強調智慧型產品設計中技術和人機互動的融合。

啟動任務：融入相關圖形、排版和色彩，提升整體美感。

生成具提示性的影像：「設計一本書的封面，將相關圖形、排版和顏色融入其中，以增強整體美感。封面應採用現代簡約設計，線條簡潔，字型醒目。使用包括藍色和灰色的配色方案，以展現專業性和技術性。包含相關的圖形，比如圖示或插圖，描述智慧型產品設計概念（圖5-2）」……。

圖 5-2 AgentGPT 生成的設計參考圖

執行：結合相關圖形、字型和色彩，提升整體美感

完成任務：融入相關圖形、排版和色彩，提升整體美感。

新增任務：為書籍封面設計一個概念，強調以使用者為中心的設計在智慧型產品設計中的作用。

啟動任務：建立一份智慧型產品設計的關鍵主題和概念清單，並將其納入書籍封面設計中。

在網路上搜尋「智慧型產品設計的關鍵主題和概念」……

執行：建立一份智慧型產品設計的關鍵主題和概念清單，並將其納入圖書封面設計

智慧型產品設計包含各種關鍵主題和概念，這些主題和概念都可以融入書籍封面設計中。

一個重要的概念是將智慧流程整合到產品設計和製造系統之中，這會涉及鞏固熟練程度、提高工人表現、減少潛在的工作相關問題。

另一個重要主題是 AI 在幫助企業產生新的設計理念，以及根據客戶瀏覽或購買模式、建立個性化設計方面所發揮的作用。這突顯了 AI 在增強智慧型產品設計的創造性和適應性方面的潛力。

智慧型產品的情感化也是需要考慮的一個重要方面。這包括「多模態」、「仿生」、「身分價值」和「輕量」等因素。這些因素有助於使用者對智慧型產品的整體體驗和感知。

此外，這個書籍封面的設計還應該展現複雜產品設計的意義及其不同類型，系統性地闡述複雜產品設計的概念和內涵。

經由將這些關鍵主題和概念融入書籍封面設計，讀者可以直觀地了解智慧型產品設計背後的核心原則和理念。

第三篇　智慧型產品設計實務

完成任務：建立一份智慧型產品設計的關鍵主題和概念清單，並將其納入圖書封面設計中。

新增任務：建立一個具有視覺吸引力的書籍封面設計，將相關圖形、排版和色彩融入其中，以增強整體美感，並展現智慧型產品設計的關鍵主題和概念。

啟動任務：為一本關於智慧型產品設計的書籍設計一個具有視覺吸引力的封面，將相關的圖形、排版和色彩融入其中，以增強整體美感，並展現該書的內容。

超過 5 輪的執行限制，終止任務

（我的輸入）

請繼續

（AgentGPT 回答）

執行：請繼續

當然！為了進一步提升智慧型產品設計書籍的封面設計，這裡還可以加入一些其他元素和概念：

1. 先進技術的視覺呈現：融入描述 AI、機器學習、物聯網和機器人等尖端技術的圖形或插圖。這可以直觀地傳達智慧產品設計的創新性和未來性。

2. 使用者互動和體驗：加入展現人類與智慧產品互動的視覺元素，突顯以使用者為中心的設計的重要性。可以經由插圖或圖示來展示無縫連接、直觀介面或個性化體驗。

3. 可持續性和生態意識：使用代表可持續發展的圖形或符號，如回收符號、綠色元素或環保材料。這樣可以強調環保意識、推廣可持續做法，設計這樣的產品很重要。

4. 抽象表現：利用抽象的形狀或圖案來表達智慧型產品設計的複雜性和錯綜複雜性。它們可以表示各種元件、資料流或不同技術整合的相互關聯性。

5. 動態排版：嘗試使用能傳達智慧型產品設計動態性質的排版風格。這可以包括使用大膽、簡潔的線條，甚至結合動態效果來營造動態感和創新感。

6. 未來主義色調：在建議的藍色和灰色調基礎上，加入金屬色或霓虹色。這些顏色既能喚起未來感和科技感，又能保持專業和現代的美感。

7. 排版簡約：版面設計要簡潔明確，突顯關鍵元素和概念。這將確保設計具有視覺吸引力，並且一目了然。

在融入這些元素時，切記要考慮目標受眾以及書籍的整體基調和風格。我們的目標是設計出具有視覺吸引力的書籍封面，有效地呈現智慧型產品設計的核心主題和概念。

在這個案例中，AI 代理主動把主要任務分為幾個子任務，在推進子任務的時候，又進一步細分任務，逐層推進。儘管因為超過了其自身設定的 5 輪執行限制（如果是自己配置的 Auto-GPT 則不會有這個限制），AgentGPT 未能完成最終的設計方案，並且在過程中生成的一張草圖品質也比較差，但是任務整體進行了大半，清楚地展示了 AI 代理的工作方式。那些做得暫時還不夠好的部分，比如設計方案本身、執行輪次的限制，隨著 AI 技術的發展，都會得以解決。坦率地說，AI 代理這一套工作方式是從人類世界學來的，並沒有超越人類；但是在實際工作中，又有多少人真的會以這樣扎實的方式來進行設計，可能有些人不清楚這樣的工作流程，或者即便知道，但是迫於時間與資源的壓力，還是不會以這樣的方式進行。因此，AI 代理所展現出來的分析、規劃、執行的能

力，對人類來說有著巨大的價值。

很多人問我在 AI 時代，人類與 AI 合作的關係究竟是怎樣的，可以從很多不同的方面來回答這個問題，但我覺得最直接、最具體的比喻就是：每個人都可以當小組長，帶領一群 AI 做事。無論是在工作還是生活環境中，擔任過或大或小的領導者的人就會明白，領導者最重要的作用不是執行，而是制定目標、決策成果，以及在一定程度上控制過程。因為涉及人類的價值取向、複雜的社會多方輸入，所以制定目標和決策成果還是最適合人類來做，至於工作過程，是可以全部或部分交給 AI 來完成的。打造人與 AI 合作的工作流，可以大致從以下幾個方面來考慮。

- 定義合作的目標。包括要解決的問題、可以投入的時間和資源、要達到的效果等。並且這個目標需要轉化為 AI 能夠理解的內容，比如以明確的數值、參考物作為產品設計的要求，就比「最好的 XXX」更容易讓 AI 推進工作，其實對人也是如此。
- 明確合作的人和可以使用的 AI 各自的優勢和劣勢。這裡說的人不是普遍意義上的人，而是具體會參與合作的人，有怎樣的特點；同樣的，參與合作的 AI 是哪一個或者哪些，擅長和不擅長做哪些事情，能夠達到的效果如何。由此決定選用哪些 AI，如何分配任務。
- 設計人與 AI 的溝通和回饋流程。一方面，在不同的任務上，與 AI 採用怎樣的互動方式能獲得更好的效果，包括但不限於數值、文字、影像、聲音、影片、模型、其他外部資訊等；另一方面，在工作流的全程中設定充分的互動點，檢查 AI 的成果、提供人類的輸入，進行過程控制。讓人與 AI 之間有明確的溝通方式，會有助於確保 AI 朝著預期目標努力，並讓人更清楚地了解 AI 的能力和局限性。
- 為資料收集和使用設定明確的來源、範圍和準則。對各種類型資料的使用是 AI 最大的特點與優勢之一，當使用 AI 進行決策時，其使

用的模型與資料是否準確、可靠、充分，以及使用的方式（雖然 AI 被設定為自動選取最佳方式，但有人在關鍵環節上進行監督和輔助決定可能還是會更好），直接決定了決策的效果。

- 監控 AI 的表現，形成累積，並根據需求進行調整。與過去的產品不同，AI 會隨著執行的過程而產生學習與改進，所以人也需要調整工作流程以確保事情朝著預設的目標方向進行。過程中累積下來的資料和模型，往往也是對產品長期發展來說的重要財富。

今天，各個領域都在嘗試引入 AI，在早期階段，誰能把一個或多個 AI 引入自己的領域，把原本的環節部分取代、部分結合，形成完整的工作流，誰就能占到先機，獲得比那些仍然使用傳統工作流的人們更高的效率、更好的效果。比如以下範例是在各領域中較早建立的最簡單的工作流，大家也可以思考一下，在整個過程中，可能會遇到怎樣的問題、如何解決。

1. 遊戲開發：以五天建立一個農場遊戲為例

第一天：美術風格

- 在本地建置或者使用線上版的 Stable Diffusion。
- 使用提示語來生成概念藝術圖。
- 用 Unity 呈現概念藝術圖。除了建立模型，尤其需要注意材質、著色器（shader）、光線、照相鏡頭，最後完成整體色調設定。

第二天：遊戲設計

- 向 ChatGPT 提問尋求建議，生成一個簡單版的遊戲設計，包括遊戲元素、環境、機制、劇情等。自行決定是否遵循建議。
- 用 ChatGPT 輔助寫一部分程式碼。
- 把簡單版遊戲開發出來進行試玩。

第三天：3D 素材

- 截至 2023 年 8 月，文生 3D 的技術水準還沒有發展到可以直接用於遊戲開發的程度。
- 不過用文生圖來做 3D 物體的貼圖還是很高效率的。

第四天：2D 素材

- 圖示製作：先用提示語嘗試生成一些基礎圖片，從中選出合適的，用 Photoshop 做局部微調，然後再經由以圖生圖＋提示語的方式，用 Stable Diffusion 調整，生成最終的圖示。
- 可以訓練自己的模型，然後用模型來生成，就可以穩定地獲得視覺風格一致的影像。

第五天：劇情編寫

- 向 ChatGPT 提供一些農場遊戲相關的資料，讓它寫一個劇情概要。因為 ChatGPT 是透過學習網路上的資訊訓練而成的，所以它生成的內容也可能會接近於現有某些相似遊戲的劇情。
- 可以讓 ChatGPT 重新生成，或者給予它直接的指示要求，來獲得滿意的劇情框架設計。
- 逐步討論細節、改善內容，完成劇情編寫。把 ChatGPT 當作腦力激盪的幫手，但是在這一個過程中人的參與越多，越能獲得原創性的內容。

經由整合幾種 AI 和傳統工具，儘管 AI 還有很大的改善空間，但的確已經可以建立完整的工作流，並在其中發揮實際的作用。AI 的參與更像是一個專業能力還不足夠強、但是很勤奮並且思路比較開闊的人類夥

伴，能夠為我們提供有意義的幫助，讓我們自己的時間可以更多地花在目標制定、成果決策上。

2. 產品設計：實務案例

- 設計研究（在前面的章節中我們討論過和 AI 一起做使用者研究需要注意的事項，在此不再贅述）：使用 ChatGPT 輔助研究。進行需求趨勢洞察、使用者調查問卷、輔助問題分析、資料處理。
- 設計腦力激盪與提案：設計團隊經由洞察需求、產品定義、如何感覺可信這三個方向對 ChatGPT 提問，根據企業對產品的定位、通路訴求、ChatGPT 的回答，整合得到清晰明確的三個設計方向，最終根據設計策略進行設計確認。
- 商品拍攝和素材生成：使用 Midjourney 生成的方式，比透過素材網站尋找更容易得到符合品牌調性的影像，節省時間與採購成本。用 Midjourney 生成商品環境圖、材質特寫圖，與商品圖融合，就能得到像高品質拍攝一樣的作品。
- 包裝與商品圖案設計：經由提示語使 Midjourney 生成物體外觀、表面圖案、環境氛圍，得到效果圖。
- 品牌與形象設計：不僅可以生成品牌與形象的圖形，更重要的是可以快速進行大量的衍生創作，產出市場與營運所需要的各種素材。

經由在設計流程中引入生成式 AI 工具，設計提案、素材收集、設計製作、創意應用的探索規模和決策效率都獲得了明顯的提高。

3. 影片製作：以短片《遙遠地球之歌》為例

前期指令碼

- 劇本分析：這一部短片的創作起點是《遙遠地球之歌 Mk II》電影的大綱，作者除了自己重讀以外，還把原文丟給 Claude 進行分析，快

速梳理世界觀、人物和關鍵情節。這樣就可以直接向 Claude 發問，比如「現在你是一名專業的導演和 AI 創作者，請先讀一下這個故事，然後簡要介紹這個故事的世界觀、人物、關鍵情節等」；「你覺得場景、人物有哪些獨特的元素」。這樣一來，創作者就像有了一個外部的大腦，能夠更方便和準確地獲得資訊。

- 整理分鏡：提供 Claude 一個分鏡框架表格的文件，包括畫面設計、鏡頭內容、鏡頭細節、音樂、旁白、時長、備注等，讓它在空白處填入內容，就得到了一套初始的分鏡設計。
- 場景畫面提示語：提出簡要的要求，讓 Claude 生成場景畫面的詳細描述，並翻譯為英文，為後續影像生成做準備。

畫面生成

- 用 Midjourney 生成靜態影像。開始時先做一些嘗試，再根據其中的最佳選項來建立一個提示語模板，包含視覺風格和參數等各方面的詳細設定。這樣在後續做大量的影像生成時，既可以保持畫面感覺的一致性，也可以避免重複輸入相同的資料。
- 用 Runway Gen-2 生成影片片段。因為目前的影片生成能力還比較有限，尤其是只能生成幾秒的片段，所以需要精心設計鏡頭的畫面內容和切換。以前面生成的靜態影像作為基礎，優先選擇比較有故事感，並帶有畫面動態感的影像，來生成影片。
- 影片生成過程中還有不少最佳化的小技巧，比如如何篩選鏡頭、合併相同操作等，以減少時間浪費。

後期處理

- 對生成的影片片段進行剪輯、調色，製作特效、字幕等。

■ 加入音樂、音效。如果沒有原創音樂配樂的能力，其實可以在開始構思畫面之前就首先選定主要音樂，反覆聽，讓音樂的節奏印在腦海中，帶著這樣的節奏感進行畫面內容與鏡頭變化的設計，這樣也能達到比較好的整體效果。

儘管目前上述的影片生成技術還有很大的改善空間，每一段影片的生成時間的限制導致只能做一些類似電影預告片的短片；但是經由這樣的工作流，可以讓一個人用 20 小時做出《遙遠地球之歌》、用 7 小時做出《創世紀》(Genesis)，這在以前是無法想像的。

這一波文字、影像的生成式 AI 能夠真正進入工作流，成為生產力工具，本質上是因為隨著技術進步，解決了「可控性」的問題。設想一下，在 2023 年 ControlNet 出現以前，當 AI 生成的人類形象常常出現多出或者少掉一根手指、臉上的五官到處跑、四肢出現在奇怪的地方等問題時，你敢放心使用這樣的工具嗎？如果想看清、看透生成式 AI 即將帶來哪些新產品、新平臺、新市場、新機會，就要根據可控性建立思考模型，指導產品、專案的選擇（圖 5-3）。

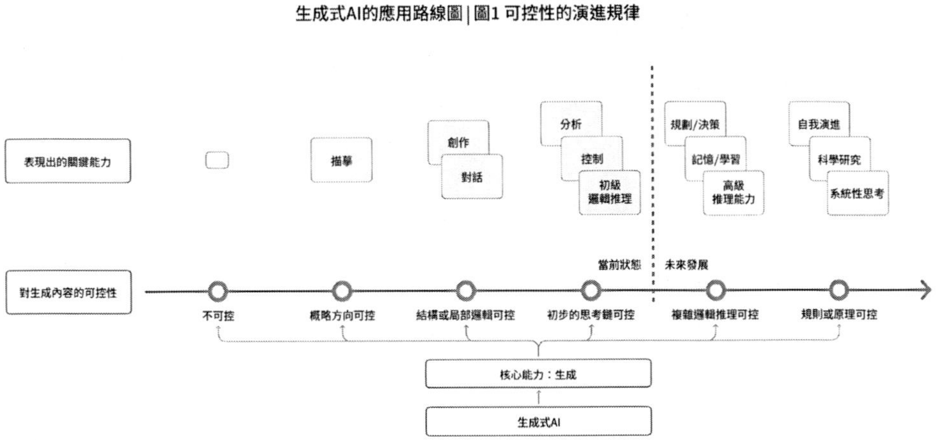

生成式AI的應用路線圖｜圖1 可控性的演進規律

圖 5-3 生成式 AI 的可控性演進

一方面隨著生成式 AI 對生成內容的可控性不斷提高，其適用的應用情境也會不斷擴展和深化；另一方面，AI 可以使用的控制方式也無須局限於人類習慣的方式（比如 ControlNet 遵循 ADE20K 標準，用顏色來標記物體）。量變引起質變，一旦突破領域臨界值，生成式 AI 就能徹底改造現有的產品生態，為產品賦予真正的智慧元素。在這個演進過程中，生成式 AI 的可控性大致會經歷六個階段。在這裡，我們以最基本的文字生成為例，逐步梳理生成式 AI 可控性的發展。

階段 1：不可控

20 多年前，基於 N-grams 演算法的統計語言模型也可以生成連續的文字內容。只不過，生成的結果基本上不可控。如此早期形態的生成式 AI 就像是有可能打出威廉‧莎士比亞（William Shakespeare）名著的猴子，幾乎沒有轉化成產品的可能性，更談不上顛覆已有市場。

階段 2：概略方向可控

從基於 LSTM 或 RNN 的文字生成，到早期 GPT（比如 GPT-2）的文字生成，生成式 AI 逐漸擁有了描摹一段類似人類語言文字的能力。這一個階段的描摹能力，基本上可以達到文句通順，內容大致符合人類提供的提示，但因為細節、結構或邏輯不可控（比如《哈利‧波特與看起來像一大坨灰燼的肖像》），還是很難轉化成真正有用的生成式 AI 產品，更適合用來做中文輸入法、英文拼寫輔助。

階段 3：結構或局部邏輯可控

從 GPT-3 到 ChatGPT（GPT-3.5），生成式 AI 第一次擁有了對生成內容的結構和局部邏輯的控制力。文字創作和多輪對話是這個時期的兩種典型應用生態。前者可以支持自動文章摘要、法律文書生成、行銷文

案生成等實用情境,後者則可以滿足對話式搜尋、語言學習、智慧客服、虛擬人、智慧型遊戲角色的部分需求。

階段 4:初步的思考鏈可控

從 GPT-3.5 到 GPT-4,生成式 AI 的邏輯推理能力顯著提高。生成式 AI 第一次擁有了強大的分析能力(比如從新聞報導中提取資料、歸納趨勢)、控制能力(比如將人類語言轉化成複雜系統控制指令)和初步的邏輯推理能力(比如解答簡單的數學、邏輯題目)。可生成的文字內容也擴展到資料、表格、程式碼、指令序列、工作流或工具鏈等結構化、半結構化的文字。這直接引發了今天一大批以輔助功能(Copilot)為特色的新工具、新系統。

階段 5:複雜邏輯推理可控

今天的 GPT-4 生成文字時,可以控制的邏輯思考鏈還處於初級階段。如果一切順利,人類有望在不太遠的將來研發出可以精確控制複雜邏輯推理的下一代生成式 AI。這樣的 AI 具備記憶、學習、規劃、決策等高級邏輯推理能力,足以在效率工具、內容平臺、商業流程自動化、機器人、作業系統、智慧設備等方面,徹底顛覆過去數十年的人機互動形態,重新定義人類與電腦的關係。

階段 6:規則或原理可控

更前瞻一些來看,人類思考的最高階表現是:一、基於歸納思考發現原理、制定規則;二、基於演繹思考將原理或規則應用到具體情境中。生成式 AI 的理想進化形態是接近人類思考方式,生成與人類思考水準相當的規則或原理,並加以應用。一旦達到規則或原理可控的「自由王國」,生成式 AI 必將擁有強大的自我迭代、自我改進的能力,可以像人類一樣設計系統規則、世界規則,一起探索、一起創造。

圖 5-4 中展示了每個階段的可控性與典型應用，大家在網路上還能找到更多用 AI 重構工作流的例子，比如科學家陶哲軒用 VSCode ＋ TeX Live ＋ LaTeX workshop ＋ GitHub Copilot 建立了自己論文寫作的工作流，英語教師用 Claude ＋ ChatGPT ＋ MindShow 把過去幾小時的工作簡化為幾分鐘，還有越來越多人基於 ComfyUI 建立工作流，並共享這個工作流供其他人下載使用。對於有機會參與基礎技術研發的科學家和工程師來說，為生成式 AI 打造更強大、更高效率的可控性，就是成功；對於有機會把今天的 AI 技術轉化為產品的產品經理、設計師、工程師來說，像 ControlNet 那樣找到合適的技術，為使用者建立更好的可控性和工作流，就是成功；對於使用產品的使用者來說，積極擁抱新產品，創造性地把各種產品組合使用，打造適合自己的工作流，在 AI 的幫助下超越自己，就是成功。

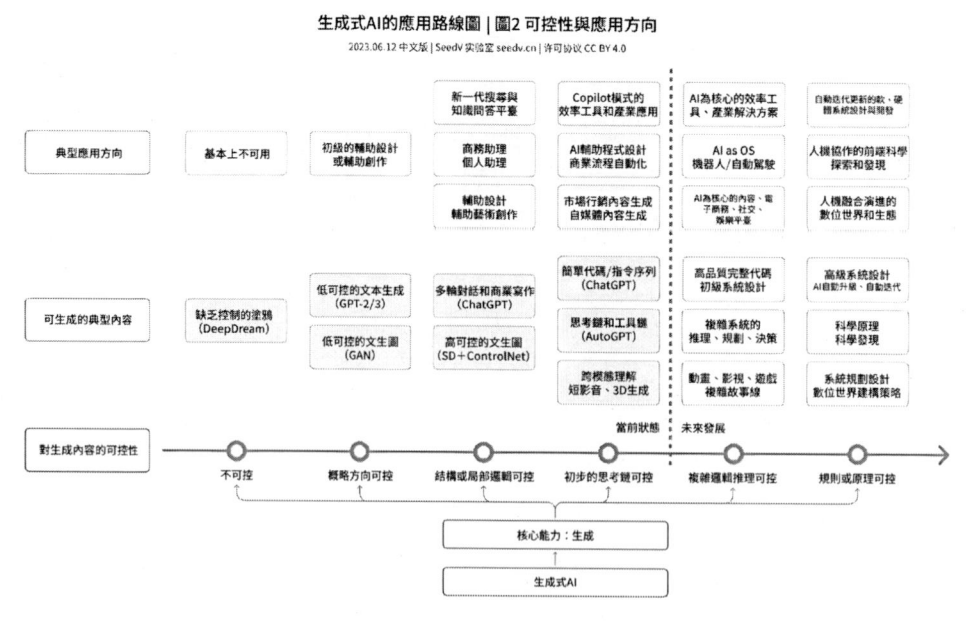

圖 5-4 生成式 AI 的應用方向

> **思考**
>
> 在你常做的事情上,如何建立一個 AI 參與的工作流?
>
> 在這個工作流中存在的最主要的問題是什麼?可以怎樣變通解決?
>
> AI 可以使用的控制方式和人類有什麼異同?

5.3 設計工程與典範轉變

藝術創作、產品設計、技術開發、商務市場,這幾種不同的工作職能在產生想法的方式上有什麼區別?表5-1展現了一種簡單的、有代表性的概括。

表 5-1 不同職能在產生想法方式上的比較

	方法	過程	目標
藝術創作	創意和表達	想像力和直覺	表達和獨特
產品設計	功能和使用	系統和方法	功能和體驗
技術開發	技術和科學	分析和邏輯	效果和效率
商務市場	商業和市場	策略和財務	盈利和擴張

藝術家在工作中優先考慮自我表達、創造力和情感因素。他們根據個人經歷、情感和對周圍世界的觀察來產生想法,經常探索抽象的概念、美學和獨特的視角。他們的想法往往聚焦在喚起情感、挑戰社會規範或傳達個人敘事。

產品設計經由功能和體驗方面吸引人的解決方案來解決問題並滿足使用者需求。他們經由進行研究、了解使用者需求並考慮可用性和使用者體驗來產生想法,專注於尋找解決特定問題的實用和有效的解決方案。他們的想法通常涉及建立以使用者為中心的設計、改善功能並增強整體使用者體驗。

工程師專注於建立實用和技術上可行的解決方案。他們從技術角度分析問題並提出使用工程原理知識可實現的解決方案，考慮可用資源和專案目標。他們的想法通常優先考慮功能、效率和可延伸性，努力去建立效果好，又高效率、可靠的解決方案。

商務人士以追尋市場機會、盈利能力和業務成長為重點。他們考慮市場趨勢、客戶需求和競爭格局，為滿足市場需求並產生收入而產生新產品、服務或業務策略的想法。他們的想法通常在發現市場空白、進行產品或商業模式創新，以及市場進入或者擴張的策略。

世界就是如此運轉的，這也是為什麼通常一個成功的公司通常需要產品設計、技術開發、商務市場這三類人來構成核心班底。而在真實世界中，一個典型的產品創造的過程如圖 5-5 所示。

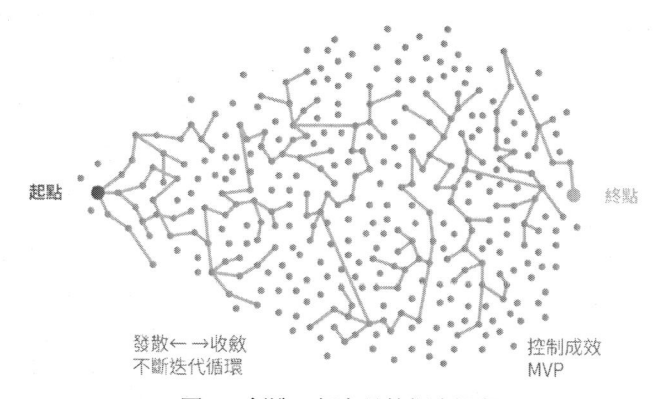

圖 5-5 創造一個產品的探索過程

在這個產品創造的過程中，如果我們具有上帝視角，會發現從起點到終點之間充滿了各種可能性與不確定性，純粹碰運氣的結果很可能就是不知道跑到哪裡，把那裡當作終點；如果最後能走到最佳終點，那可真是努力加上運氣的結果。如果是藝術創作，可能會花幾年、甚至幾十年的時間，經由人生體驗和思考，不斷嘗試錯誤，走到一個終點。如果是產品設計，就是完全不同的故事了：比如你接到了一個任務，三天後

要提交成果。時間緊迫、任務重大，請問，你會選擇採取以下哪種方式來推進工作？一，快速思考，快速選定一個方案，做出高品質的呈現；二，花一天半的時間做各式各樣的快速研究和探索，然後從所有的探索方案中選出一個可能最可靠的，再去做細部規劃方案。

在真實的工作環境中，選擇第二種方式的人會遠遠小於選擇第一種方式的人。因為壓力是現實的，探索是不確定的，第二種方式的工作量往往也會比第一種方式大不少。所以第一種方式也是合乎人性的選擇。但是，當我們看到了產品創造過程背後的真正邏輯，你還會輕易地選擇第一種方式嗎？我特別建議大家，在以後做事情的時候盡可能都用至少一半的時間，首先去做方向性的研究和探索，做盡可能充分的嘗試，然後再確定一個具體的方案（圖5-6）；當你想要走捷徑的時候，回憶一下上面這一張圖，不斷發散、收斂、發散、收斂……盡可能接近最佳方案。這既是一種產品創造方式，也是一種人生哲學。

在這種情況下，「充分探索」不是要不要的問題，而是如何能夠充分地、高效率地、低成本地進行探索的問題。這也是為什麼我直到今天，在做設計的前期探索時仍然更喜歡用手繪的方式畫草圖，因為對我來說，這個過程中並不需要追求手繪的精準，而是讓草圖跟上我思考的速度。你也可以試一試，用電腦上的設計軟體來做設計草圖，與手繪來畫草圖相比，時間差異有多少。通常來說，人們一旦使用電腦就特別容易不自覺地陷入對細節的苛求之中，比如繪製圖形的造型、大小、對齊、間距等，這些對於前期探索來說完全不重要，卻會吸引你的注意力、打斷你的思路。對於我們平時所做的軟體介面、圖示等設計來說，通常可以把手繪草圖控制在 30 秒到 1 分鐘一個；而在電腦上面往往要花更長的時間，經常是花幾個小時產出一份設計。在設計的中、後期，精益求精是非常重要的；但是在早期探索中，快速、充分探索才是更重要的。我

和團隊在工作中常常會在早期探索幾十種、甚至幾百種不同的方案，這也是不斷發散、收斂、發散、收斂的過程，是有層次和演進的，而並非一下子就拿出那麼多平行的方案。「手繪」並不意味著只能用筆和紙或者白板，現在用電腦、平板電腦，甚至手機上都有很多優秀的手繪草圖工具可供使用——但是需要注意的事情是一樣的，快速表達、快速探索，而不是一邊畫、一邊不停地 undo，那就完全失去了手繪的意義。

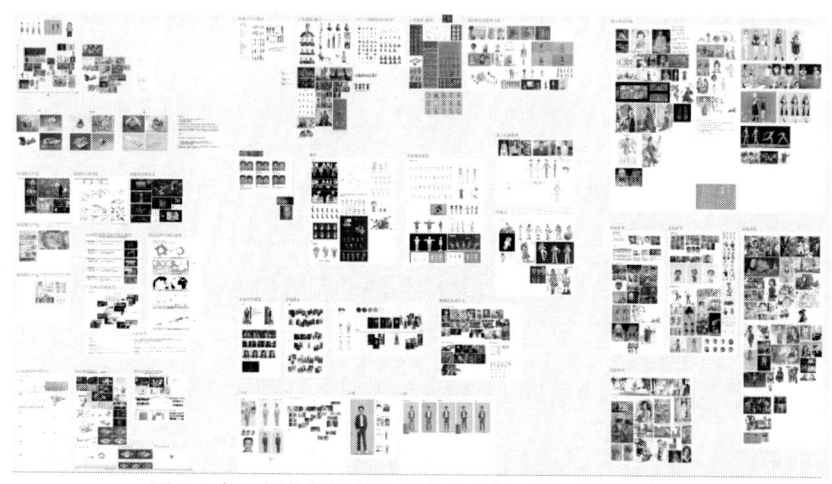

圖 5-6 在一個角色設計上的參考素材、草圖、設計探索

在實體空間中和虛擬空間中做設計探索各有利弊，需要相互截長補短。比如很多人喜歡在電腦上做設計，是因為可以很方便地更改；而用筆和紙做設計就可以效法於此，本身現在的產品就流行模組化設計，就可以把便利貼作為一個基礎單元，把設計畫在上面，可以隨時更換、組合。比如在白板和牆面上繪製或者黏貼內容，能夠讓大家把每一個人自己腦中的東西變成看得見、摸得著的，可以一起感受、一起討論；線上白板的內容因為平時見不到，也就少了很多可能激發想法的機會，不過今天的線上白板最大的優勢，是能夠同時讓幾十、幾百個人同時或者先後操作，這種跨越時間、空間的能力包含著巨大的潛在價值。

對於產品設計來說，要考慮使用者、市場、技術、商業等各方面的眾多問題，偏藝術設計的方式無法處理如此複雜的情況，而這需要把人文與科技、創造性與技術、商業與工程充分融合的方式——設計工程。這個概念從 1971 年被提出，經過幾十年的演進，尤其是在資訊產品領域，設計工程已經發展得越來越成熟：

- 設計工程充分應用設計與工程領域的各種工具和技術，比如設計思考、電腦輔助設計、模擬和最佳化等，以探索不同可能性和解決方案，並提高產品的效能和品質。
- 設計工程進行系統化的迭代，全方位地解決問題，包括研究、概念生成、原型製作、測試和評估，確保產品滿足客戶和利益關係人的要求和期望，從而創造出不僅功能強大且可行，而且還具有吸引力和使用者友善的產品。
- 設計工程以跨領域融合的方式促進創新和創造力，推動各個學科和領域的溝通合作，鼓勵產品的創造者跳出思考框架，挑戰現有假設和典範，探索新的創意想法。
- 設計工程以工程化的方式推動設計探索，經由軟體、自動化的方式，實現大規模、高效率、低成本地研究分析、設計嘗試、篩選評價，更充分地擁抱不確定性與可能性，從而更接近最佳方案。

如果說，前三項是一直以來放諸四海皆準的觀點，第四項則在最新一波 AI、尤其是生成式 AI 發展成為生產力工具以後才能夠得以實現。

生成式 AI 正在將設計工程帶入一個全新的水準，因為它使設計師和工程師能夠建立和探索大量的設計方案。如果要由人來做出大量方案是不可能的，時間和資源「永遠都不夠」；生成式 AI 可以從資料中學習並生成出滿足給定限制和目標的設計方案，非常快速的生成意味著很低的成本，而大量的生成則意味著充分的探索；生成式 AI 可以自動生成和

評估設計選項以減少設計過程所需的時間和精力，讓產品的創造者可以專注於定義問題並選擇最佳解決方案，而不是手動建立和測試每一個設計。二十多年前，我的工作方式常常是，在睡前調好各種參數，然後讓軟體開始工作，第二天醒來，檢查得到的一個結果；如果結果好，就繼續深化，如果結果不好，只好重來。而在今天，我的工作方式常常是，在睡前調好各種參數，然後讓軟體開始工作，第二天醒來，檢查得到的一千個結果，從中挑選出最合適的幾個，進行進一步深化；有時也能讓 AI 幫助在這一千個結果中預先替我篩選一下，這樣我就能省下一些自己篩選的時間，可以用來做更多創造性的工作。

在我的智慧型產品設計課堂上，有一個環節是請同學們指揮 AI 一起做腦力激盪，為產品概念提想法，比如 2023 年春季的這一組同學做出了以下的成果：

- 針對目標使用者特徵和想要解決的問題，要求 ChatGPT 和 New Bing 提出能解決問題的產品功能概念。
- 首先由 AI 提出想法，人類可以由此激發產生想法，或者針對 AI 的想法提出改進意見、形成新的想法。
- 人機合作，一共產生 100 個想法。其中人類參與的有 32 個，其餘都是 AI 生成的，包括功能增加 45 個、效能改進 12 個、可用性提升 11 個。
- 人類按照有效性、實現難度等對全部方案進行評估，根據評估結果優選方案，進入後續的產品設計。

我們還可以試試另外一種更結構化的腦力激盪：定義問題的維度，以及每一個維度中的選項，然後綜合考慮所有維度和選項，讓 AI 來生成創意或解決方案。比如以下的例子（表 5-2）：

表 5-2 AI 進行結構化的腦力激盪

向 AI 提出要求	請從以下每一個維度中選擇一個選項，把三個維度的選項結合在一起，形成一個產品創意，設計一款產品。 ・維度一，使用者：年輕女性、年輕男性、老人、小孩、父母。 ・維度二，情境：休閒、學習、消費、工作、競賽。 ・維度三，行為：看電視、看書、看網路影片、逛網路社群、玩遊戲。 比如：為「年輕女性」在「休閒」情境下「看電視」的行為，設計一款產品。
New Bing 的回答	我從每一個維度中隨機選擇了一個選項，然後結合在一起，形成了一個產品創意。你可以根據自己的喜好和需求進行修改或改進。 以下是我的產品創意： 為老人在學習情境下看網路影片，設計一款產品。 產品名稱：老友學習網。 產品描述：這是一個專為老年人提供網路影片學習服務的平臺，可以讓老年人透過觀看各種有趣和有用的影片來學習新知識、新技能和新趣味。老年人可以根據自己的興趣和程度選擇不同的影片課程，如健康養生、養花種草、手工藝品、外語入門等。平臺還提供了互動社群，讓老年人可以和其他學習者交流心得、分享經驗和互相鼓勵。平臺還有專業的老師和志工，可以為老年人提供線上指導和解答。這一款產品旨在讓老年人享受網路影片學習的樂趣，提高生活品質和幸福感。 為小孩在競賽情境下玩遊戲，設計一款產品。 產品名稱：小競遊。 產品描述：這是一個專為兒童提供遊戲競賽服務的平臺，可以讓兒童透過玩各種有趣和有益的遊戲來參與不同的競賽活動。兒童可以根據自己的年齡和喜好選擇不同的遊戲類型，如益智、冒險、體育、音樂等。平臺還提供了排行榜、獎勵系統和成就系統，讓兒童可以看到自己的進步和成績，獲得獎品和榮譽。平臺還有專業的教練和評審，可以為兒童提供線上培訓和評估。這一款產品旨在讓兒童享受遊戲競賽的刺激，提高學習能力和自信心。

New Bing 的回答	為父母在消費情境下逛網路社群，設計一款產品。 產品名稱：父母圈。 產品描述：這是一個專為父母提供網路社群消費服務的平臺，可以讓父母經由逛各種有關育兒和家庭的網路社群來獲得資訊、建立關係和進行消費。父母可以根據自己的需求和喜好選擇不同的社群主題，如孕期準備、嬰幼兒護理、教育指導、家庭旅行等。平臺還提供了推薦系統、優惠券系統和積分系統，讓父母可以發現適合自己的商品和服務，享受優惠價格和積分兌換。平臺還有專業的顧問和達人，可以為父母提供線上諮詢和建議。這一款產品旨在讓父母享受網路社群消費的便利，提高育兒效率和家庭幸福。

在這個例子中，一共有三個維度，每一個維度有 5 個選項，採用上面這種方法，我們可以輕鬆地讓 AI 產生 5×5×5=125 種產品創意，然後人類再在這個基礎上進一步發揮，或者改進，或者產生更多的新想法。

其實生成式 AI 進行設計探索的作用還不止於此。在一些複雜問題上，人類已經很難憑藉自身的大腦來進行有效地分析和處理，AI 則可以作為一個儲存容量、運算速度、可持續執行時間都大幅超越人類的外部大腦，來破解這些難題。生成式 AI 可以綜合考慮更多類型的使用者和利益關係人，找到滿足這些人要求和期望的最佳平衡點。生成式 AI 可以實現一些以前不可能的設計或工程解決方案，比如複雜的形狀、結構和材料，都可以透過複雜的精確控制來實現。在網路電子商務出現以前，關於大數據分析最為人津津樂道的案例莫過於啤酒與尿布的故事，就是因為在大規模資訊化之前，人類處理資訊的能力非常有限；而在今天，無論是電子商務平臺、內容平臺、還是社交平臺等，隨時都有大量的資訊被收集、處理、分析、決策，這就是技術與工程的力量。隨著生成式 AI 技術的逐漸成熟，還要再加上一項：大量的資訊被創造。因為 AI 面對的

是大量的資訊，資訊之間存在大量的關聯可能，AI 可以對這些資訊進行大量的加工、嘗試錯誤，其成果不僅是多樣化的，更有可能是意想不到的。這是一種非常有意義的獲得創造力的方式，也是 AI 創造力非常重要的成分和展現形式。

設想一下，如果要設計一款創意 QR Code，不只是機器可以掃描讀取，人類看起來也覺得美觀、有意義。怎麼做？

以 QR Code 的畫素塊形態為基礎進行創意設計，透過色彩、對比、延伸，形成創意圖形，這就是過去這麼多年以來設計師們常用的辦法。這種方法門檻並不低，需要設計師有很好的創意和視覺設計能力，而且圖形越複雜，所需要的設計製作時間就越多，從幾分鐘到幾小時、十幾小時不等。當你看到下面兩個 QR Code 的樣子（圖 5-7），感覺如何？

圖 5-7 AI 讓 QR Code 擺脫了畫素塊形態的束縛

對下面的幾張圖又有何感受（圖 5-8）？它們也是 QR Code！

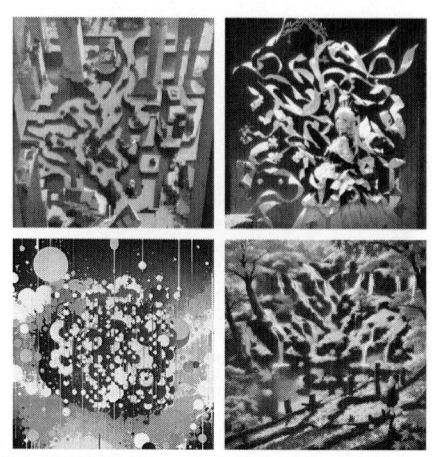

圖 5-8 經由模型訓練讓 AI 生成徹底成為圖畫的「QR Code」

這樣的「QR Code」，也許已經不能被稱為「QR Code」，而是能夠被機器掃描讀取的影像了。要人類手工設計出這樣的影像，已經幾乎不是人力可及的事情：一方面，需要對 QR Code 的基礎工作原理、圖形編碼方式有透澈的理解，明白 QR Code 並非一定是單色畫素塊的形態，而是在各個位置上形成顏色對比；另一方面，這需要「設計師」既能精準畫圖，又能按照要求進行複雜的影像創意。這樣一位「設計師」，是由幾位大學同學訓練出來專門做藝術化 QR Code 生成的 AI，或者更準確地說，他們發現了一套用 Stable Diffusion 生成藝術化 QR Code 的方法，經過改良而訓練成為了一個特定的 ControlNet——QR Code ControlNet。

這件事始於 2020 至 2021 年他們大二的時候，做了一個參數化的創意 QR Code 生成器（qrbtf.com）。在那個 GAN 技術為主流的年代，機器學習的生態不如今日活躍，當時各種 AI 的程式碼環境很複雜，Gradio Web UI、Diffusers 這樣好用的框架也還沒有出現，當時他們的 QR Code 生成工具做出的效果比較有限。Stable Diffusion 打造了開源生態、ControlNet 建立了精確控制生成的框架，為 QR Code 生成也帶來了新的可能。ControlNet 訓練的資料結構很簡單，官方也提供了非常多預訓練模型以

及基礎的訓練指令碼；不過訓練對資料庫和算力的要求比較高（論文中記錄的訓練資料量從 8 萬到 300 萬不等、訓練時間達到 600 個 A100 GPU 小時），如果沒有高效能的顯示卡，就只能慢慢地進行訓練。這群大學生把他們寶貴的經驗都公開在網站上，包括各種類型模型的訓練方法，各個實際模型訓練內容的流程展示，供大家交流學習。有了這個 QR Code 生成專用的 ControlNet，等於是向全世界開放了一個軟體，大家都可以用這個軟體來為自己生成高品質的藝術化 QR Code。

我也和一些學生們嘗試著把一些特定風格的影像訓練成影像生成模型，比如青花瓷的紋飾（圖 5-9）。不是用青花瓷的瓷器影像來訓練，那樣得到的模型只適合生成青花瓷瓷器本身，而是希望藉助 AI 的分析學習，提取出青花瓷紋飾的視覺風格，從而能夠運用到生成別的事物（圖 5-10）。

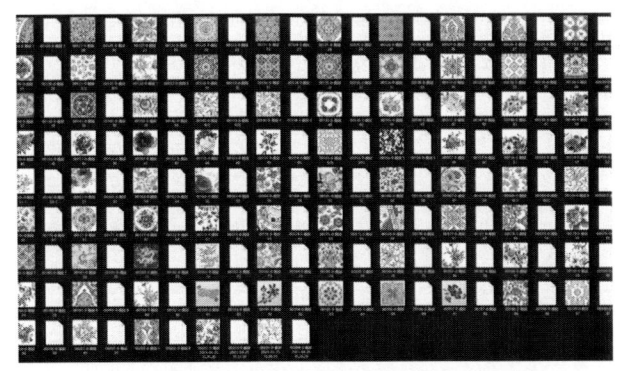

圖 5-9 青花瓷風格影像生成模型的訓練素材

我們訓練了一個小規模的 LoRA 模型，用來控制青花瓷紋飾視覺風格的生成。把這個小模型與其他的基礎大型語言模型疊加使用，就得到了如下的生成效果：無論是人物的時尚穿搭，還是物品、室內裝修，都可以套用青花瓷的風格。我們經由改良訓練和設定生成參數，讓這種感覺既能清晰呈現，又不會過分突顯，從而形成了一種將青花瓷與國際化充分融合的獨特設計風格。這樣的創造不同於以往專門設計一些內容成果，而是以模型的形式規格化了一種能力，大家都可以用這個模型來為

自己生成高品質的設計成果，想生成什麼就生成什麼、想生成多少就生成多少，由此而產生的影響力就會大幅超越過去那種直接設計一些內容成果的方式。

圖 5-10 由青花瓷風格影像生成模型生成的時尚穿搭、物品和室內裝修

在前面討論的各種應用案例中，我們看到了以下這些使用 AI 的方式。

- 提供 AI 使用者研究的各種文件、建立一個私有模型，或者提供 AI 一篇小說、讓它去閱讀和分析，然後可以經由自然語言對話的方式從中提取資訊。
- 設定好專案目標、生成參數和人物組合，讓 AI 自動生成大量的設計探索，然後按照一定的評價標準進行篩選，再把初選後的成果交給人類做最終的選擇。
- 發現一種藝術化 QR Code 的生成方法，把這個方法訓練為一個 ControlNet，讓複雜的過程變簡單，為畫面效果和 QR Code 辨識之間找到最佳平衡點，最後成為在 Stable Diffusion 上載入即可使用的小工具。

■ 像優秀的藝術家、設計師一樣，從大量的素材中塑造風格，訓練成為一個影像生成模型，讓人人都可以用它來生成帶有這種風格的事物影像；還能像調味一樣，融合多個不同的模型使用，設定權重和參數，得到各式各樣的變化，形成新的調和風格。

……

這一個個「小」案例，正預示著「大」變化。

為了解決真實世界的問題，設計需要充分的探索，充分擁抱不確定性與可能性，才有可能達到最佳方案。然而真實世界中的時間和資源永遠是有限的，不可能支持充分探索。就像世界圍棋冠軍，雖然可以研究人類 3,000 年累積下來的棋局，可以與其他的高手對弈，但是仍然無法像 AI 一樣，瞬間模擬千萬步，一夜對弈百萬局。

但是當這樣的 AI 能夠為我們所用時，一切都發生了變化。每一個人、每一個組織都能夠與 AI 合作，獲得超越自身的力量，並且這樣的能力還能對外複製輸出，讓更多的人和組織獲得這個能力。更豐富的資料來源、更綜合的多模態資訊處理能力、更全面的分析能力，更高效率的資訊管理、利用能力，更充分的、低成本的設計探索能力，更強大的能力形成、複製與擴散，這些 AI 帶來的改變正在發生，而且在設計的各方面影響越來越廣泛而深入。這也預示著，設計領域也如同科學領域從第一典範發展到第四典範一樣，從經驗典範、理論典範、計算典範，正在進入資料驅動典範。

第四典範「資料驅動典範」也為產品設計帶來了一些挑戰，比如如何創造性地運用資料，如何確保資料和模型的可靠性和有效性，如何處理道德和法律問題，以及如何在過程中融入人為回饋和合作。關於如何創造性地運用資料，有一個有趣又經典的例子：2016 年 Google 推出了一個叫「Quick, Draw!」的遊戲產品，玩法和「你畫我猜」一樣。由 AI 發起繪

畫主題，吸引了全世界很多人來玩。其實，這個產品的作用是在於收集世界各地人們的簡筆畫，用來訓練 AI 學會辨識簡筆畫圖案。根據訓練的結果，2017 年 Google 又推出了另一個產品「AutoDraw」，只要使用者畫出簡筆畫，AI 就會自動辨識這是什麼圖案，提供一系列相似的、預先準備好的高品質圖案，供使用者選擇，這樣一來，使用者只要草草畫出簡筆畫，就能得到高品質的圖案。資料的獲取與運用，在這兩個產品之間實現了完美結合。

第四典範是補充和支持人類產品設計者的工具，而不是取而代之；產品設計者也應當相應地強化自己的綜合能力，一手牽著使用者，一手牽著科技，領導 AI 合作共創。

思考

用 ChatGPT 等大型語言模型做腦力激盪，會遇到怎樣的問題？

用 Stable Diffusion 或者 Midjourney 做大規模設計探索，需要提前做什麼準備，事後如何評估篩選？

你身邊有什麼事物，值得訓練成模型，來實現更好的效果？

5.4 小練習：智慧型產品設計細部規劃

在本章中，我們討論了在今天做產品設計需要了解的 AI 技術與工具，如何從技術的角度來思考和推演（圖 5-11）；從工作流與控制性這兩個重點，以實際案例展現如何建立合作關係，讓人能夠引導 AI 進行設計；在此基礎上了解設計典範的轉變，如何與 AI 一起進行規模化的設計工程探索。

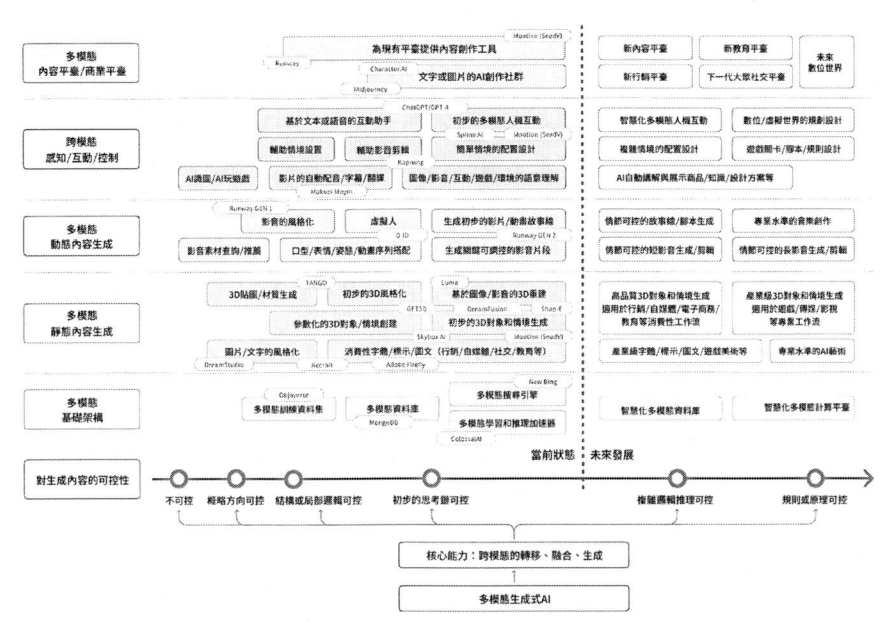

圖 5-11 生成式 AI 的應用領域、技術能力和代表產品

AI 正在迅速發展，並在各個領域中發揮著越來越重要的作用。從 AI 科技的角度重新看待各領域中智慧型產品的發展，可以幫助我們更容易理解 AI 技術的潛力，洞察問題與機會，發現解決問題的切入點，預測技術與產品的發展趨勢，利用 AI 技術來創造更具創新性和可持續性的產品。密切追蹤最新 AI 工具的發展，可以幫助我們更好地建構工作流，獲得更強的控制力，充分運用自動化任務來探索新的設計可能性，以全新的典範來實現超越過去的產品設計效果。隨著 AI 程式碼生成能力的提升，產品設計者能夠使用和創造的生產力工具還將獲得進一步的拓展。

以下這些 AI 工具導航平臺供參考。

- https://latentbox.com/
- https://replicate.com/

- https://aitoptools.com/
- https://www.futurepedia.io/
- https://aiartists.org/
- https://aidesign.tools/
- https://www.producthunt.com/topics/artificial-intelligence

本章的小練習如下。

主題：智慧型產品設計細部規劃
大學生： ‧根據前面初步確定的目標使用者和產品方向，和 AI 一起進行腦力激盪，產生 100 個關於產品功能與體驗的設計想法。 ‧根據設計目標和想法，梳理其中相關的 AI 技術，找到可使用的 AI 工具。 ‧把 AI 工具與傳統工具結合起來，建立工具流，進行設計細部規劃。 ‧把過程和結果記錄為一篇文件。
碩士班： ‧根據前面初步確定的目標使用者和產品方向，和 AI 一起進行腦力激盪，產生 100 個關於產品功能與體驗的設計想法。 ‧根據設計目標和想法，梳理其中相關的 AI 技術，找到可使用的 AI 工具。 ‧把 AI 工具與傳統工具結合起來，建立工具流，進行設計細部規劃。討論所使用的 AI 工具在設計過程中存在的問題、背後的原因，以及變通解決的方法。 ‧把過程和結果記錄為一篇文件。

第 6 章　成果檢驗：以人為終

6.1　產品設計的呈現

你試過分別用 30 秒、3 分鐘、30 分鐘來向別人介紹你的產品設計嗎？如果還沒試過，強烈建議你在閱讀下面的內容之前，先選擇一個自己做的產品設計，試著做一下，如果能把你的表現用錄影記錄下來更好。在這個過程中，你將感受到一些從未想過的問題；在錄影中，你將看到一個從未見過的自己。

你可能聽說過「30 秒電梯推銷」，是的，這是真實存在且有效的。而用 30 秒、3 分鐘、30 分鐘來向別人介紹你的產品設計，可以看作是這個形式的升級版。在不同的時間限制情況下，聽眾的興趣、耐心、期待會很不一樣，進行這樣的練習將會顯著地幫助你獲得以下方面的提升：

- 更容易理解產品。你會被迫以不同的方式思考。你需要能夠清楚地闡述你的產品的價值主張，並需要能夠解釋它如何解決問題或滿足需求，尤其是在不同的時間限制下更是如此。這個練習過程可以幫助你找出你對產品理解的任何差距，並幫助你改進你的產品資訊。其實在這個過程中，也會經常發現產品設計本身存在的缺陷，尤其是對於針對使用者解決問題、產生吸引力的方面。
- 找出並解決演說中存在的問題。沒有人天生擅長公開演說，因為這涉及內容組織、展現形式、性格與心態、演說技巧等各方面；要在短時間內展示一個複雜的話題時，挑戰會更大。透過練習，你會發現你的演說可以改進的地方，從而提升演說的效果，而且在這個過程中，你也會變得更加自信和自如。

- 獲得回饋。在練習過程中，除了回顧錄影以外，如果能請朋友、家人或同事給予回饋會更好。即便他們可能與你的目標受眾不同，但是作為一般人給予你直覺的回饋也是有意義的。你可以從他們在過程中的表情、態度、回饋中直觀感受到觀眾可能的關注點，以及可能被問到的問題，從而調整你演說的內容和形式，並提前做好準備。

接下來，我們就一起看看對於 30 秒、3 分鐘、30 分鐘介紹產品設計的具體建議。

1. 30 秒版

- 以一個能吸引目標受眾注意力，並且能明確傳達產品價值的陳述開始，有時以提問的方式效果更好。
- 清楚地說明你的產品為哪些使用者解決了什麼問題或滿足了什麼需求。
- 強調你的設計的關鍵特色或獨特的賣點。聚焦重點，簡明扼要。用排除法，在這個版本中摒棄任何可以暫時不提及的內容。
- 用最能觸動目標受眾的形式（不同類型的人容易被觸動的點不同），比如數字、圖表、影像、影片，快速傳達概念。
- 以簡潔易記的呼籲結束（call-to-action），引導目標受眾馬上做出一個他們易於決定的行為，為後續更深入的事項做鋪陳。

2. 3 分鐘版

- 你也許是在 30 秒版的基礎上，獲得了講述 3 分鐘版的機會；也許是你從一開始就要準備一個 3 分鐘版。無論怎樣，優先準備一個 30 秒版都是展開局面、吸引受眾注意力的好辦法。在此基礎上，再為 3 分鐘版增加內容。

- 進一步介紹產品相較於市場上其他產品的差異化功能和優點，以及背後的設計過程，重點是使用者研究、構思和迭代。
- 增加背書資訊，比如使用者使用產品的案例、團隊背景、權威報導等。
- 實際演示的產品原型比影片更可信，影片比圖文更可信。
- 結束時歸納要點，並強調價值主張和潛在的市場影響。引導觀眾提問，由此爭取到更多介紹產品的機會和時間。

3. 30 分鐘版

- 在 3 分鐘版的基礎上繼續深入內容，引導觀眾深入參與問答或者實際體驗產品，在你提供的基礎上形成他們自己的觀點。
- 詳細討論設計過程，包括研究、構思、原型設計和迭代，介紹你的產品如何解決核心問題。
- 對競爭格局進行討論，強調產品的競爭優勢和市場潛力。
- 邀請觀眾在現場實際體驗產品，在過程中與觀眾深入討論。
- 歸納主要重點、強調價值主張，並解決任何潛在問題或疑問作為結束。

每個人特質不同，演說風格不同，不用擔心是否使用所謂「最佳」風格；根據上述的內容和形式框架，找到適合自己特色的風格，把目標受眾或者使用者關心的內容呈現出來才是最重要的。產品的不同類型，受眾的不同群體，產品的不同研發階段，需要不同的方式來展示產品設計。

比如蘋果和輝達都是世界知名的科技公司，不過蘋果的產品是以一般消費者的電子消費品為主，比如手機，而輝達的產品則是針對專業人士和企業使用者為主，比如顯示卡，因而他們展示產品的方式也很不一樣。蘋果以其親民的創新產品展示方式而聞名，包括在產品發表會上從

牛仔褲口袋裡拿出能容納超過 1,000 首音樂的 iPod 音樂播放器、從檔案袋中拿出世界上最輕薄的 Macbook Air 筆記型電腦、用手指在螢幕上操作執行解鎖和照片縮放的 iPhone 智慧型手機、在疫情期間舉行虛擬發表會等眾多知名場面。蘋果經常使用現場演示、影片和線上演示的組合，所呈現的都是一般消費者容易理解的、關心的、在情緒上會被打動的事物，而很少提及產品的技術資料，就算提及也是一般消費者容易感知和記憶的，而並非真的需要去理解背後的技術細節。而輝達則是經常在貿易展和發表會上進行現場演示，也會發表酷炫的影片展示他們的產品，以資料的形式直觀地突顯技術領先、效能強大、性價比高，以及對開發者的支持，還有對企業的教育──「買得越多、省得越多」（The more you buy, the more you save）。

產品設計演示時面對的受眾不同，便需要展示出產品設計的不同特點或者價值。如果是展示給潛在的使用者或者客戶，更多地展示產品設計如何解決他們的問題或者滿足他們的需求，用故事、使用者案例再加上現場演示或試用的效果會比較好；如果是展示給潛在投資者或合作夥伴，更多地展示產品設計如何創造競爭優勢或市場機會，使用資料分析、案例背書再加上現場演示或試用的效果會比較好。

產品在不同的研發階段，可以展示的產品設計內容和形式也不同。在早期，只有使用者研究、產品文件、設計草圖的階段，可以用這些圖文內容串成一個完整的案例故事，甚至製作一個小影片，來展示產品設計的概念或願景。在中、後期，利用可操作的原型或者最終產品進行演示才是最好的方式，不僅能最直觀地展現產品和體驗，也更有助於獲得受眾的信任。

另外，用最小的代價來呈現產品，也有幾個不同的模式：MVP、MLP 和 MMP。MVP（Minimum Viable Product）即最小可行性產品，是

指具有最少功能、滿足基本需求的產品。MLP（Minimum Lovable Product）即最小討喜產品，是指具有最小功能、滿足基本需求，且具有一定吸引力的產品。MMP（Minimum Marketable Product）即最小市場化產品，是指具有一定功能、滿足市場需求，且具有一定競爭力的產品。這三者之間的比較如下（表 6-1）。

表 6-1 MVP、MLP、MMP 的比較

	MVP	MLP	MMP
目標	快速驗證產品概念，獲取使用者回饋	快速獲得使用者的喜愛，建立使用者群體	快速進入市場，獲得競爭優勢，實現盈利
研發階段	早期	中、後期階段	中、後期階段
目標使用者	開發團隊	早期使用者	潛在使用者
產品功能	簡單	相對豐富	完整
市場定位	小眾市場	中等市場	主流市場
盈利模式	不以盈利為目的	以盈利為目的	以盈利為目的

　　三者分別有著顯著的特點，也有著各自的支持者。技術研發背景的人往往更支持 MVP，產品設計背景的人往往更支持 MLP，商務市場背景的人往往更支持 MMP。

　　產品設計背景的人相信 MLP 可以經由吸引使用者的情感、偏好和期望，而不是僅僅滿足他們理性的需求或期待，來建立更強大和持久的關係。MLP 還可以為產品或服務創造競爭優勢和獨特的價值主張，因為它可以將其與市場上其他類似產品或服務區分開來。為避免在不能贏得使用者喜愛的功能上浪費時間和資源，MLP 可以降低研發的風險和成本，比如開發一個競爭對手沒有的、能夠贏得使用者喜愛的功能，遠比把競爭對手的功能都補齊更重要。因為從一開始就專注於為目標使用者提供核心價值和利益，而不是試圖讓大範圍的使用者滿意，MLP 還可以提高產品或服務的效率和有效性。也正因如此，MLP 可以吸引並留住更多滿

意和忠誠於產品的使用者，還能提高產品的口碑和推薦率。不過，隨著使用者使用、市場競爭的發展，MLP 也會逐步變為泯然眾人的 MVP（圖 6-1），因此需要持續不斷地創新，保持差異化競爭的優勢。

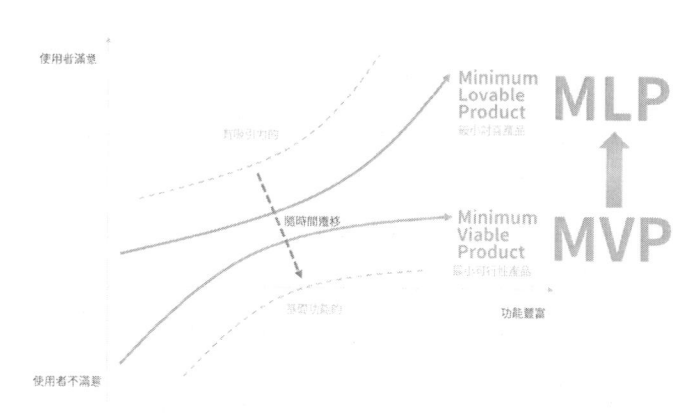

圖 6-1 MVP 與 MLP 之間的關係

展示產品設計並非一定要付出大量的時間和投入，重點在於把對的內容，以對的形式展示給對的人。比如 2009 年 Dropbox 雲端硬碟公司發表的極其簡陋的「紙片人」介紹影片，以這種簡陋風格與科技產品形成了非常戲劇化的對比，並且又把故事講得通俗易懂，當年在網路使用者、科技愛好者的圈子裡形成了病毒式傳播，甚至一度引領了介紹影片的風格趨勢，幫助產品獲得了非常好的推廣效果，一點也不亞於、甚至大幅超越很多大公司花巨資製作的產品介紹影片。這就是創意的威力與價值。

正如前面章節中所討論的，在生成式 AI 越來越強大的今天，找到合適的 AI 工具，協助進行使用者研究、產品設計、原型開發、影片策劃與製作，能夠獲得事半功倍的效果。

> 思考

用於內部研發、使用者測試、對外宣傳的產品設計展示，分別需要注意什麼、有哪些不同？

對於更偏感性的或者更偏理性的受眾群體，在產品設計的展示上可以採用怎樣的不同策略和方式？

不寫程式碼，有哪些辦法做出可以互動演示的產品原型？

6.2　產品設計的評估

產品設計的評估是一件既簡單又極難的事情。

說它簡單，是因為從實際操作的角度來說，有很多確實的方法、流程、工具可循，比如使用者測試（User Test）、產品測試（Product Test）、市場測試（Market Test）；其中還有能夠量化評估的方法，尤其受到大公司的歡迎，比如源於 Google 的 GSM 模型、HEART 模型（圖 6-2）。說它複雜則是因為人們使用這些方法的動機和目標是完全不同的，如果方法不能與之匹配，就可能會陷入很麻煩的境地。GSM 模型、HEART 模型是 Google 的使用者研究員從工作中整合出來的成果，那時我就在 Google 的使用者體驗團隊，對事情的來龍去脈比較清楚，也直觀感受到了這些模型從方法層面來說是非常優秀的，能夠有效地把使用者體驗這樣一種偏感性、質化的工作，以結構化的、量化的方式來進行評估，甚至能由此訂立一系列的指標，進行長期監測和分析，對於提升團隊和個人的專業性有很大的幫助。不過，從公司層面來說，實際上會更關注與商業效益相關的部分，比如營收、利潤，以及與之密切相關的使用者指標，比如每日／每週／每月的活躍使用者、停留時長、重返率、任務完成率、付費率、客單價等。換個角度來說，大部分與使用者相關的評估與研發的工程測試類似，是用來促進內部發現問題、解決問題的，是內部工具、內部流程，可能會被認為是「應該做好」的事情，而非直接幫助公司獲得經營效果，因此受重視程度就會有所不同。如果你還是很難接受這個現實，可以先進行自己的思考，再到下一節中看一看別的視角。

	Goals目標	Signals信號	Metrics指標
Happiness 愉悅度			
Engagement 參與度			
Adoption 接受度			
Retention 維持度			
Task Success 任務完成度			

圖 6-2 源於 Google 的 GSM-HEART 使用者體驗評估模型

所以雖然今天的公司都會說自己重視使用者體驗，但是真正將使用者體驗發揮顯著價值的公司少之又少。用一個典型的例子來說，當我在 Airbnb 負責設計團隊的時候，曾遇到過一個客服中心的使用者體驗改進專案，當我們列出了產品存在的問題時，獲得的資源支持比較有限；但當我們算了一筆帳，即如果完成這些使用者體驗改進，能夠為公司節省多少客服支出，這個專案馬上就獲得了最高優先順序的支持。簡而言之，產品設計最直接的評估就是市場回饋，尤其是商業層面的效益；專業層面的評估可以幫助團隊和個人做好工作、獲得成長，但最好盡可能找到與商業效益相關的事項，這樣進展才會事半功倍。

當我們在產品設計領域有了一定的累積之後，學習一些商業分析的知識，再融入產品設計之中會非常有益。這裡我們先拉回到產品設計專業領域，看一看產品設計評估最主要的兩類測試：使用者測試和產品測試。

在產品研發中，使用者測試是一種重要的過程檢測方式，經由讓使用者使用或者模擬使用產品，觀察他們的行為、收集他們的回饋，作為產品改進的線索。使用者測試經常被歸入使用者研究之中，和研發中的產品測試也有重合之處，所以常常被人忽視。表 6-2 簡要呈現了三者之間的區別：

表 6-2 使用者研究、使用者測試、產品測試的比較

	使用者研究	使用者測試	產品測試
重點	廣泛地了解目標使用者	評估特定的產品或功能	確保產品符合要求並準備發表
時間	可以在研發過程中的任何階段進行	通常在研發過程的後期進行	可以在研發過程中的任何階段進行
測試類型	調查、訪談、焦點小組、可用性測試等	主要是可用性測試、功能測試等	主要是功能測試、效能測試、安全測試等

　　使用者測試經由觀察真實的或潛在的使用者如何與產品互動來評估產品，幫助了解使用者的需求、偏好、期望和回饋，以及辨識和解決產品中存在的問題，主要在功能性、易用性、吸引力等方面改進產品。使用者研究是更廣泛的研究，涵蓋目標使用者的各種相關特質與活動，幫助了解使用者是誰、需求是什麼、如何使用相關的產品，發現潛在的問題並發掘解決方案的線索。產品測試是研發過程中對產品進行各種類型測試的統稱，主要是由工程師自己以及專門的測試人員，對產品功能、效能、安全等方面進行測試，確保產品符合其要求並準備發表。有很多使用者研究的方法同樣適合使用在使用者測試中，我們已經在前面的章節中有詳細的討論，在此我們將偏向使用者研究層面的使用者測試，與偏向研發工程層面的軟體產品測試進行比較，了解各自的優、缺點，並討論在 AI 的協助下，可以為使用者測試和產品測試帶來怎樣的變化。

　　使用者測試主要關注使用者體驗，是在研發過程的後期，採用質化的方法對小樣本的使用者進行觀察與訪談的測試，得到豐富的個體使用者的行為細節，但是在產品功能、使用者群體的涵蓋度上存在先天的缺陷。可以經由詳盡的使用者行為流程分析，儘可能接近充分涵蓋產品功能與操作，並以此為基礎設計使用者測試任務，但是仍然無法窮盡可能出現的使用者使用問題和技術問題；另外，對使用者群體的概括在質化研究情況下就是無解的難題。在實際工作中，通常的做法就是讓產品儘

快上線（全面發布或者進行 A／B 測試），經由眾多真實使用者在各種真實環境中使用，發現問題再改進。隨著 AI 代理技術的發展，會有越來越多模擬真實使用者使用產品的服務出現，讓使用者測試能夠以量化的形式進行，提高測試效率、減少潛在問題可能會帶來的負面影響。

產品測試主要關注產品品質，在我們的語境中對應著軟體測試。在產業標準 IEEE 829 － 1998 中把軟體測試定義為：使用人工或自動的方式來執行或測定某個軟體系統的過程，其目的在於檢驗它是否滿足規定的需求或釐清預期結果與實際結果之間的差別。這個標準定義了涵蓋軟體測試的整個生命週期的 8 種軟體測試文件，包括測試計畫、測試設計規格、測試用例規格、測試過程規格、測試項傳遞報告、測試紀錄、測試附加報告、測試總結報告。測試貫穿整個開發週期，包括但不限於對需求文件、概要設計、詳細設計、原始碼、可執行程式、執行環境的測試。測試的參與者不僅包括測試人員（測試工程師，有些團隊是軟體工程師自測），也包括產品經理（統籌協調）、設計師（檢查介面的實現效果）。

軟體測試可以分為四個階段：單元測試、整合測試、系統測試和驗收測試。儘管產品的設計者可能並不需要知道這裡的細節，不過經由了解 AI 輔助的自動化測試在其中的工作方式，對於我們思考如何設計智慧型產品也會有所啟發。

■ 單元測試是軟體測試的最基本階段，主要用於測試軟體的最小可測試單元，比如函式、方法、類別等。單元測試的目的是在單元級別發現程式碼錯誤，比如邏輯錯誤、語法錯誤等。單元測試通常由研發人員完成。另外，可以使用單元測試框架來編寫和執行單元測試用例，實現自動化單元測試；還可以使用程式碼覆蓋率工具，來度量和報告單元測試用例覆蓋了多少軟體程式碼。

- 整合測試是把單元測試經由軟體設計規格書中指定的接口組裝起來，並進行測試。整合測試的目的是在模組級別驗證模組之間的接口是否正確，以及模組組合後的整體功能是否正確。整合測試通常由研發和測試人員共同完成。另外，可以使用模擬或存根技術，幫助隔離和控制軟體的不同部分之間的互動，以便更容易地進行整合測試；還可以使用持續整合或持續交付工具，對軟體的建構、配置、測試過程進行自動化。
- 系統測試是把軟體系統作為一個整體進行測試。系統測試的目的是在系統級別驗證軟體是否能達到產品定義的需求規格，以及滿足使用者的需求。系統測試通常由測試人員完成。為了提升測試效果，可以把前期所做的使用者行為流程分析參考融合進來，以避免出現團隊號召全體「幫忙」測試，但絕大多數人卻只在極少數的幾個功能上做測試的情況。另外，可以使用圖形使用者介面自動化工具來模擬使用者對介面的操作和輸入，並驗證軟體介面的輸出和回饋，實現跨平臺和跨瀏覽器的軟體介面自動化測試；還可以使用效能或者負載測試工具來模擬使用者對軟體系統或產品的同時訪問或請求，測量產品的回應時間、流通量、資源消耗等指標。
- 驗收測試是軟體交付前的最後階段測試。驗收測試的目的是在使用者級別驗證軟體是否滿足使用者的需求，以及符合使用者的期望。驗收測試通常由使用者和客戶代表完成。

其實，就軟體測試本身來說，使用者研究人員就可以學習很多，尤其是在如何標準化、量化分析、自動化、持續追蹤（比如使用 Jira 等軟體，圖 6-3）等。隨著 AI 技術的發展，不僅僅是通用的模型本身，而且也正在出現越來越多專用工具，能為使用者測試和產品測試提供更強大的支持，讓測試能夠以更大的規模、更低的成本、更高的效率、更高的頻率進行，並自動生成更富於分析洞察的測試報告。

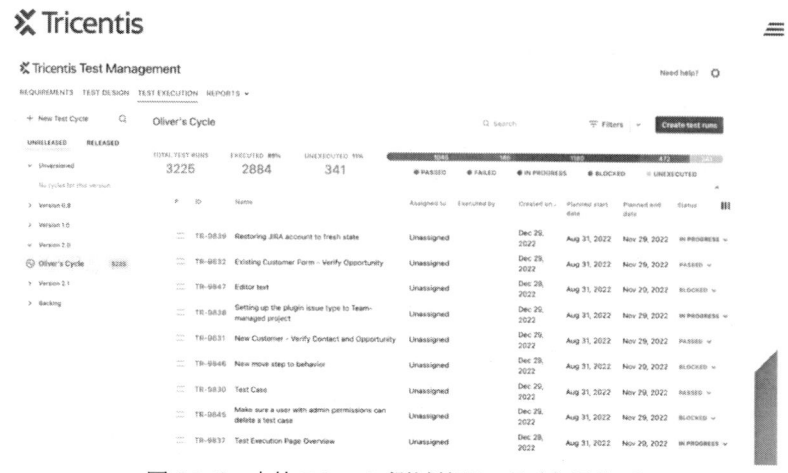

圖 6-3 Jira 中的 Tricentis 測試管理工具（官網截圖）

思考

有哪些使用者研究的方法適合用在使用者測試中？

為什麼使用者行為流程分析能幫助提升軟體測試的效率和效果？

有哪些軟體測試方法可以在使用者測試中使用？

6.3 產品的商業評估

在上一節的開頭，我提到在很多公司中，對使用者體驗的評估不如對經營效果的評估那麼受重視，可能會有人打抱不平。其實在一個公司中，每一個部門都會非常重視自己部門的工作、貢獻與回報，可是每一個部門的工作內容、方式、重點各不相同，比如設計師無法真正理解工程師的後端程式碼寫得有多精妙，工程師也無法想出為什麼一個按鈕的位置不同會導致資料有如此大的差別；研發部門可能不認同品牌廣告，只想做可以量化的效果廣告，市場部門可能認為如果不做品牌廣告就無法支持效果廣告……公司不僅需要一套各部門都認同的話語體系、價值體系，而且公司本身所面臨的終極大考驗只有一個 —— 能否形成可持續

的商業行為。

比如美國市場上的現象級產品 Lensa App。曾因為首次把神經網路風格遷移技術用作圖片濾鏡而爆紅的 Prisma App，其公司在 2018 年時推出了新產品 Lensa App，但一直不瘟不火，直到 2022 年 11 月推出「魔術化身」（Magic Avatar），把幾個月前剛剛出現的人像訓練和生成技術結合起來，首次發布給大規模使用者，終於引爆了市場。這是大家都津津樂道的產品創新、商業故事，不過，這就是故事的全部嗎？資料說明了一切（圖 6-4）。

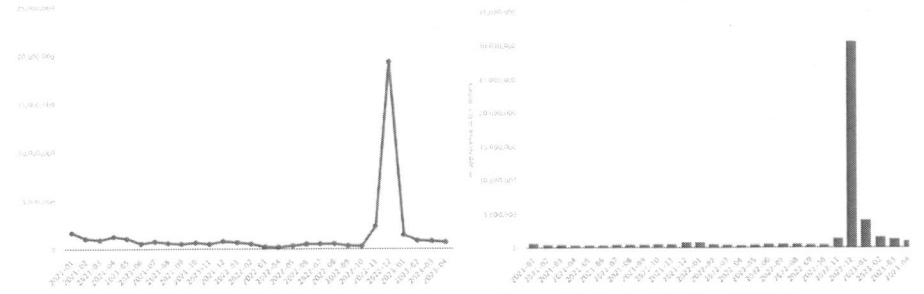

圖 6-4 Lensa App 2021 年 1 月至 2023 年 4 月的全球下載量、付費量

無論是做產品還是做商業的人，都非常看重一個公司的持續經營能力，都不願遇到曇花一現的情況，不僅影響到近期的收益，更重要的是會影響到未來的信心。如果不能做成「常青樹」產品，那就趁著當前的熱度儘快推出新產品或者服務，找到第二成長曲線。這樣的產品有什麼特點呢？

我在資料分析平臺的輔助下，對 2010 至 2019 年蘋果應用程式商店美國區的免費 App（包括遊戲）的資料進行了分析。分析的資料基於曾經進入每週 Top 100 排名的 12,680 個 App，資料項包括 App 的名稱、類型、上榜時間、上榜名次，由此找出每個 App 上榜的次數（包括同一個 App 的不同版本），再結合上榜名次進行加權，就可以得出每個 App 在 10 年間的影響力分數，對此進行排序，就得到 10 年間曾經最具影響力的 100

個 App 的榜單。之所以不直接使用 10 年的累計下載量作為分析的基礎資料，因為不能反映出那些曾經在短時間內輝煌過的 App。經由這個分析，我們得到了一些非常有趣的結果 (圖 6-5)。

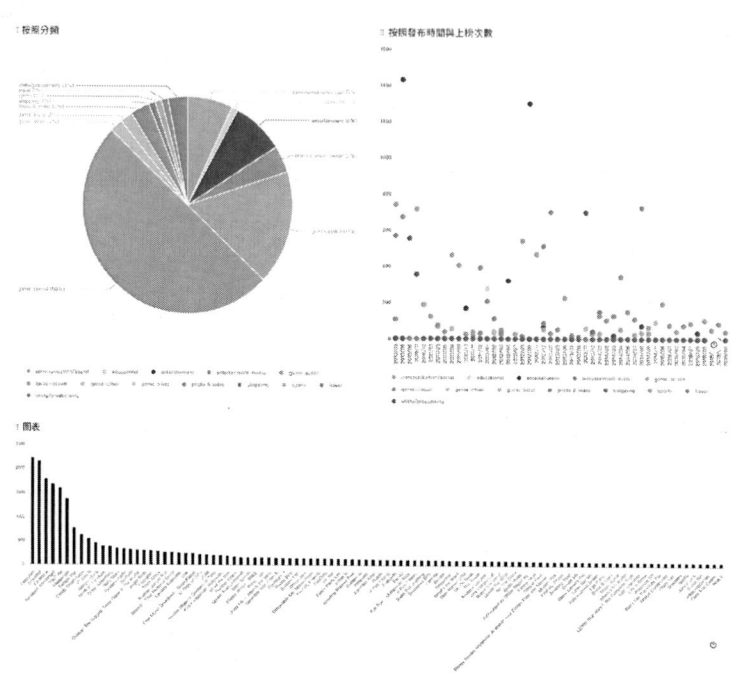

圖 6-5 2010 至 2019 年蘋果應用程式商店美國區所有免費 App (包括遊戲) 的資料分析

- 哪一類 App 最多？可能大家都能猜到是遊戲。究竟有多麼多？71％，其中 50％是休閒類遊戲，17％是動作類遊戲，這也是上榜 App 數量最多的兩個分類。娛樂 (8％)、社交 (7％) 緊隨其後。
- 雖然數量最多的是遊戲類 App，但是通常熱門週期只有一、兩年；而娛樂、社交、工具類雖然上榜的 App 數量少，但是熱門週期能持續很久，比如 Facebook、Instagram、Snapchat、Youtube、Google Maps 這些，幾乎貫穿了整個 10 年時光。上榜次數能接近它們的遊戲只有像神廟逃亡 (Temple Run)、糖果傳奇 (Candy Crush Saga) 這樣的超經典遊戲。

■ 遊戲 App 是江山代有才人出，各領風騷一兩年；而其他類型的 App 則呈現出強烈的網路效應（使用的人越多、產品越強大）和累積效應，先發優勢非常明顯，較晚加入的產品想要開啟局面就需要有非常差異化的競爭性，或者是差異化的目標使用者，或者是差異化的產品功能，最好是二者兼而有之。
■ 產品持續推出高品質的新版本，能有效地延長產品的生命週期，甚至有新版超越舊版的情況出現。持續創新很有意義。

上面分析中的案例，都是全世界最聰明、最努力的人們研發出來的產品（只是 2C 的消費端產品，不包括 2B 的企業端產品），在不同的情況下會呈現出完全不同的效果。這也是為什麼在決定做什麼產品、怎麼做這個產品的初期，需要認真地進行商業評估，幫助釐清後續可能會遇到的商業問題。

在商業評估中，主要評估的是產品設計和研發的可行性、可驗證性和潛在影響，可以幫助辨識產品理念的優勢、劣勢、機會和威脅，以及市場需求、使用者／客戶需求、競爭格局和財務影響。商業評估可以在產品開發週期的不同階段進行，但在開始時尤其重要，因為這時專案處在探索和驗證概念的階段，可調整的空間大、成本低。有很多方法和工具可以幫助進行商業評估，比如以下例子。

■ 概念驗證：向目標使用者、投資人，展示設計圖、產品原型來進行測試，評估他們對產品的興趣、回饋和期望，調整產品的價值重點、功能或切入點。
■ 評估矩陣：經由建構一個框架，根據多個標準對多個產品或想法進行比較和評級。評估矩陣通常採用表格的形式，在縱列放入不同的產品或想法，在橫行中放入對產品成功最重要的標準或因素。標準

可以是量化或質化的，比如市場規模、使用者滿意度、技術可行性、盈利能力等，為每一項賦予評級分數範圍，然後對每個產品或想法針對每一項標準進行評分。在最後的計算時還可以根據每一項標準的相對重要性進行加權，經過加權求和，算出每一個產品或想法的總分，從而可以進行綜合、量化的比較。

- SWOT 分析、波特五力分析、商業模式圖等都是常見的商業評估分析工具。

- 經由查詢資料、行銷研究報告、使用者研究報告等來進行市場規模評估，透過競品分析來進行市場競爭評估，經由商業模型與財務模型進行財務推算，這些也是重要的商業評估面向。

過去的十幾年來，隨著創業投資產業的發展，透過商業計畫書來進行商業評估已經成為一種主流的起始方式。商業計畫書整合了專案的關鍵資訊，包括市場與機會、產品與服務、推廣與營運、財務預測、團隊實力等。對產品的創造者來說，撰寫商業計畫書，是一個很好的思路梳理過程；對投資人、合作夥伴來說，商業計畫書是一個高效率的溝通工具，幫助他們快速了解專案。產業界被譽為「教科書」的商業計畫書範例出自紅杉資本，用 10 頁 PPT 把專案講清楚。

(1) 公司宗旨：用一句話定義你的公司。抓住事業的精髓，為什麼要做，與眾不同的地方；不要羅列功能，而應該傳達使命。

(2) 問題：描述要為使用者解決的問題。介紹使用者面臨的需求或挑戰，以及現有解決方案的缺點。

(3) 解決方案：介紹你的解決方案。展示產品如何解決使用者的問題，為什麼你的價值主張是獨特而有說服力的？為什麼它會持續下去，將從這裡走向何方？

(4)時機：解釋為什麼現在是推出產品的正確時機。強調市場趨勢、使用者行為、技術進步或政策變化，這些變化為產品創造了有利的機會。

(5)市場潛力：估算目標市場的規模和潛力。辨識你的使用者和市場，頂級的公司會創造市場。量化描述產品的整體潛在市場、可服務的潛在市場、可獲得的市場。投資人往往會更傾向於潛力大的市場，而不是在一個小市場上獲得很高的占有率。

(6)競爭：分析產品的競爭格局和定位。了解你的直接和間接競爭對手，並將他們的優勢和劣勢與自身產品的優勢和劣勢進行比較，突顯自身差異化的賣點和競爭優勢。

(7)商業模式：介紹如何透過產品賺錢。描述收入來源、定價策略、成本結構、毛利率和單位產品的成本與收入等。

(8)團隊：介紹創始團隊和關鍵成員。強調他們相關的技能、經驗和成就，強化背書效果。

(9)財務：整合財務預測和關鍵指標。用圖表的形式展示歷史和預測的收入、費用、利潤、現金流和成長率，列出用於衡量進度和成功的關鍵績效指標，以及需要多少資金來實現。

(10)願景：如果一切順利，你將在五年內打造什麼？

無論你是在做一個真實的還是虛擬的專案，認真研究並撰寫這樣一份商業計畫書，都將會為你帶來很大的進步。

思考

使用者會長期使用的產品有什麼特點？

內容、工具、社交、遊戲類的產品，各自考驗怎樣的核心競爭力？

商業計畫書中如果有缺失的內容不會填，怎麼辦？

6.4 小練習：撰寫商業計畫書

如果你沒有經歷過為公司、為產品做重大決定，其實很難理解商業計畫書中的各項內容究竟意味著什麼。不妨看看這一本在十年多以前出版的書，從中感受並啟發你的思考：艾許‧毛耶（Ash Maurya）的《精實執行：精實創業指南》(*Running Lean: Iterate from Plan A to a Plan That Works*)。這是一本關於如何使用精益創業方法創辦和發展創業公司的書。書中介紹了精益創業的核心原理，包括快速迭代（透過快速開發、測試和推出產品來驗證假設）、使用者研究（經由研究使用者的需求來確定產品或服務是否有市場）、資料驅動（分析資料來做出決策），還指導人們如何定義使用者與市場、如何建立可測試的假設、如何驗證假設、如何迭代產品與服務。

另外，網路上也能找到一些知名的公開分享的商業計畫書，你可以從中獲得啟發。不過要注意，這些商業計畫書處在當時企業不同的發展階段，所以內容、重點各不相同。可以參考，但不能完全套用。

對於當前的智慧型產品來說，尤其需要注意與之前網路產品不同的三點：技術、成本、資料。從商業層面來說，這三點影響巨大，甚至讓一些基本邏輯發生了改變。比如，在網路時代，人們相信只要把使用者量做到足夠大，就一定能成為賺錢的好生意，並且過去三十多年的實務發展也不斷印證了這一點。但是在 AI 時代，一切都在改變：

- 在目前技術本身還在不斷演進的時候，一方面技術是很高的門檻，能做到和不能做到直接決定了產品是否成立；而另一方面，由於技術發展太快，甚至會出現新一代技術徹底取代前一代技術的情況，公司發展充滿了風險。

■ 大部分網路、行動網路產品的成本不高,並且邊際效益明顯,使用者量大幅成長並不會大幅增加成本。但是智慧型產品因為需要即時的算力支持,目前還很難做到利用當地算力解決大部分問題,於是導致顯示卡價格飛漲、算力成本水漲船高,使用者使用越多、產品成本越高。雖然可以從一開始就向使用者收費,但是這樣就大幅增加了進入門檻,打破了網路、行動網路賴以成功的「免費加值服務」(Freemium)模式,為產品啟動帶來了更多挑戰。

■ 資料是智慧產品的基礎。它用於訓練機器學習模型,用於進行預測和決策;智慧型產品擁有的資料越多,它進行預測和決策的能力就越好。從某種意義來說,資料就是產品本身。智慧型產品的資料有巨大的商業價值,可以用於提高使用者體驗、降低成本、增加收入、獲得競爭優勢。隨著 AI 技術的發展,以及在人類社會中不斷深入融合,資料的商業價值將會越來越大,也就更需要合理規劃資料的獲取與利用。

本章的小練習如下。

主題:撰寫商業計畫書
大學生: ・確定產品的目標使用者、價值主張、核心功能、差異化競爭賣點。 ・和 AI 一起進行市場研究。使用多個 AI 以及搜尋引擎,交叉驗證,確保資料的準確性。 ・找到合適的商業計畫書進行參考。 ・以 PPT 的形式撰寫一份商業計畫書(可以不包含財務估算)。
碩士班: ・確定產品的目標使用者、價值主張、核心功能、差異化競爭賣點。 ・和 AI 一起進行市場研究。使用多個 AI 以及搜尋引擎,交叉驗證,確保資料的準確性。 ・找到合適的商業計畫書進行參考。 ・以 PPT 的形式撰寫一份商業計畫書(必須包含財務估算)。

第三篇　智慧型產品設計實務

第四篇
智慧設計的職業之路

　　過去一說到 AI，人們首先想到的是機器人取代人類去做繁瑣、重複、可能有危險的工作；然而隨著生成式 AI 在過去的一、兩年內迅速成長為生產力工具，人們發現資訊處理類工作更容易受到 AI 的影響。

　　人類除了這一具能夠連結現實與虛擬空間的身體以外，目前還有什麼勝過 AI？

　　人類作為智慧型產品的設計者，會有怎樣的挑戰與機遇？

第 7 章　AI 時代的產品設計者

7.1　產品設計的挑戰

說起歷史上最了不起的產品創新，大家腦海裡可能會出現戰國時期出現的指南針、西元 105 年左右蔡倫改進的造紙術、隋唐時期出現的火藥、唐代出現的雕版印刷術、西元 1041 年左右畢昇發明的活字印刷術、西元 1440 年左右約翰尼斯·谷騰堡發明的印刷機、西元 1608 年左右漢斯·利伯希（Hans Lipperhey）發明的望遠鏡、西元 1769 年詹姆士·瓦特（James Watt）改良的蒸汽機、西元 1876 年亞歷山大·格拉漢姆·貝爾發明的電話、西元 1879 年湯瑪斯·愛迪生發明的電燈泡、1903 年萊特兄弟發明的飛機……而近代資訊科技產品的發明則會更複雜一些（古代的發明很可能也是如此，只是我們無法追溯），讓我們一起回顧一下。

1. 電腦

- 查爾斯·巴貝奇（Charles Babbage）於西元 1822 年設計了第一臺機械電腦，愛達·勒芙蕾絲（Ada Lovelace）於西元 1843 年為此寫下第一個演算法程式；
- 艾倫·圖靈（Alan Turing）於 1936 年提出了通用機的概念；
- 約翰·馮·諾伊曼（John von Neumann）於 1945 年開發了能夠儲存程式的電腦架構；
- 葛麗絲·霍普（Grace Hopper）於 1952 年建立了第一臺編譯器；
- 約翰·莫奇利（John Mauchly）和約翰·皮斯普·埃克特（John Presper Eckert）於 1946 年建造了第一臺電子電腦 ENIAC；
- IBM 於 1953 年推出了第一臺商用電腦 IBM701；

- Xerox 於 1973 年研發了第一個擁有圖形使用者介面的電腦 Xerox Alto；
- 亨利·愛德華·羅伯茨（Henry Edward Roberts）於 1975 年推出了第一臺商業上成功的個人電腦 Altair 8800；
- 史蒂夫·賈伯斯（Steve Jobs）和史蒂夫·沃茲尼克（Steve Wozniak）於 1976 年推出了第一臺流行的個人電腦 Apple I；
- IBM 於 1981 年推出第一臺標準化相容第三方軟、硬體的個人電腦 IBM PC，其中使用的是 MS-DOS 作業系統，微軟登場，並於 1985 年推出 Windows 1.0。

2. 網路

- 保羅·巴蘭（Paul Baran）於 1962 年提出了分組交換網路，倫納德·克萊因羅克（Leonard Kleinrock）於 1961 年發表了關於分組交換理論的第一篇論文；
- 美國國防部於 1969 年建立了第一個電腦網路阿帕網（ARPANET）；
- 文頓·瑟夫（Vint Cerf）和羅伯特·卡恩（Robert Kahn）於 1974 年設計了 TCP／IP 協議；
- 提姆·柏內茲－李（Tim Berners-Lee）於 1989 年建立了全球資訊網（World Wide Web），成為網路的網頁互聯基礎。

3. 手機

- 摩托羅拉於 1973 年發明了行動電話；
- IBM 和 BellSouth 於 1994 年推出 PDA（Personal Digital Assistant）IBM Simon，Nokia 於 1996 年推出首支能上網的手機 Nokia Communicator，RIM 於 1999 年推出了首支具有郵件功能的手機黑莓；

■ 蘋果於 2007 年推出 iPhone，Google 和 HTC 於 2008 年推出 Android 手機。行動網路時代開始。

……

如果讓我們回顧這些了不起的產品創新故事，歸納出創新者的特質，大家腦海裡可能會出現好奇心、創造力、遠見和想像力、跨領域的深厚知識累積、解決問題的能力、執行能力、堅持不懈、敢於冒險、溝通和合作能力等。不知大家是否意識到，這個清單中的人，沒有純粹意義上的「設計師」。有想法的人很多，能把想法用文字、影像甚至原型表現出來的人也很多，但是真正能把想法以可持續使用的產品的形式做出來的人很少。事實上，在現代科技產品中，已經很難把一個產品和某個「發明人」直接關聯起來，所有產品都是團隊合作的成果。比想法更重要的，是做出產品，比做出產品更重要的，是形成持續的商業模式。

在今天的科技產品創造中，通常是企業端由產品管理、技術研發、設計使用者研究、資料分析團隊進行產品研發，硬體還需要生產製造、採購供應，加上人力、行政、財務、法務團隊支援，共同努力打造產品，然後由市場、營運、商務、銷售、交付、客服團隊提供給使用者，使用者再以購買的形式把利益回饋給企業，形成產品價值的系統循環。在這個循環中，大家各司其職、缺一不可 (圖 7-1)。

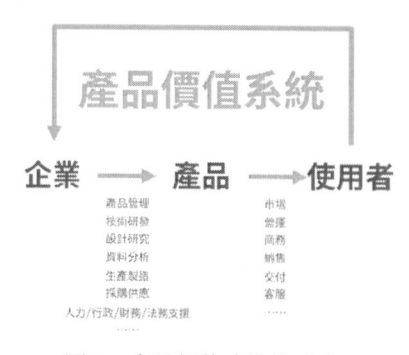

圖 7-1 產品價值系統的形成

在此我們以「使用者體驗」工作為例,來看一看產品設計在工作中面臨的挑戰。

1. 業務挑戰

狹義的使用者體驗的工作主要是為產品研發進行互動和視覺設計,不過廣義的使用者體驗的工作範疇(圖 7-2)需要包含產品整體流程的研發與交付,從產品核心層面的業務與功能梳理定義,到使用層面的互動與規則定義,再到表現層面的介面與視覺,最後到行銷層面的營運與推廣。這樣一來,使用者體驗的職能範疇就會包含產品相關的使用者研究、互動設計、視覺設計、文案撰寫,並且與產品管理、開發、市場、營運等職能產生交集(圖 7-3)。

圖 7-2 使用者體驗的工作範疇

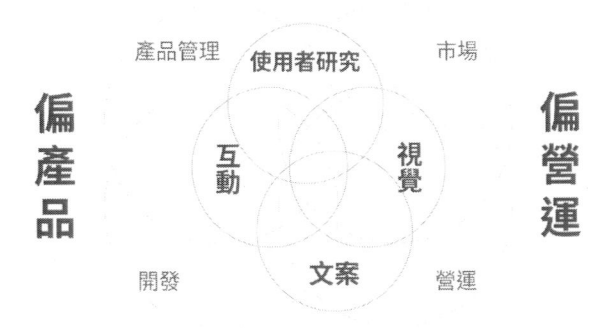

圖 7-3 使用者體驗的職能範疇

使用者體驗職能不僅需要做好前面章節所討論的各種專業工作，而且為了更好地與各交叉職能互相配合，還需要在重疊領域中提供相關的專業能力（表 7-1）。其中與產品管理、開發、營運重疊的大多是基礎職能，與市場和品牌、人力／行政／財務重疊的大多是可以延伸、拓展的職能。這些延伸、拓展的職能雖然與「本職」工作不是特別相關，但是對於拓展使用者體驗團隊或者個人在公司中的影響力會很有益處。另外，在合適的情況下多參與產業社群活動，也會對公司、團隊、個人的品牌建設，以及對應徵工作，都會有確實的幫助。

表 7-1 使用者體驗職能與其他職能的工作相互配合

工作重疊	產品管理	開發	營運	市場和品牌	人力／行政／財務
互動	競品、使用者分析，產品規劃、設計，產品上線後的資料分析	互動設計細部規劃、執行（素材輸出、規範制定）、測試	為產品、活動介面設計（有時也包括規則設計）。服務設計（銷售、交付、客服）	重要活動的流程和環境體驗設計	辦公環境設計，重要活動的流程和環境體驗設計
視覺	產品視覺風格定義。還會細分出「動態效果設計師」	視覺設計細部規劃、執行（素材輸出、規範制定）、測試	為產品、活動介面設計、素材設計	品牌設計，行銷素材設計。重要活動的素材設計	重要的 PPT 設計，辦公環境設計，重要活動的素材設計
使用者研究	產品規劃期的前期研究，上線前後的使用者研究測試，上線後的追蹤研究	和資料科學團隊一起做量化的使用者研究分析	和資料科學團隊一起做量化的使用者研究分析	和市場團隊一起做市場和使用者的研究	參與員工關係研究

工作重疊	產品管理	開發	營運	市場和品牌	人力／行政／財務
文案	制定產品文案策略，設計、撰寫文案。還會細分出在地化職能	產品文案執行	讓產品文案和經營、行銷文案保持一致、融合，互為助力		參與公司文化經營

2. 合作挑戰

在產品研發的過程中，最可怕的不是犯錯，誰都會犯錯，而且網路產品的發展過程本身往往就是嘗試錯誤的過程；只要能夠盡可能做出最好的測試對象，然後就是如何高效率、低成本地嘗試的過程了。最可怕的其實是這樣一種情況：老闆花一秒鐘說出一個想法，產品經理用一天提出一個產品需求，設計師用一週做成一套設計，工程師用一個月研發一個產品功能，上線測試一個月後發現有問題。這樣不僅非常浪費時間和資源，而且會很傷團隊的士氣 —— 為什麼不能早點發現問題呢？

在整個產品研發的過程中，一般來說只有五個時間點（圖 7-4 中虛線圓圈標示的地方），有機會能夠發現問題並且向上追溯、進行調整，錯過一次少一次，而且越拖到後面，調整的成本就越高。所以大家一定要特別注意，一是對上游的人要有質疑的精神，沒有誰一定是對的，盡可能去發現問題；二是對下游的人要有負責的精神，不要讓大家因為我們的失誤而浪費時間資源，最後還得到不好的結果。

從產品設計與執行的視角，我們可以列出一個相對理想化的產品研發過程，分為產品前期研究、產品策劃、產品設計、開發執行、迭代改進五個階段，在 AI 參與進來之前，其中包含各自階段的工作內容、產出物、參與者分別如下（表 7-2）。

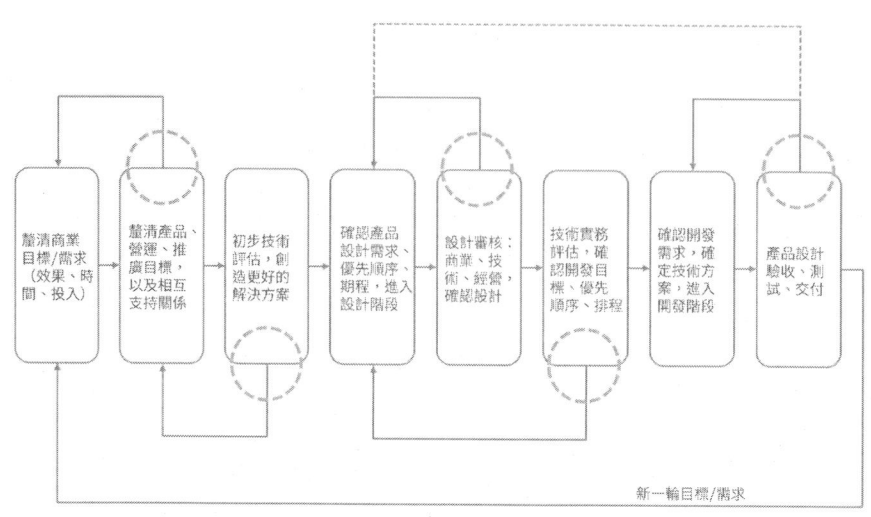

圖 7-4 產品研發流程中提出問題的時間點

表 7-2 產品設計視角的產品研發流程

	工作內容	產出物	參與者
產品前期研究	研究使用者與利益關係人； 分析已有產品資料； 分析競品和參考產品。	使用者／利益關係人分析； 使用者／利益關係人研究結果分析； 目標使用者畫像； 目標使用者行為流程、體驗地圖分析； 已有產品資料分析； 競品／參考品分析。	使用者研究員（或產品設計師、產品經理代理）：制定研究計畫，執行研究，整理結果； 產品經理：參與制定研究計畫，分析產品資料、競品和參考產品； 產品設計師：參與制定研究計畫、執行研究，參與分析產品資料、競品和參考產品； （可選）產品銷售／營運人員：參與線下研究、研究結果分析。

第 7 章　AI 時代的產品設計者

	工作內容	產出物	參與者
產品策劃	確立產品設計目標：關鍵目標使用者，產品的商業目標，使用者需求與產品功能； 產品原型設計：以互動線方塊圖的方式，討論、驗證、快速迭代改進； 確立產品視覺風格／品牌形象定位； 配合開發團隊制定產品開發文件。	產品策劃文件； 產品主要介面的原型設計； 產品視覺風格／品牌形象定位； 產品開發文件（配合開發團隊）。	產品經理：確立產品設計目標。參與產品原型設計、視覺風格／品牌形象定位，配合制定開發文件； 產品設計師：設計產品原型。參與確立產品設計目標、視覺風格／品牌形象定位； 視覺設計師：確定視覺風格／品牌形象定位，參與確立產品設計目標、產品原型設計； 前端工程師：參與產品原型設計，製作互動原型； 核心開發工程師：參與產品原型設計，制定產品開發文件。
產品設計	細部規劃、改善產品的互動、視覺設計； 專家走查； 使用者測試； 開始產品功能開發。	產品互動線方塊圖； 產品視覺效果圖； 專家走查、使用者測試的回饋； 介面設計規範； 產品體驗設計文件； 初步的功能開發結果。	產品經理：管控設計、開發的品質和進度，參與使用者測試； 產品設計師：細部規劃、改善產品互動設計，專家走查，參與使用者測試； 視覺設計師：細部規劃、改善產品視覺設計，參與使用者測試； 使用者研究員（或產品設計師、產品經理代理）：設計、執行使用者測試； 前端工程師：製作互動原型，進行產品的前端開發； 開發工程師：根據產品體驗設計文件開始開發產品功能。

279

	工作內容	產出物	參與者
開發執行	產品後端開發； 產品前端開發； 介面切圖並配合工程執行； 開發結果的專家走查； 開發結果的使用者測試。	完成開發執行的產品； 使用者測試、產品測試的回饋。	工程開發團隊：產品開發； 視覺設計師：配合開發切圖執行； 產品設計師：檢查開發結果； 產品經理：管控進度和品質； 使用者研究員（或產品設計師和產品經理代理）：使用者測試。
迭代改進	收集、分析產品資料； 收集、分析使用者回饋； 改進產品設計； 制定版本計畫，迭代開發。	使用者資料與回饋整理、分析結論； 產品設計改進方案； 工程執行。	產品經理：制定改進計畫，管控進度和品質； 產品設計師：改進產品設計； 視覺設計師：改進視覺設計，配合工程執行； 營運團隊：收集使用者回饋，提交給產品經理； 工程開發團隊：改進開發產品。

在這個過程中，產品設計需要與各個職能緊密合作，完成產品的研發。近年來有越來越多的合作工具湧現，也對這個過程中的合作發揮了很大的推動作用。

3. 新技術挑戰

在前面的章節中我們討論了 AI 對產品設計帶來的各種影響。

從挑戰的角度來說，接下來的產品設計需要因應如何採集和利用大規模、多樣化資料的問題，讓資料成為產品本身；需要因應如何讓使用者信任 AI 驅動的設計流程和結果，但又要避免因為過度信任而造成潛在的問題；需要因應如何平衡自動化與人性化，讓人與 AI 各展所長，共生共創。這也對應著我在前文中所提出的，智慧產品設計要遵循以人為師、以人為本、以人為伴的原則。

從機遇的角度來說，AI 可以大規模地生成設計方案，幫助設計師探索更廣泛的可能性並激發新的想法，實現更好的設計構思和探索；AI 可以分析大量資料並生成洞察力，使設計決策最佳化，加速產品設計流程並減少錯誤，實現更好的設計改良和迭代；AI 可以幫助設計師更深入地了解使用者行為、偏好和需求，實現更好地以使用者為中心的設計；AI 可以經由分析使用者資料和偏好來實現個性化的產品體驗，實現更好的個性化和定製；AI 驅動可以模擬現實世界條件，使設計者在產品實際被做出來使用之前就可以進行虛擬測試並改進產品，更加節省時間和資源；AI 可以使重複或繁瑣的設計任務自動化，設計者的時間能專注於更具創意和策略的工作內容⋯⋯

而且 AI 不是一個獨立發展的領域，它的進步會對各個領域形成強大的推動力：大型語言模型、AI 代理正在促進機器人的行為決策、具身智慧開始快速發展，3D 生成技術正在促進元宇宙的建設向著更高品質、更低成本的方向發展，AI 模型與生成技術的結合正在促進新材料的出現、人機介面的實用化⋯⋯這些新技術都將為產品設計帶來新的挑戰與機遇。

> **思考**
>
> 比較分析一個科技公司與一個餐飲公司的產品價值系統有什麼不同。
>
> 以自己親身經歷過的合作挑戰為例，分析並提出改進方案。
>
> 語音互動類產品為產品設計帶來了哪些變化？

7.2　產品設計者的職業規劃

說到產品設計相關的職業，大家第一個反應可能是產品設計師、互動設計師、介面設計師、視覺設計師等少數幾類設計職業。其實這裡存在一個很大的認知盲點。我們以短影音平臺為例，看看在這一類大家最

熟悉、較早出現的智慧型產品中，包含了哪些方面的設計。

- 介面與互動：簡潔友好的使用者介面，尤其是全螢幕顯示影片內容。
- 上癮的內容：用短影音的形式占據使用者注意力，以快速、持續、刺激形成吸引力。
- 內容推薦：針對每一位使用者提供個性化的內容。
- 創意工具：提供豐富的影片製作、特效、配樂等工具，促進使用者發表影片。
- 社群互動：以各種方式鼓勵使用者與作者、使用者之間的互動，營造社群感。
- 活動經營：舉辦各種活動挑戰，形成病毒式傳播。
- 商業變現：打造了充滿變現機會的商業生態，激勵創作者創作高品質內容。

一方面，這裡包含了很多不同層面的設計，比如產品介面、內容形式、內容推薦機制、內容生產工具、社群經營、市場推廣、廣告與電子商務等；另一方面，作為一個成功的智慧型產品，什麼是其中最關鍵的因素？在我看來，首先是內容推薦機制，吸引並留住使用者，這是整個產品生態系統的基礎；其次是商業生態，深度連結和激勵創作者成為生態的貢獻者；第三是刺激內容生產的各種創意工具，更快地創造更多、更好的內容。而 AI 則在這三方面都發揮了重要的作用，可以在前所未有的大規模情況下實現更強的效果、更高的效率。可以說，如果沒有 AI，就無法讓這一切發生，正如過去多年以來各種產品的嘗試一樣。並且，因為 AI 帶來的是最根本的改變，這個產品生態也對不同的使用者以及內容展現出驚人的生命力、包容性與效率。

從這個例子中我們可以清楚地看到，產品設計有豐富的層面，也意

味著給予不同類型的設計者以豐富的機會；同時，在 AI 的時代，設計者特別需要提升對於 AI 科技、資料的理解與運用，才能成為智慧產品的優秀設計者。

以下是市場上可以見到的設計與創造相關的職業，也是產品設計者能夠發光發熱的地方。隨著 AI 科技的發展，這些職業中相對傳統的，都有機會並且應該與 AI 相結合；另外，一些新興的職業也正在湧現，比如虛擬實境／擴增實境設計師、提示語設計師／工程師（研究如何讓人透過提示語與 AI 互動）；還有一些即將出現，比如 AI 訓練師（用資料將 AI 訓練成人類需要的樣子）、AI 代理設計師（設計 AI 代理以及虛擬人的能力、行為與性格）、機器行為設計師（訓練機器人的行為方式）等等（表 7-3）。

表 7-3 設計與創造相關的職業

3D Animator 3D 動畫師	Choreographer 動作設計師	Interaction Designer 互動設計師	Publication Designer 視覺設計師
3D Artist/Designer 3D 美術師／設計師	Content Designer/Writer 文案設計師	Interior Designer 室內設計師	Robot Behavior Designer 機器行為設計師
3D Environment Artist 3D 場景美術師	Craft and Fine Artist 手工藝美術師	Jewelery Designer 珠寶設計師	Script Writer 編劇
3D Rendering Artist 3D 渲染美術師	Creative Director 創意總監	Landscape Designer 景觀設計師	Service Designer 服務設計師
Advertising Designer 廣告設計師	Creative Technologist 創意工程師	Logo Designer 商標設計師	Set Designer 布景設計師
AI Agent Designer AI 代理設計師	Costume Designer 道具設計師	Motion Graphics Designer 動態設計師	Song Writer 歌曲創作人
AI Trainer AI 訓練師	Exhibition Designer 展覽設計師	Multimedia Designer 多媒體設計師	Sound Designer 音效設計師

Animator 動畫師	Fashion Designer 服裝設計師	Music Composer 作曲師	Special Effects Artist/ Animator 特效藝術師／動畫師
Architect 建築師	Floral Designer 花藝設計師	Music Arranger 編曲師	Technical Artist 技術美術師
Augmented Reality (AR) Designer 擴增實境設計師	Front-End Developer 前端工程師	Packaging Designer 包裝設計師	Typographer 字型設計師
Art Curator 藝術策展人	Game Artist 遊戲美術師	Photo Editor 照片編輯師	User Experience (UX, UE) Designer 使用者體驗設計師
Art/Design Educator 藝術／設計教師	Game Designer 遊戲設計師	Photographer 攝影師	User Experience Researcher 使用者體驗研究員
Art Director 藝術總監	Game Level Designer 遊戲關卡設計師	Product Designer 產品設計師	User Interface (UI) Designer 使用者介面設計師
Art Therapist 藝術治療師	Graphic Designer 平面設計師	Product Manager 產品經理	Video/Film Editor 影片剪輯師
Brand Designer 品牌設計師	Illustrator 插畫師	Production Designer 製作設計師	Visual Designer 視覺設計師
Character Rigger 角色連結師	Industrial Designer 工業設計師	Prompt Designer/Engineer 提示語設計師／工程師	Virtual Reality (VR) Designer 虛擬實境設計師

透過 Anvaka，可以看到人們在 Google 搜尋這些職業的相關關鍵詞形成知識圖譜（圖 7-5 至圖 7-7）。

第 7 章　AI 時代的產品設計者

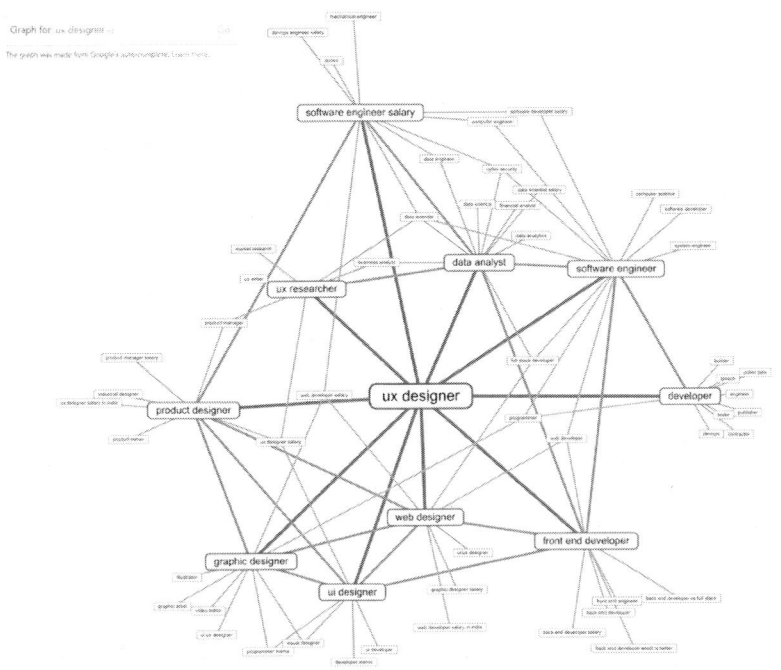

圖 7-5 Anvaka 上把 Google 搜尋關鍵詞的關係視覺化：UX Designer（2023 年）

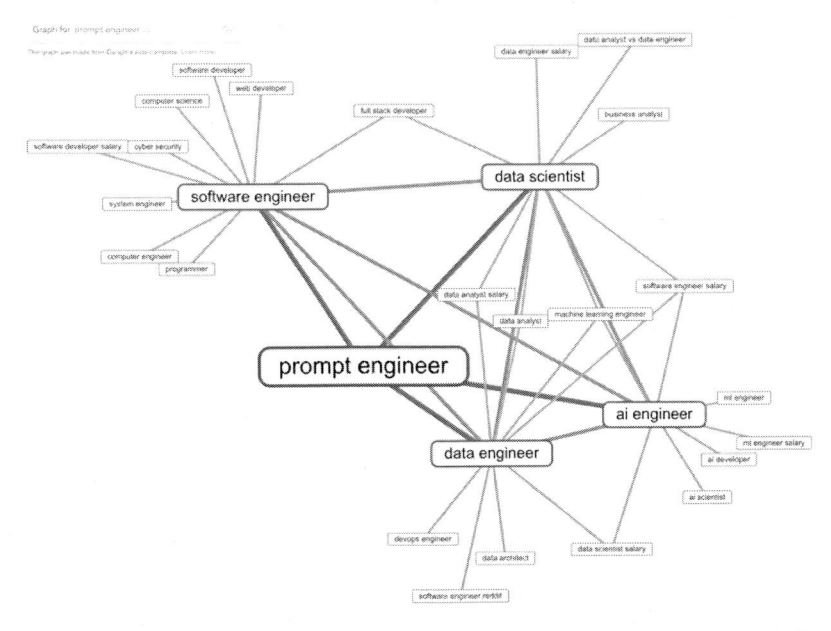

圖 7-6 Anvaka 上把 Google 搜尋關鍵詞的關係視覺化：Prompt Engineer（2023 年）

285

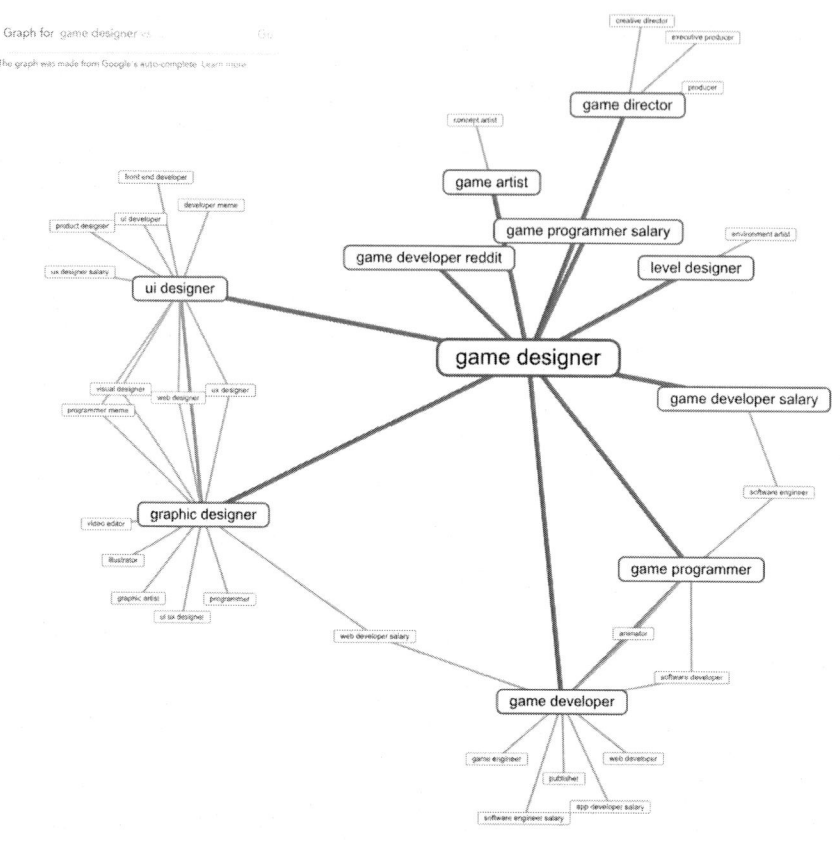

圖 7-7 Anvaka 上把 Google 搜尋關鍵詞的關係視覺化：Game Designer（2023 年）

　　如果我們看以網路為代表的科技公司，各項職業已經形成了明確的要求（去招募網站查詢是最直接的了解方法）、發展路徑（圖 7-8），比如可以簡單地分為技術開發、產品與設計、營運與市場、其他職位四大類，各類既有細分，在發展到一定階段時還可以在同類或者跨領域重新定位，比如做產品設計的人既可以沿著設計路線發展，也可以轉為產品路線或者營運市場路線，並最終成為能力綜合、能夠統領業務的人。對比之前的工業設計時代，技術開發類職位幾乎是全新出現的，產品與設計類職位與之前的工業設計也有了徹底的變化，營運市場類職位也增加了網路內容、活動、投放、社群相關的部分。在 AI 時代，一定也會發生

類似的事情，部分職業獲得全新的發展，另外產生一些全新的職業，比如處理資料與 AI 關係的 AI 訓練師、AI 標記員（人工標記資料以幫助 AI 學習）、人工智慧對齊工程師（按照人類社會的倫理道德提供 AI 回饋，從而使 AI 的價值觀與人類一致），處理人與 AI 關係的提示語設計師／工程師、AI 代理設計師、機器行為設計師等。

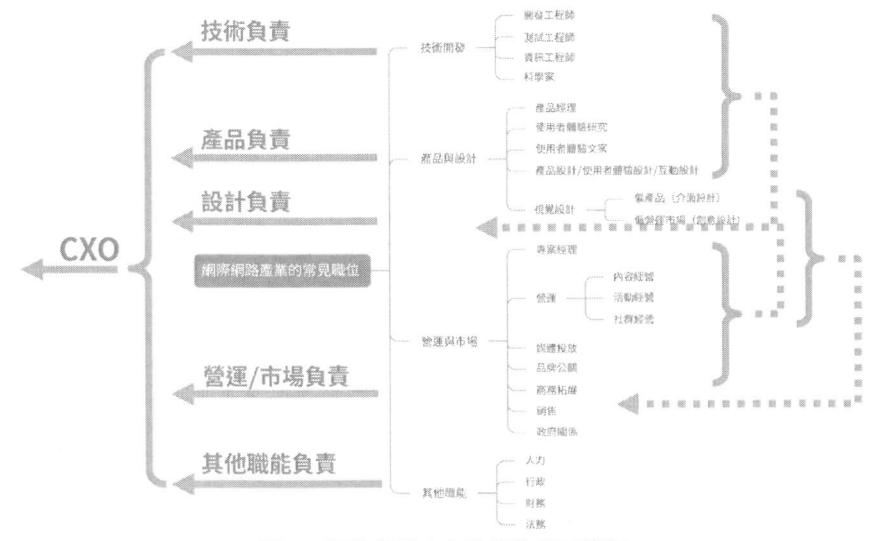

圖 7-8 網路產業中各職業的發展路徑

在 AI 時代進行職業發展規劃，對於有志於在產品設計領域中發展的人來說是充滿挑戰，但回報也會非常豐厚。二十多年前，我就是在網路浪潮剛剛開始的時候進入網路產品設計領域，成為最早一批從事使用者體驗的人，獲得了很大的發展助力。這一段切身的體會讓我深知，在早期進入一個即將快速發展的領域，會有怎樣的優勢，這也是為什麼在 2017 年我選擇繼續前行，進入 AI 領域繼續發展。現在，AI 應用正在大幅發展，競爭的焦點正在從技術領域向技術＋產品領域轉移，即將出現智慧型產品的大爆發，值得大家全力以赴、投身其中。以下是一些具體的建議。

- 學習 AI 能做什麼、做成怎樣、如何做到：學習 AI 的基礎知識和應用，比如概念、技術、方法和工具，是一切的基礎。這可以幫助產品設計者理解 AI 的潛力和局限性，及其對產品和使用者的影響。了解 AI 在設計產業的最新趨勢，積極參與相關社群，每天從媒體和產業專家的文章、書籍、Podcast、課程、會議中獲得資訊，彙整到自己的學習資料庫中，以便於管理和加深理解。思考 AI 在各個領域和層面產生的影響，深刻理解 AI 如何改變產品設計，並探索如何將它們整合到產品設計中。

- 探索用 AI 做設計，以及設計智慧型產品：無論做什麼產品設計，都可以從中找到可以利用 AI 來增強能力和創造創新體驗的機會。主動探索和尋求機會，把 AI 納入工作流，盡可能參與智慧型產品設計課題，在實際或者虛擬專案中鍛鍊，應用和提高 AI 知識技能，包括實習、工作、比賽、程式設計馬拉松、研討會等，以此來充分體會 AI 的潛力與局限。與 AI 專家、資料科學家、工程師合作，學習他們的洞見和專業知識，揚長避短，讓他們做到最好的技術研發，讓自己做好最好的產品設計。

- AI 越是強大，就越需要聚焦在「人何以為人」：人類創造 AI 不是為了被取代，因而在運用 AI 的過程中、創造智慧型產品的過程中，尤其需要重視以人為師、以人為本、以人為伴的原則。同時，人類的核心能力，人性與創造力，一定是人類賴以生存，並且有巨大潛力的東西。根據這兩方面來培養感受力、同理心、價值觀，創造性思考、批判性思考、提出問題與判斷篩選的能力，這些特質與技能在 AI 時代依然是無價之寶。

借用我之前提出的 STEM-DALB 模型（圖 7-9），來描述 AI 時代的人類綜合能力培養路徑：「科學」與「藝術」分列兩端，科學向應用移動變

為「技術」，藝術向應用移動變為「設計」，技術與藝術接觸融合的地方產生「工程」與「商業」，而「數學」作為理工的基礎，「語文」作為人文的基礎。由此培養人類的綜合能力，依據不同的特長與興趣確定不同的發展方向，並在 AI 的輔助下獲得更好的成長。

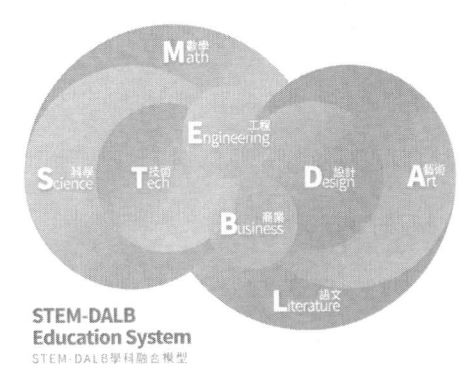

圖 7-9 文理兼備的綜合能力培養 STEM-DALB 模型

AI 正在開始廣泛而深刻地影響人類世界，我們可以期待的，絕不只是漸進式的職業升遷；最值得期待的重大機會是，在 AI 時代，每個人都有機會成為超級個體。

《創世紀》的作者用 7 小時完成了這個短影片，我一覺醒來就可以獲得 AI 生成的數以千計的設計方案，Midjourney 創立第一年靠 11 個人做到了 1 億美元的收入，AlphaFold 運行兩年就預測出 2.14 億個蛋白質結構，大幅超越人類用冷凍電鏡法在過去六十多年裡發現的大約 19 萬個結構……AI 的時代正在來臨，它正在以我們無法想像的方式改變世界。其中一個最顯著的影響是，它為每個人提供了成為超級個體的機會。AI 可以如何賦能人類、促進合作並建立集體進步的新模式，是特別值得思考的問題。

我發起的「AI 創造力」概念，著重於如何創造性地使用 AI，以及如何用 AI 增強人類的創造力，倡導人與 AI 各展所長、合作共創。人們努力培養自己的 AI 創造力，就能掌握這樣的新理念、新策略、新力量，站

在跨越時空累積的人類文明精華上，與 AI 合作共創，超越過去能力的成就，成為超級個體。

超級個體能夠獲取並處理大量的知識和資源。AI 可以幫助人尋求以前無法獲得的大量知識和資源，包括各種主題的資訊，可以用來解決問題和創造新產品的工具和技術，並且完全沒有語言的障礙。AI 技術，比如機器學習、自然語言處理、電腦視覺、生成式 AI，使個人能夠有效地處理大量資訊並進行資料驅動決策。AI 演算法對複雜資料集進行分析並獲得有意義的見解，使個人能夠做出更明智的選擇、解決複雜問題並以過去無法想像的方式進行創新。

超級個體能夠進一步強化團隊合作。AI 不僅增強了個人能力，還促進了個人之間的合作，促進了集體智慧的出現。藉助 AI 驅動的合作平臺，來自不同背景、使用不同語言的個人都可以合作無間，超越地域甚至時空的限制。AI 演算法可以自動化繁瑣的任務，為個人節省時間以專注於更高價值的活動，比如批判性思考、創造力與創新，我們就能更好地建立自己獨特的視角和專業知識，從而產生新穎的解決方案和突破性的創新。

超級個體能夠更具有創造力地解決問題。AI 可以幫助人更有效地解決問題，比如大規模、高效率、低成本的充分探索，用來生成新想法、創造新產品；再比如透過資料分析、模式辨識、模擬預測，尤其是在人類過去無法獲得的資料、無法處理的複雜問題、無法辨識的模式情況、無法持續的時間長度下，形成洞察與創新，幫助人們做出更好的決策、實現更好的解決方案。

即便不是人人都能真正成為「超級個體」，但只要與 AI 各展所長、共生共創，也一定能超越過去的自己。

產品設計是一個充滿幸福感的職業。雖說也像其他各種職業一樣，

有著各種挑戰與煩惱。但是和絕大多數職業不同的是，一方面，產品設計必須要深入使用者的世界，了解和洞察他們的生活與工作、需求與期待，這就如同有機會去過他們的人生。對絕大多數職業來說，人這一輩子就是一條單行道，一輩子體驗一段人生；而產品設計則可以不斷地體驗不同的人生，獲得不同的感受，增加人生的厚度與長度。另一方面，產品設計是一個活到老、學到老的職業，雖說這也意味著壓力與挑戰，但是新知識、新技能、新體驗、新機會所能帶來的收穫，要遠遠超過這個過程中的付出。這就如同前面章節所討論的設計過程，只有充分擁抱不確定性，才能充分擁抱可能性，才能在人生的道路上盡可能靠近那個可能存在的最佳方案。而在這個過程中，AI 將會成為你的最佳夥伴。

思考

你最想要從事的職業是什麼？

你最擅長做哪些事情？

你最希望 AI 職業顧問幫助你什麼？

7.3　如何面試與被面試

2016 年，我在網路知識平臺上寫了這個回答：

設計師與其他職位相比，相同的地方在於，設計也是一種高度依賴專業能力、依賴團隊合作的工作；不盡相同的地方在於，設計師的工作中既需要很多方法流程，又需要方法流程之外的創造性，既要非常理性的思考，又要非常感性的表達，既要思考產品外在如何被人使用，又要思考產品內部如何運作。這種矛盾衝突構成了設計師工作的本質，這也是設計師面試考察的基礎。

1. 招募要點

從面試官的角度來說：

- 人是公司最重要的財富。對的人能把二流的想法做成一流的事情，錯的人會把一流的想法做成二流的事情。
- 人的能力和文化同樣重要。對的人不僅自己會越變越好，還會帶動周圍的人越變越好。錯的人進來，不僅會讓你和團隊花更多的時間，結果反而更不好。
- 招募最大的成本，是找錯人→嘗試融入→產生問題→替換，耽誤時間、事情和機會的總成本。如果一間公司在招募上草率，公司環境有很大的機率會有問題。
- 你在面試的人，一旦通過，就會長年累月地跟你一起工作。你願意和他／她一起面對艱鉅的挑戰和艱難的時刻嗎？如果確定願意，才說同意錄取。
- 新創公司比較難招募到特別優秀的人才，但也絕不能妥協。一方面盡可能招募到當前階段能找到的最好的人才，另一方面努力培養自己的人才；讓候選人了解到你們多麼努力培養人才，這本身就能幫你吸引到更好的人才。

從面試者的角度來說：

- 這個公司想要什麼樣的人才，公司欣賞的人才標準和自己的價值觀一致嗎？這個公司的文化是怎樣的，和自己的價值觀一致嗎？
- 公司的業務類型是什麼，對設計的要求是什麼？2B 與 2C 的公司，技術導向與營運導向的公司，在設計工作的內容、節奏和業績評判上會有很大的不同。

- 公司有多重視設計職位，有什麼具體的例子？目前團隊規模有多大，發展計畫如何，目前相關團隊裡是什麼樣的成員？怎樣的人和行為能獲得升職，了解一個實際的例子。
- 自己能獲得哪些方面的能力提升，如何獲得？仔細了解你的直屬主管，你是否願意在他／她的領導下工作，他／她是否能幫你在專業和職業上提升。

2. 招募準備

從面試官的角度來說：

- 招募文案簡明扼要，說清楚工作內容和職位要求。產業普遍的要求，放不放其實並沒有那麼重要。對內，歸納成 3 至 5 個關鍵詞，便於 HR 檢索。
- 招募文案簡明扼要，說清楚企業本身的吸引力，尤其是差異化的吸引力（比如李開復老師投資，蘋果年度最佳，技術高手 leader）。在招募網站上，歸納成 3 至 5 個關鍵詞，便於求職者檢索。
- 招募文案中展現對職位的重視，以及積極的團隊文化。

從面試者的角度來說：

- 對照工作內容和職位要求，是自己喜歡的、擅長的嗎？了解應徵企業的公司／團隊／創始人、業務／產品／服務、文化／環境，是自己喜歡的嗎？如果要申請，就根據要求調整自己的履歷和作品集。
- 作品集中的作品，要有針對性的突顯，不要平均呈現；只放你最優秀的作品，不求量多，有一件作品打動面試官就足夠；尤其不要放程度不夠的作品，這不僅嚴重扣分，更讓面試官質疑你的判斷力。

- 作品集中對作品的描述，不要只是羅列做過的專案，一定要展現分析問題、解決問題的過程；不要只是展現你所應用的方法和流程，而尤其要突顯你做出的創造性的工作。
- 作品集和履歷合而為一。對於設計師來說，作品內容比履歷內容更重要。或者作品集中帶有履歷，或者履歷中帶有作品集的連結。同時，請也為 HR 和面試官考慮，不要讓他們去下載一個巨大的作品集。尤其如果作品的品質不佳，會讓對方更失望。記住，你的作品集和履歷是你最重要的一份設計作品。
- 研究應徵企業的業務／產品／服務，找問題，準備好改進方案。

3. 面試

從面試官的角度來說：

1) 專業能力

- 請他／她介紹過去做過最有成果的、最有難度的專案經歷，不停追問細節，只有親身認真做過，才能說出扎實的細節；多問幾個角度，交叉驗證。
- 請他／她介紹過去收穫最大的專案經歷，過程中是如何學習、提升，不停追問細節。在 AI 時代，快速學習也是一項關鍵能力。

2) 分析、創造力

- 請他／她介紹以前做過的一件事情，是如何分析問題、解決問題、評估結果。重新來過可以怎樣做得更好，從哪些方面、多少方法入手。
- 把現在你面對的實際問題扔給他／她，看他／她怎麼分析解決，現場提出方案，從哪些方面、多少方法入手，遇到不會的東西怎麼想辦法。

3）合作能力

- 請他／她說明和同事或外部合作對象合作完成一個任務的故事,遇到什麼困難,是怎麼解決的。
- 請他／她說明有沒有和同事或外部合作對象發生衝突,或者意見不一致,是怎麼解決的。

4）文化契合度

- 請他／她分享在過去工作經歷中,最開心的、最不開心的事情是什麼,為什麼。
- 把現在我們團隊中存在的實際問題扔給他／她,問他／她怎麼想、會怎麼做。

5）附加 HR 問題

- 了解他／她的職業規劃、穩定性、離職原因,如何評價之前的工作環境、希望有怎樣的工作環境,家庭情況等(注意,歐美公司嚴禁詢問種族、婚育情況,涉嫌歧視)。
- 了解他／她對這一份工作有什麼期待和顧慮。

6）結論

- 如果同意錄取／強烈支持錄取,進入下一輪。
- 如果不同意錄取,婉拒或者安排再次面試。

從面試者的角度來說:

- 仔細回顧自己過去的工作／專案經歷,釐清其中的專業項目、合作項目,以及如何學習成長。如何講出來,可以錄影練習,還可以和

朋友互相演練。

- 平時的工作中就留意鍛鍊自己的分析和創造力。任何任務都不只一種解決方案，多思考、盡可能地嘗試多種解決方案。這是設計師本職工作中就應具有的基礎素養，在面試中你可能也會需要用到。
- 學會說明自己的設計，掌握重點，有理有據，有評估方法。會用一句話講清楚，也會用 3 至 5 分鐘講清楚。
- 清楚表達你對職業發展、團隊環境的要求，以及你願意為此付出的努力。
- 真誠表達，不要說謊，圈子很小。最重要的，還是平時的累積。

4. 招募過程中還要注意

從面試官的角度來說：

- 招募不只是 HR 的事，是每個人的事。你的朋友中就有最佳候選人（你了解他／她的能力和背景），把你的手機通訊錄、社群軟體、Linkedin 等都瀏覽一遍；相關的人都騷擾一遍，你並不知道他／她現在的狀態究竟怎樣，是不是在尋找新機會。
- 在各種綜合的、專業的招募平臺上都要下功夫。
- 取得候選人聯繫方式，第一時間聯繫，交流情況、約面試。好人才是很搶手的。
- 面試的時候，如果不是萬不得已，一定不要讓候選人等。好人才是很搶手的。
- 面試到不錯的候選人，最好當場送往下一輪面試，直至做出最終的結論。好人才是很搶手的。
- 面試到不合適的候選人，不要馬上草草結束，為候選人留下的壞印象是會傳播的。但也不用浪費你的時間，跟候選人了解相關產業、

公司情況，(如果適合) 和候選人坦誠交流職業發展建議，都是不錯的選擇。
- 無論遇到合適或不合適的候選人，面試時間都是 30 至 40 分鐘為宜，最少 20 分鐘。
- 無論遇到合適或不合適的候選人，都不要忘了花一些時間宣傳自己的公司／團隊，種一顆種子。
- 及時 (當天) 寫面試回饋。簡明扼要，有自己的判斷，有判斷的依據事實，有錄取與否的決定。

從面試者的角度來說：

- 從自己的社交圈、社群網路、Linkedin 等社群網站中找人，了解自己應徵的企業／團隊中的情況。內部推薦通常不會讓你得到特別的優待，但是多了解內部情況能幫你做更好的準備。
- 挑選主流的綜合、專業招募平臺，在上面努力展現自己。讓別人能在網路上直接看到你的工作成果和思考非常重要，並且在這些地方比起在孤島一樣的個人網站更容易獲得影響力。
- 面試的時候要帶自己的作品，不要影印出來 (花錢，不環保，也無法最好的展現作品)，帶電腦。
- 面試的時候注意自己的服裝、儀表，以及隨身攜帶的每一樣東西，這些都是設計師能力和品味的一部分。
- 無論面試結果如何，留給對方好印象。圈子很小，人生很長。
- 面試後作檢討，為之後的面試作改進。

在今天，可以讓 AI 扮演面試官，幫助我們進行各種面試練習。比如下面這個例子 (原始問題用英文提問，獲得英文回答後再翻譯為中文，並針對專業性與語言通順性對答案做了微調)。

向 AI 的提問：

我是一個應屆畢業大學生，想要找使用者體驗設計的工作。你可以扮演 Google 的面試官來面試我嗎？

■ New Bing 的回答：

我可以扮演 Google 的面試官，並問你一些關於使用者體驗設計的問題。請注意，這不是官方的 Google 面試，我與 Google 沒有任何關係。這只是一個有趣且有教育意義的練習，可以幫助你練習你的技能和知識。

以下是我想問你的一些問題：

■ 請介紹一下你自己和你在使用者體驗設計方面的背景。是什麼激發了你對這個領域的興趣，你迄今為止做過哪些專案？
■ 你如何處理一個新的使用者體驗設計專案？從構思到執行，你會採取哪些步驟？你會使用哪些工具和方法？
■ 你如何進行使用者研究，你使用哪些方法來收集和分析使用者資料？你如何將你的發現和見解傳達給利益關係人和開發人員？
■ 你如何建立使用者畫像和使用者旅程圖？使用這些工具的優點和挑戰是什麼？你能給我看一個你為之前的專案建立的使用者畫像和旅程圖嗎？
■ 你如何設計直觀、可訪問和美觀的使用者介面？使用者介面設計的原則和最佳執行方式是什麼？你如何測試和評估你的使用者介面設計的易用性和使用者滿意度？
■ 你如何在使用者體驗設計專案中與其他設計師、開發人員和產品經理合作？你使用哪些工具和平臺來促進團隊合作和溝通？你如何處理來自他人的回饋和批評？

- 你如何跟上使用者體驗設計的最新趨勢和發展？你從哪些來源獲得靈感和學習？使用者體驗設計行業目前面臨的挑戰或機遇有哪些？

以我的工作經歷來說，真實的面試不會完全以這樣的方式進行，不過這些問題的確可以作為參考，幫助面試者、面試官提前做好準備。另外，世界各地的開發者也已經研發了幾百個用於求職應徵的智慧型產品，隨時準備為大家提供幫助，還有更多、更好的在路上。

> 思考

面試官要注意哪些方面的情況？

面試可以從哪些方面準備？

怎樣才是不浪費向面試官提問的機會？

7.4　小練習：把自己當作一個產品打造

你最擅長的是產品研究和設計方法，這些方法也可以幫助你設計職業之路嗎？

使用者研究：用產品研究的方法來了解你的優勢、興趣和目標，進行個人 SWOT 分析，確定自己擅長哪些領域以及需要改進哪些領域。這種自我評估將幫助你認清自我，把職業道路與個人的特長和期待貫通起來。

市場研究：把你的職業發展作為一個設計問題，對產業、就業市場和潛在職位進行研究。從產業資訊、報告、活動中獲得資訊，並與能夠提供寶貴觀點的產業專家聯繫。這個研究會幫你了解你意向的職業道路的需求、挑戰和趨勢。

概念建構：用設計思考、CREO 人機共創模型等方法，為你的職業道路生成想法和概念。腦力激盪、集思廣益，探索各種可能，並考慮如

何把你的技能和興趣應用於各種環境，選擇最適合自己的、差異化競爭的細分市場。這個過程會幫助你發現獨特的機會和潛在的職業方向。

原型測試：把你的職業道路視為迭代過程。經由在目標領域進行虛擬專案、實習、自由職業或者實際工作，把你的職業想法變為原型進行測試，確定這些是否符合你的目標和期望。這種實際檢驗的方法會幫助你完善你的職業道路規劃。

作品展示：你就是那個作品，找到合適的方式把自己各方面的成果充分展現出來，公開在網路上，讓有可能會對你感興趣的人隨時可以看到。不要為了求量而堆砌參差不齊的成果，只需要一件足以打動人心的作品，如果有兩件，就說明你有持續產生這種水準的成果的能力，如果連續的成果能展現你的成長就預示著你有更大的潛力。設計與寫作同樣重要，因為寫作是表達思想最低成本的方式。這種形式會為你帶來意外的驚喜。

迭代回饋：在工作過程中，除了把工作成果與回報，以及與其他人的橫向對比作為回饋資訊，也要持續向師長、同事和產業專家尋求回饋建議。定期評估你的進度、技能和成就。根據回饋進行必要的調整和改進。

持續迭代：像 AI 一樣，不斷學習和發展新技能來塑造你的職業道路。堅持每天了解產業趨勢、技術和方法，參加社群網路以及專業領域中的討論、課程，持續提高知識與技能，在你選擇的領域中保持競爭力。在這個過程中，積極建立人脈關係，保持適應性和靈活性，及時調整發展方向，願意探索新領域並把握意外的機會。

本章的小練習如下。

主題：把自己當作一個產品打造
大學生： ・對自己進行使用者研究。 ・用 AI 輔助進行市場研究。 ・用 AI 輔助腦力激盪適合自己的職業機會。 ・根據上述結果為自己寫一份履歷。
碩士班： ・對自己進行使用者研究。 ・用 AI 輔助進行市場研究。 ・用 AI 輔助腦力激盪適合自己的職業機會，用評估矩陣進行評分。 ・根據上述結果為自己寫一份履歷。

第 8 章　自我挑戰課題

8.1　重新設計產品

市場上已經有很多智慧型產品，對這些產品進行重新設計，是一種很好的練習。當我們以重新設計為目標時，思考的廣度和深度往往會大幅超越一般的競品分析。在重新設計的過程中，我們不僅能透過這些產品更深入地理解如何做智慧型產品的設計，並在此基礎上思考如何建立差異化競爭。重新設計通常可以從以下角度來切入：改進使用者體驗、新增新功能、修復錯誤、改變視覺風格。不用太在意自己的想法是否能代表原產品的廣泛目標使用者，我們通常沒有足夠的資源去進行那麼大規模的研究；重新設定一個目標使用者群體，以此為基礎進行設計就好。

8.2　探索設計 100 個新產品

正如本書中所論述的，設計智慧型產品的基本原則在於以人為師、以人為本、以人為伴，可以參考產品設計第一性原理、CREO 人機合作模型來進行。面對不同的 AI 技術，在不同的應用領域，具體的設計方法與流程會有所不同。比如有人把生成式 AI 應用的設計方法歸納為：建立生成式多變性的環境，為豐富的、不完美的、探索性的輸出，為人類控制、心智模型、解釋性、避免傷害，而進行設計。

與一般的產品設計相比，智慧型產品的設計同樣從人出發，經由梳理使用情境和過程來辨識問題／機會、定義使用者需求，然後策劃產品概念、建立原型並測試，逐步進行設計和研發的深化，直到正式推出和迭代改進。不同的地方在於，設計智慧型產品需要充分理解 AI 和大數據的能力，知道要用什麼技術、能做到什麼效果，充分發揮 AI 對真實世界

的模擬與預測,以及輔助個體與集體智慧進行大規模高效雙向互動的效果,並妥善設計資料收集、使用的機制,使其成為可以持續累積的產品核心價值;另外,由於 AI 執行的結果存在一定機率的出錯可能,也需要做好人對 AI 的控制機制,以及產品系統的容錯機制。在這個過程中,我們需要整合各種 AI 工具來打造適合的工作流,以實現高效率的探索與執行;如果有機會與 AI 專家密切合作,更能推進工作的深度,達成更好的智慧產品設計。大家可以從以下 100 個產品開始。為了利於入手,以下選題都是與大家熟悉的日常生活有關。

家居產品

(1) 智慧型電視

(2) 智慧型音響

(3) 智慧型冷氣

(4) 智慧型冰箱

(5) 智慧型洗衣機

(6) 智慧型熱水器

(7) 智慧型空氣清淨機

(8) 掃地機器人

(9) 智慧型氣炸鍋

(10) 智慧型電鍋

(11) 智慧型床墊

(12) 智慧型桌椅

(13) 智慧型按摩椅

(14) 智慧型寵物餵食器

(15) 智慧型居家照明

(16) 智慧型家電遙控器

(17) 家庭資料智慧儲存

(18) 居家故障智慧型助手

(19) 智慧型門鎖

(20) 智慧型居家保全

生活服務產品

(21) 中英文名字智慧命名助手

(22) 智慧型美食助手

(23) 智慧型種植助手

(24) 智慧型裝修助手

(25) 智慧型家具助手

(26) 智慧型穿搭助手

(27) 智慧型美容美髮助手

(28) 智慧型美妝鏡

(29) 智慧型親子遊戲助手

(30) 智慧型寵物助手

(31) 智慧型購物助手

(32) 智慧型禮物助手

(33) 智慧型財務助手

(34) 智慧型冥想助手

(35) 智慧型環境音助手

(36) 智慧型翻譯助手

(37) 智慧型防詐騙助手

(38) 智慧型手錶

(39) 智慧型眼鏡

(40) 智慧型項鍊

健康產品

(41) 智慧型健康助手

(42) 智慧型醫藥助手

(43) 智慧型藥盒

(44) 智慧型睡眠助手

(45) 智慧型健身助手

(46) 智慧型健身鏡

(47) 智慧型手環

(48) 智慧型慢跑鞋

(49) 智慧型體重計

(50) 智慧型血壓計

關愛產品

(51) 智慧型老年人陪伴助手

(52) 智慧型柺杖

(53) 智慧型兒童手錶

(54) 智慧型嬰兒床

(55) 盲人的智慧型眼鏡

(56) 盲人的智慧型顯示器

(57) 聾啞人的手語翻譯軟體

(58) 自閉症兒童智慧型卡片

(59) 智慧型情緒追蹤與調節

(60) 智慧型心理助手

旅行產品

(61) 智慧型汽車座艙

(62) 智慧型車況監測

(63) 自動駕駛的人機合作

(64) 智慧型公車助手

(65) 公車智慧型優惠系統

(66) 智慧型紅綠燈

(67) 智慧型導航

(68) 智慧型地圖

(69) 智慧型旅行助手

(70) 智慧型旅行翻譯

教育產品

(71) 智慧型學習（數學）

(72) 智慧型學習（文學）

(73) 智慧型學習（外語）

(74) 智慧型學習（科學）

(75) 智慧型學習（歷史地理）

（76）智慧型學習（美術設計）

（77）智慧型學習（音樂）

（78）智慧型學習（體育）

（79）智慧型學習（小實驗）

（80）智慧型學習（程式設計）

效率產品

（81）智慧型鬧鐘日曆

（82）個人知識管理智慧型助手

（83）個人職業智慧型助手

（84）個人履歷智慧型助手

（85）個人智慧型分身訓練

（86）青少年生日虛擬人製作

（87）老年人人生記錄模型訓練

（88）影像生成模型自動化訓練

（89）網路資訊搜尋智慧型助手

（90）腦力激盪智慧型助手

娛樂產品

（91）新聞智慧型助手

（92）圖書、影視、遊戲智慧型助手

（93）與圖書、影視、遊戲角色、歷史名人聊天

（94）智慧型互動小說體驗

（95）智慧型兒童故事機

(96)智慧型音樂電臺

(97)智慧型電子寵物

(98)智慧型虛擬女友／男友

(99)傳統遊戲智慧型助手

(100)智慧型實境遊戲

8.3　挑戰 3,000 個產品概念設計

如果有人請你設計 3,000 個產品概念，你的第一個反應多半是：這是不可能完成的任務。可是，回想我在第 5 章 5.2 節中向大家展示的，如何用定義問題維度、利用 AI 進行結構化的腦力激盪的形式來進行產品概念設計。如果我們把維度進一步豐富一下，變為五個維度，每一個維度中有五個選項，在每一個維度中任選一個選項來形成產品概念，組合的結果就會有 $5\times5\times5\times5\times5 = 3,125$ 種！

在 AI 的輔助下，設計典範發生轉變，我們也必須建立與之相應的開放心態、思考方式，以及工作流。這也是為什麼有的人在使用今天的 AI 時，總是得不到高品質的成果，因為我們提問的品質直接決定了回答的品質；提示語工程很有用，但問題的定義能力才是最關鍵。比如我們可以把產品概念設計的問題簡單定義為以下五個維度，列出其中的選項如下。

維度一，使用者：年輕女性、年輕男性、老人、小孩、父母。

維度二，情境：休閒、學習、消費、工作、競賽。

維度三，行為：看電視、看書、看網路影片、逛網路社群、玩遊戲。

維度四，目的：休息、娛樂、賺錢、鍛鍊身體、獲得知識。

維度五，構思方法：類比法、資料驅動、第一性原理、六頂思考帽、SWOT 分析。

然後與 AI 一起共創（表 8-1）。

因為對於真實世界的理解程度還不夠，AI 有時會產生「幻覺」（hallucination），一本正經地胡說八道；因為基於對網路上累積資訊的學習訓練，AI 事實上還無法產生真正的原創創新。但這些問題都不是障礙，也一定會逐步解決。我從 2017 年持續追蹤 AI 創造力相關的案例，從中能夠清晰地看到發展過程與趨勢，供大家參考。

表 8-1 AI 按照結構化的問題定義，進行腦力激盪

向 AI 提出要求	請從以下每一個維度中選擇一個選項，把三個維度的選項結合在一起，形成一個產品創意，設計一款產品。 ・維度一，使用者：年輕女性、年輕男性、老人、小孩、父母。 ・維度二，情境：休閒、學習、消費、工作、競賽。 ・維度三，行為：看電視、看書、看網路影片、逛網路社群、玩遊戲。 ・維度四，目的：休息、娛樂、賺錢、鍛鍊身體、獲得知識。 ・維度五，構思方法：類比法、資料驅動、第一性原理、六頂思考帽、SWOT 分析。 比如：「年輕女性」在「休閒」情境下「看電視」，目的是娛樂，請用類比法來設計一款產品。
ChatGPT 的回答	使用類比法，結合以上維度，設計一款產品如下： 產品名稱：MindFit 維度一：使用者—年輕女性 維度二：情境—休閒 維度三：行為—看書 維度四：目的—鍛鍊身體 維度五：構思方法—類比法 產品描述： MindFit 是一款結合閱讀和健身的智慧產品，專為年輕女性提供休閒娛樂和身體健康的體驗。透過類比法，將閱讀與身體鍛鍊結合，為使用者提供全新的方式來獲得知識和保持身體健康。

ChatGPT 的回答	產品特點： 1. 個性化閱讀計畫：MindFit 根據使用者的閱讀興趣和健身需求，提供個性化的書單和健身計畫。使用者可以選擇自己感興趣的書籍，並根據自己的時間和身體狀況進行健身計畫的安排。 2. 智慧健身指導：MindFit 配備智慧型感測器和演算法，能夠監測使用者的身體活動和健身效果。根據使用者的閱讀進度和身體資料，提供即時的健身指導和回饋，幫助使用者更好地掌握閱讀與健身的平衡。 3. 互動社群：MindFit 建立了一個互動社群，使用者可以與其他年輕女性分享書籍推薦、健身心得和成果。這個社群可以激發使用者之間的互動和學習，提供更多的支持和動力。 4. 培養良好習慣：MindFit 經由記錄使用者的閱讀和健身資料，幫助使用者建立良好的閱讀和健身習慣。系統會提供個人化的提醒和挑戰，激發使用者的學習興趣和健身動力。 透過類比法，將閱讀和健身結合，MindFit 為年輕女性提供了一個全新的休閒娛樂和身體健康的產品體驗。使用者可以在閱讀的同時，經由健身活動來鍛鍊身體，培養健康的生活方式。
New Bing 的回答	為年輕男性在工作情境下看書，目的是獲得知識，請用類比法來設計一款產品。 產品名稱：書友工作網 產品描述：這是一個專為年輕男性提供看書工作服務的平臺，可以讓年輕男性透過閱讀各種有趣和有用的書籍來獲得知識和收入。年輕男性可以根據自己的興趣和專業選擇不同的書籍類型，如科技、商業、歷史、文學等。平臺還提供了任務系統、評價系統和獎勵系統，讓年輕男性可以根據自己的閱讀進度和品質完成不同的任務，獲得評價和獎勵。平臺還有專業的老師和編輯，可以為年輕男性提供線上指導和回饋。這一款產品旨在讓年輕男性享受看書工作的樂趣，提高知識水準和收入水準。 類比方法：這一款產品是用類比法設計的，它類比了知識問答平臺，將平臺上使用者經由回答問題來分享知識和獲得收益的模式，轉化為使用者經由閱讀書籍來獲取知識和收入的模式。這樣可以學習知識平臺的優勢，如豐富的內容、活躍的社群、激勵的機制等，同時也可以滿足年輕男性對看書工作的需求。

Gemini 的回答	產品名稱：虛擬陪伴機器人 使用者：年輕女性 情境：休閒 行為：看電視 目的：娛樂 構思方法：類比法 產品描述： 虛擬陪伴機器人是一款專為年輕女性設計的休閒娛樂產品。它可以根據使用者的興趣喜好，提供個性化的娛樂內容和互動體驗。 具體來說，虛擬陪伴機器人可以經由以下方式為使用者提供娛樂： * 提供豐富的娛樂內容，包括電視劇、電影、動漫、綜藝等。 * 提供個性化的推薦，根據使用者的喜好推薦感興趣的內容。 * 提供互動體驗，使用者可以與虛擬陪伴機器人進行聊天、遊戲等。 虛擬陪伴機器人可以幫助年輕女性在休閒時刻獲得更豐富、更有趣的娛樂體驗。它可以成為年輕女性的「姊妹淘」，陪伴她們度過愉快的時光。 以下是一些具體的設計細節： * 虛擬陪伴機器人可以採用 AI 技術，根據使用者的表情、語音等資訊進行情感辨識和回饋。 * 虛擬陪伴機器人可以採用多種互動方式，如語音、手勢、眼動等。 * 虛擬陪伴機器人可以與使用者建立情感連結，成為使用者信任的朋友。 我認為，虛擬陪伴機器人具有一定的市場潛力。隨著 AI 技術的不斷發展，虛擬陪伴機器人將變得更加智慧和人性化，從而滿足年輕女性對休閒娛樂的需求。

AI I 的回答	產品創意：設計一款名為「互動娛樂電視」的產品，適用於年輕女性、年輕男性、老人、小孩和父母。使用者可以在休閒情境下經由看電視進行娛樂，同時也可以參與競賽活動。 這一款產品結合了多個維度的選項，滿足了不同使用者的需求。年輕女性可以經由觀看電視來放鬆身心，享受娛樂時光；年輕男性可以在比賽中展現自己的技能，提高競爭力；老人和孩子可以經由觀看教育類節目學習和獲取知識；父母則可以經由觀看網路影片了解最新的育兒知識和家庭健康資訊。 該產品可以提供多種類型的電視節目和網路影片內容，以滿足使用者的娛樂需求。例如，可以提供電影、電視劇、綜藝節目等不同類型的節目，讓使用者選擇自己喜歡的內容進行觀看。此外，還可以提供一些互動功能，如投票、評論等，讓使用者參與節目，增加娛樂性和互動性。 在工作方面，該產品可以為員工提供一個休閒娛樂的平臺，讓他們在工作之餘放鬆身心。例如，可以提供一些輕鬆有趣的遊戲節目或體育賽事直播，讓員工在休息時間進行娛樂。 在消費方面，該產品可以與電商平臺合作，將使用者喜歡的電視節目或網路影片推薦到購物頁面，實現邊看邊買的功能。使用者可以經由購買與節目相關的商品來支持他們喜歡的明星或節目團隊。 綜上所述，這一款「互動娛樂電視」產品將使用者的休閒需求、學習和工作目的相結合，為不同年齡層的使用者提供了一個全方位的娛樂和學習平臺。
AI II 的回答	根據您提供的維度，我選擇以下選項來構思一款產品： 使用者：年輕女性 情境：休閒 行為：逛網路社群 目的：娛樂、獲得知識 構思方法：類比法 產品名稱：時尚知識分享社群

AI II的回答	產品描述： 時尚知識分享社群是一個專為年輕女性設計的線上社交平臺，提供了一個集娛樂和學習於一體的環境。經由模擬現實生活中的逛街體驗，使用者可以在社群內瀏覽不同主題的時尚店家，與店主和其他顧客進行互動交流，同時獲取最新的時尚資訊和知識。 產品特點： 時尚店家：在時尚知識分享社群中，每個店家都代表一個獨特的時尚主題，如服裝、美妝、鞋款、包款等。使用者可以進入店家瀏覽最新的產品資訊和潮流趨勢，還可以與店主或其他使用者進行討論和交流。 使用者分享：使用者可以在社群內分享自己的時尚心得、購物經驗和使用感受，或者推薦自己認為有價值的產品和品牌。其他使用者可以按讚、評論和分享這些內容，形成互動和交流的氛圍。 時尚教程：社群提供了一系列時尚教程和影片，涵蓋了不同主題的時尚知識，幫助使用者了解和掌握最新的時尚趨勢和技巧。使用者也可以透過教程學習如何搭配服裝、化妝和造型等。 趨勢推薦：基於使用者的瀏覽和購買紀錄，社群會向使用者推薦相應的時尚趨勢和產品。使用者可以根據推薦進行購物或深入了解相關的時尚資訊。 社交功能：使用者可以透過社群內的私訊、關注、好友系統等功能與其他使用者進行交流和互動，擴大自己的社交圈。 總結： 時尚知識分享社群經由模擬逛街的體驗，為年輕女性提供了一個集娛樂和學習於一體的時尚社交平臺。使用者可以在社群內獲取最新的時尚資訊和知識，同時與其他使用者進行互動和交流，滿足自己的娛樂和社交需求。

AI III的回答	根據你提供的條件，我們可以設計一款產品，叫做「快樂盒子」（HAppyBox）。 產品描述： 快樂盒子是一款基於網路的電視盒子，主要針對年輕女性使用者。它的設計靈感來自於現代智慧型手機，採用了簡約的介面和易於使用的操作方式。 快樂盒子的核心功能是提供各種有趣的娛樂內容，包括電影、電視劇、綜藝節目、音樂和影片等。使用者可以經由快樂盒子輕鬆找到自己喜歡的內容，並享受高品質的視聽體驗。 除了娛樂內容，快樂盒子還提供了各種生活服務，例如購物、美食、旅遊等。使用者可以透過快樂盒子購買各種商品和服務，享受便捷的生活體驗。 總之，快樂盒子是一款集娛樂和生活服務於一體的產品，旨在為年輕女性使用者帶來快樂和便利。
AI IV的回答	針對年輕女性在休閒情境下看電視的娛樂需求，可以設計一款類比於「智慧型化妝鏡」的產品—「智慧型電視鏡」。 這一款產品將電視螢幕嵌入到化妝鏡中，同時具備化妝鏡和電視的功能。在休閒情境下，年輕女性可以一邊照鏡子，一邊觀看電視節目，享受娛樂時光。 與傳統電視相比，這一款產品更加便捷和私密，可以滿足使用者在休閒情境下的娛樂需求，同時不會占據過多空間。此外，產品還可以整合其他功能，如網路影片播放、社群媒體互動等，提升使用者體驗和產品價值。 類比法是一種透過比較不同領域的事物或現象，尋找共通性和創新點的方法。在這個例子中，透過類比智慧型化妝鏡和電視，找到了一個新的產品創意，滿足了使用者在特定情境下的需求。

AI V 的回答	產品名稱：悅享視界 產品定位：一款專為年輕女性設計的，集休閒娛樂、學習提升、社交互動於一體的智慧型電視應用。 產品功能： 1. 個性化推薦：根據使用者的觀看歷史和興趣偏好，利用資料驅動的演算法推薦相關的影視作品，以滿足年輕女性的娛樂需求。 2. 豐富內容：提供各類影視資源，包括熱門劇集、電影、綜藝節目等，滿足使用者在休閒情境下的觀看需求。 3. 學習提升：整合優質的教育資源，如 TED 演講、知名公開課程等，幫助年輕女性在休閒時間提升自我。 4. 社交互動：引入社交功能，允許使用者與好友分享觀看心得，形成線上討論小組，促進使用者之間的交流和互動。 5. 健康提醒：內建健康提醒功能，提醒使用者注意用眼健康，合理安排觀看時間，保持良好的生活習慣。 6. 家庭模式：考慮到年輕女性可能需要與家人共享電視資源，特別設計了家庭模式，允許使用者與家人共同使用，滿足家庭成員的不同需求。 產品優勢： 1. 精準定位：針對年輕女性的需求進行個性化設計，提供符合她們興趣的影視內容和學習資源。 2. 豐富功能：集休閒娛樂、學習提升、社交互動於一體，滿足使用者在不同情境下的需求。 3. 健康關懷：關注使用者的健康，提供合理的觀看建議和提醒，讓使用者在享受視聽盛宴的同時，保持良好的生活習慣。 4. 家庭共享：支援家庭模式，方便家庭成員共同使用，增進家庭成員之間的交流和互動。

讓我們再次回顧一下，AI 時代的 AI 人機共創模型（圖 8-1）：

- ■ CREO AI 人機共創模型是一個過程模型，描述了人與 AI 如何實現共創。

- ■ 創造過程的每一個環節，都可以引入 AI，重新建構工作流。人與 AI 之間如何設定分工合作也是重要環節之一，是實現控制性與設計典範轉變的關鍵。

第四篇　智慧設計的職業之路

■ 整個過程以人為始、以人為終，以人為師、以人為本、以人為伴。同時，人們使用產品的過程資料也將化為產品本身。

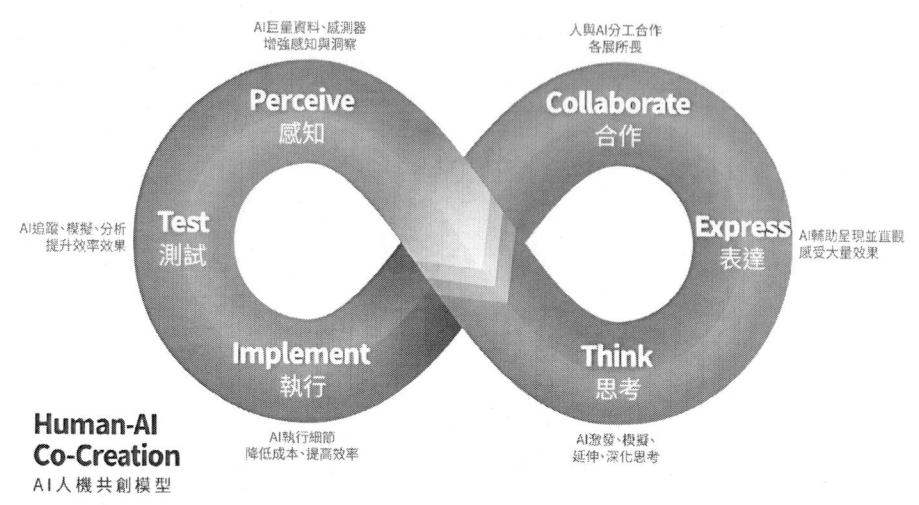

圖 8-1 倡導人類與 AI 各展所長、合作共創的 CREO 人機共創模型

AI 時代正在到來，讓我們一起擁抱 AI 創造力！

第 8 章　自我挑戰課題

超智慧合作，AI 產品設計新世代：
ChatGPT、New Bing、Gemini……智慧浪潮來臨，用對科技就能馭水前行！

| 作　　　者：吳卓浩
| 發　行　人：黃振庭
| 出　版　者：沐燁文化事業有限公司
| 發　行　者：崧燁文化事業有限公司
| E - m a i l：sonbookservice@gmail.com
| 粉　絲　頁：https://www.facebook.com/sonbookss/
| 網　　　址：https://sonbook.net/
| 地　　　址：台北市中正區重慶南路一段61號8樓
| 　　　　　　8F., No.61, Sec. 1, Chongqing S. Rd., Zhongzheng Dist., Taipei City 100, Taiwan

| 電　　　話：(02)2370-3310
| 傳　　　真：(02)2388-1990
| 印　　　刷：京峯數位服務有限公司
| 律師顧問：廣華律師事務所 張珮琦律師

-版權聲明-

原著書名《AI 创造力：智能产品设计与研究》。本作品中文繁體字版由清華大學出版社有限公司授權台灣沐燁文化事業有限公司出版發行。
未經書面許可，不得複製、發行。

定　　　價：450 元
發行日期：2025 年 09 月第一版
◎本書以 POD 印製

國家圖書館出版品預行編目資料

超智慧合作，AI 產品設計新世代：ChatGPT、New Bing、Gemini……智慧浪潮來臨，用對科技就能馭水前行！ / 吳卓浩 著 . -- 第一版 . -- 臺北市：沐燁文化事業有限公司 , 2025.09
面；　公分
POD 版
原簡體版題名 : AI 創造力：智能产品设计与研究
ISBN 978-626-7708-64-4（平裝）
1.CST: 人工智慧 2.CST: 產品設計
312.83　　　　　114012637

電子書購買

爽讀 APP　　臉書